1000 种多肉多植物原色图鉴

The Guide to One Thousand Succulents

王意成　王翔——编著

化学工业出版社

·北京·

内容简介

《1000种多肉植物原色图鉴》由著名的园艺学家、园艺科普作家王意成、王翔老师收集整理编写。多肉植物茎部形态特殊，叶子奇特多变，花朵五彩斑斓，深受花卉爱好者的青睐。本书作者结合多年的科研实践经验，实地考察搜集资料，针对目前市场上最具代表性的17个科的1000种多肉植物进行拍照、阐述。每种植物均配置了高清原色图片，集观赏性与专业性于一体。

《1000种多肉植物原色图鉴》可作为花卉、园艺尤其是多肉植物爱好者的休闲参考用书，也可作为相关科研、管理、引种工作者的专业参考书。

图书在版编目（CIP）数据

1000种多肉植物原色图鉴/王意成，王翔编著. —北京：化学工业出版社，2021.1

ISBN 978-7-122-38077-7

Ⅰ.①1… Ⅱ.①王…②王… Ⅲ.①多浆植物–图集 Ⅳ.①S682.33–64

中国版本图书馆CIP数据核字（2020）第244477号

责任编辑：尤彩霞　　　　　　　　装帧设计：史利平
责任校对：宋　夏

出版发行：化学工业出版社
　　　　　（北京市东城区青年湖南街13号　邮政编码100011）
印　　装：北京缤索印刷有限公司
787mm×1092mm　1/16　印张29　字数738千字
2022年2月北京第1版第1次印刷

购书咨询：010-64518888　　　　售后服务：010-64518899
网　　址：http://www.cip.com.cn
凡购买本书，如有缺损质量问题，本社销售中心负责调换。

定　　价：398.00元

前言

多肉植物因为有着形态特殊的茎部、奇特多变的叶片和五彩斑斓的花朵，深受花卉爱好者的青睐。编者1981年为江苏科技出版社撰写的第一本《仙人掌》小册子前后3次加印，印数9万多册，说明当时已有不少人喜爱多肉植物。随着国家改革开放，多肉植物引进的品种也逐渐丰富起来。2013年作者与江苏科技出版社/凤凰汉竹再度合作，出版了《700种多肉植物原色图鉴》，正逢当时全国掀起培植多肉植物的热潮，该书先后加印10次，第二版已经上市。2018年化学工业出版社邀约编者编写一本比较完整的多肉植物图鉴，经过精心策划，将当前多肉植物爱好者都宠爱的景天科和百合科的多肉植物以及仙人掌科中一些珍贵、稀有和开花美丽的多肉植物作为本书的"主角"，番杏科、大戟科、龙舌兰科、萝藦科、菊科……中的一些非常有特点的多肉植物作为"配角"，编写了这本《1000种多肉植物原色图鉴》。

《1000种多肉植物原色图鉴》从众多的多肉植物中精选了1000种，以植物的科属归类，简要介绍了它们的原产地、形态特征、生长习性和应用方式，并且详细介绍了多肉植物的繁殖方法、栽培特点、装饰应用和常用术语，并附上图例，以便让读者更快地认识有趣、迷人的多肉植物。为了让读者更好地识别和栽培多肉植物，本书还扼要介绍了每个品种的形态特征，并附有彩图说明。在本书的编写过程中，南京兰宇多浆植物园艺场、南京中山植物园、南京多肉植物园、南京花卉物流中心、南京虹彩花卉有限公司等单位友情提供拍摄照片和信息交流，谨此表示衷心感谢！

因编者水平有限，本书难免有不当之处，诚盼读者批评指正。

编著者

2021年4月

目录

第六章　多肉植物的常见种类 /099

第一章 ·

多肉植物的特征

番杏科多肉植物——生石花

大戟科多肉植物

龙舌兰科多肉植物

　　多肉植物又称多浆植物，是茎叶肉质、具有肥厚贮水组织的观赏植物。多肉植物分布较广，非洲和美洲是主要分布地区。在非洲主要分布于南非、东非以及马达加斯加、加那利群岛和马德拉群岛，其中非洲南部是多肉植物最为重要的分布区，以南非和纳米比亚南部最为集中。南非三面环海，气候凉爽，但沿海与内陆、东海岸和西海岸在气候上的明显差异，使多肉植物在形态上和习性上有很大的不同。南非景天科、百合科、萝藦科、番杏科、马齿苋科、菊科、大戟科等多肉植物的种类极其丰富。纳米比亚是撒哈拉沙漠以南较干旱的国家，有着干旱而冷凉的生态环境，主要分布有番杏科、百合科、菊科、萝藦科、夹竹桃科等多肉植物。东非的多肉植物主要分布在索马里和埃塞俄比亚。索马里高温少雨，是多肉植物比较集中的原产地，分布的科属主要有芦荟属、沙漠玫瑰属、大戟属、鸭跖草科和萝藦科等多肉植物。埃塞俄比亚的高原地带有着丰富的大戟属多肉植物。马达加斯加的西部是热带干湿季气候，即全年高温、冬季干季、夏季湿季的热带草原气候，主要分布有大戟科、萝藦科、夹竹桃科和龙树科等多肉植物。加那利群岛和马德拉群岛这两个大西洋中的群岛虽然面积不大，却是非洲多肉植物的另一个重要分布区。这里气候凉爽干燥，少雨多雾，分布有景天科、萝藦科、大戟科、龙舌兰科等科中的特有种。

　　美洲的多肉植物分布种类不多，美国西南部和墨西哥是龙舌兰科植物的集中分布区，有着优美的生态景观效果。墨西哥还分布有景

仙人掌科多肉植物

天科的多肉植物。美洲也是大戟科多肉植物的另一个主要分布中心。另外，非常有名的茎干状多肉植物如火星人、山乌龟、象腿木等，在南美洲和中美洲地区也有广泛的分布。

　　仙人掌科（Cactaceae）植物是多肉植物中一个最特殊的群体，人们也称它为多肉植物或多浆花卉。仙人掌科植物主要分布在美洲和澳大利亚。集中分布于墨西哥和安第斯山脉中部的秘鲁、玻利维亚、阿根廷北部。其中有1000多种仙人掌分布于墨西哥，有200多种为特有种。仙人掌也是墨西哥的国花。澳大利亚的仙人掌科植物主要分布在

沙漠的边缘地区。

　　番杏科、百合科、大戟科和萝藦科的某些多肉植物由于在某些外部形态上很像仙人掌科植物，常被误认为是仙人掌科植物。例如大戟科的晃玉（*Euphorbia obesa*），呈灰绿色的球体，8棱，有红褐色纵横的条纹，棱上有褐色小钝齿，极像仙人掌科的琉璃兜（*Astrophytum asterias* 'Nudas'），许多人将它误认为仙人掌科植物。由于环境的变化，大多数仙人掌科植物的叶片常退化成为美丽的刺或毛，茎部非常发达，营养器官也由形态不一的茎部所代替，并形成其特殊的外貌。

多肉植物——晃玉

仙人掌科植物——琉璃兜

1. 形态特殊的茎部

多肉植物主要有茎多肉植物和茎干状多肉植物两类。茎多肉植物的肉质部分主要集中在茎部，常以大戟科和萝藦科的多肉植物为代表。如大戟科植物茎部布满瘤突的将军阁（*Monadenium ritchiei*）和茎短圆筒形、具纵向排列的长疣突的琉璃晃（*Euphorbia susannae*）等，它们外形似仙人掌科植物，常被花卉爱好者所收藏。另外，大戟属中茎圆球形、银灰色鱼鳞状棱呈螺旋状排列的鱼鳞大戟（*Euphorbia piscidermis*），茎3棱呈螺旋状的旋风麒麟（*Euphorbia groenewaldii*）以及茎部扁化呈鸡冠状的巴西龙骨缀化（*Euphorbia trigona* 'Cristata'）等都是茎多肉植物。萝藦科的紫龙角（*Caralluma hesperidum*），茎4棱，棱缘波状，有齿状突起，也非常有特色。

茎干状多肉植物的肉质部分主要在茎的基部，形成膨大而形状不一的肉质块状体或球状体。常见有夹竹桃科的惠比须笑（*Pachypodium brevicaule*），茎干扁平，肉质，似马铃薯一样；非洲霸王树（*Pachypodium lamerei*），茎干圆柱形，基部肥大；白马城（*Pachypodium saundersii*），基部膨大，肉质，密生长刺。木棉科的椭叶木棉（*Bombax ellipticum*），茎基膨大呈球形，表面具瘤块，瘤块上可以看到年轮，外形极像足球。桑科的巨琉桑（*Dorstenia gigas*），茎基膨大呈块茎状。辣木科的象腿木（*Moringa drouhardii*），茎基呈不规则膨大，粗壮，表皮褶皱，形似象腿。

茎圆球状，被鱼鳞状棱的鱼鳞大戟

茎基部膨大的火星人

茎扁化呈鸡冠状的巴西龙骨缀化

茎基块根状的惠比须笑

茎基膨大的椭叶木棉

美洲原产植物——象腿木

茎球形的金琥

　　仙人掌科植物的茎部变化很大。有单生、不产生分枝的翁柱（*Cephalocereus senilis*）和不生仔球的金琥（*Echinocactus grusonii*）；有容易长出分枝的蟹爪兰（*Schlumbergera truncata*）和易长仔球的黑丽球（*Rebutia rauschii*），甚至群生几十个仔球的仔吹乌羽玉（*Lophophora williamsii* var. *caespitosa*）。大多数仙人掌植物是直立生长的，但也有攀援附生、匍匐爬行和下垂悬挂的，如直立茎有高达16m的巨人柱（*Carnegiea gigantea*），而量天尺（*Hylocereus undatus*）的攀援茎能长达20～30m。茎的直径有1cm的斑鸠（*Pediocactus peeblesianus* var. *fickeisenii*），也有径粗80cm以上的金琥、巨人柱等。大多数种类没有明显的木质化部分，特别是球形种类，肥厚多汁，成为肉质变态茎。茎的形状常见有柱形如福禄寿（*Pachycereus schottii* f. *monstrosus*）、球形如星球（*Astrophytum asterias*）、金琥，扁球形如乌羽玉（*Lophophora williamsii*），圆筒形如猩猩球（*Mammillaria spinosissima*），指形如鼠尾掌（*Peniocereus serpentinus*），团扇形如红毛掌（*Opuntia microdasys*），叶片形如假昙花（*Rhipsalidopsis gaertneri*）以及棒形、线形、锁链形和螺旋形等。其中球形或近似球形的种类约占仙人掌科植物的50%。也有许多仙人掌科植物幼茎圆球形，成年茎长成圆筒形。肉质的变态茎由于质地的软硬程度不同，常分为软质茎和硬质茎两类。肉质柔软的软质茎类常见的有金星（*Dolichothele longimamma*）、乌羽玉等；而肉质坚硬的硬质茎类有帝冠（*Obregonia denegrii*）、花笼（*Aztekium ritteri*）等。有些仙人掌科植物的茎部含有白色乳汁，如白玉兔（*Mammillaria geminispina*）、白斜子（*Coryphantha echinus*）等。

茎体常群生状的仔吹乌羽玉

茎柱状的福禄寿

茎指形的金手指

茎团扇形的红毛掌

茎多棱的千波万波

仙人掌科植物的茎部有棱，又称肋棱或肋状凸起，突出于肉质茎的表面，上下竖向贯通或螺旋状排列。有的棱尖锐而沟深，也有的棱浑圆而沟浅。不同种类的仙人掌植物其棱的数目也不同，这是仙人掌植物分类上的一个特征。如叶仙人掌属（*Pereskia*）和丝苇属（*Rhipsalis*）的部分种类茎部没有棱。仙人掌属（*Opuntia*）的大多数种类其肉质茎呈圆筒形或团扇形，也没有棱。昙花属（*Epiphyllum*）、令箭荷花属（*Nopalxochia*）和假昙花属（*Rhipsalidopsis*）等种类的茎扁平如叶，只有2棱。量天尺属（*Hylocereus*）的肉质茎厚而硬，为3棱。星球属（*Astrophytum*）种类常为5～8棱。丽花球属（*Lobivia*）的某些种类有20～30棱。多棱球属（*Echinofossulocactus*）的棱多而薄，波浪形弯曲，有70～80棱，其中千波万波（*Echinofossulocactus multicostatus* var. *elegans*）可多达180棱。

茎无棱的丝苇

疣突大而长的金星

仙人掌科植物除了有纵向的棱外，棱上还有疣状突起（tubercle），又称突起、疣粒、小瘤，这是仙人掌科植物中某些种类所特有的特征。疣状突起的形状、长短和大小的不同，也是仙人掌科植物分类的依据之一。如光山（Leuchtenbergia principis）的茎端螺旋状排列的三棱锥状疣突，长达10～12cm。金星的疣状突起大而长，有3～7cm，肉质柔软多汁，极像乳头。小人帽子（Epithelantha micromeris）的疣状突起仅2mm。帝冠的疣状突起为尖三角形，呈螺旋状排列。花牡丹（Ariocarpus furfuraceus）的疣状突起呈宽阔三角形。菊水的疣状突起为菱形的鳞片状。在仙人掌科植物中，具疣状突起的种类是进化度最高的，其优美的线条也为仙人掌科植物展示出特殊的魅力。疣状突起也有软硬之分，如金星、琴丝（Dolichothele camptotricha）等的疣突颜色嫩绿、很柔软，而光山、岩牡丹（Ariocarpus retusus）、帝冠等种类的疣突颜色灰绿、很坚硬。

疣突三棱锥状的光山

多肉植物茎部最大的变异：

一是彩斑的变化，又称斑锦。茎部整体或局部丧失了制造叶绿素的功能，而其他色素相对活跃，使茎部表面出现红、黄、白、紫、橙等色或色斑。不规则的色斑分布在茎部又形成了全斑、块状斑、雀斑、阴阳斑、鸳鸯斑、疣斑、散斑、虎纹斑和灯笼斑等。在多肉植物学名写法上常用'f. variegata'或'Variegata'表示，中文译成"锦"。

彩斑品种——玉扇锦

彩斑品种——龟甲牡丹锦

二是扁化（fasciation）或称带化，实际上是一种不规则的芽变现象。这种畸形的扁化是某些分生组织细胞反常性发育的结果，通常长成鸡冠形或扭曲卷叠的螺旋形。对于扁化产生的原因，各国园艺学家众说纷纭，细菌感染、土壤贫瘠、昆虫危害、闪电袭击、缺水重肥、鸟类刺激和核散落物等因素都有可能诱发仙人掌的扁化。在仙人掌植物中把这种扁化现象又叫"缀化"或"冠"，学名的写法上常用'f. *cristata*'或'Cristata'表示。

扁化品种——卷绢缀化

扁化品种——太阳缀化

畸形——红龟甲牡丹石化

畸形——高砂石化

三是畸形（monstrous）或称"石化"，主要指仙人掌植物的生长锥出现不规则的分生和增殖，造成的棱肋错乱，形似岩石状或山峦重叠状的畸形变异。植物学名的写法上常用'f. monstrous'或'Monstrous'表示。

上述茎的彩斑、扁化和畸形等3种现象是目前仙人掌植物新品种中最突出的"热点"和"视点"，也是本书撰写的"重点"。

在仙人掌科植物的茎部还有一个叫刺座（网孔）的特有器官，多数刺座上有密集的短毡毛。表面上看，刺座为垫状结构，其实它是一个短缩枝，是茎上的"节"。刺座上不仅着生刺和毛，而且花朵、仔球和分枝也从刺座上长出。刺座的大小、形状和排列方式各不相同，是区别仙人掌科植物的重要特征。如强刺球属（*Ferocactus*）的江守玉（*F. emoryi*）、金冠龙（*F. chrysacanthus*）的刺座很大，特别典型；而星球属（*Astrophytum*）的星球（*A. asterias*）、超兜（*A. asterias* var 'Su-

刺座绒球状的琉璃兜

刺座密集的太阳

per'）、琉璃星球（*A. asterias* 'Nuda'）等的刺座呈绒球状，毛茸茸的，十分美丽；月世界（*Eithelantha micromeris*）和小人帽子等小型种类的刺座很小，直径仅1mm左右。刺座的形状以圆形或椭圆形为多，栉刺尤伯球（*Uebelmannia pectinifera*）、类栉球（*Uebelmannia pectinifera* var. *pseudopectinifera*）、信氏花笼（*Aztekium hintonii*）等的刺座为长形，在棱上首尾相接，连成一线，非常有趣。刺座的排列有稀有密，有直线排列的，也有斜线排列或呈螺旋状排列的。如乌羽玉、鸾凤玉（*Astrophytum myriostigma*）、蟹爪兰和岩牡丹等在棱上着生的刺座十分稀少，也不太明显；有的种类如惠毛球（*Cintia napina*）在茎体上甚至找不到刺座。而太阳（*Echinocereus rigidissimus*）、金晃（*Notocactus leninghausii*）、黄毛掌（*Opuntia microdasys*）等种类的刺座密集，几乎布满整个茎体。少数种类的刺座着生在肉质根、果实或花托筒上。

刺座较大的江守玉

叶片莲座状的翡翠冰

2. 奇特多变的叶片

在多肉植物中，叶片高度肉质化，其贮水器官是叶的叶多肉植物占有很大比重，尤以景天科、番杏科、百合科和龙舌兰科的多肉植物为代表。其中景天科、百合科、龙舌兰科的叶片肥厚多汁，表皮角质化，被蜡、被毛、被白粉，通常排列成莲座状。形状大小不一，有的无茎而贴近地面，有的具很高的茎但茎端有很大的莲座状叶盘，如景天科

叶片元宝状的红花金铃

的莲花掌属（Aeonium）和百合科的芦荟属（Aloe）。番杏科有相当一部分种类的叶片高度肉质化，对生叶连成元宝状或酷似卵石。

叶多肉植物的叶片奇特多变，主要表现在形状和色彩上。如叶片披针形的库珀天锦章（Adromischus cooperi），叶片匙形的红缘莲花掌（Aeonium haworthii），叶片心形的凹叶球兰（Hoya kerrii），叶片剑形的虎尾兰（Sansevieria trifasciata），叶片三角形的翡翠殿（Aloe juvenna），叶片半球形的灯泡（Conophytum burgeri），叶片鞍形的天使（Conophytum ectypum），叶片圆筒形的筒叶花月（Crassula argentea 'Gollum'），叶片镰刀形的姬神刀（Crassula perfoliata），叶片圆头形的玉椿（Crassula barklyi），叶片三角柱状的夕波（Delosperma lehmannii），叶片菱形的四海波（Faucaria tigrina），叶片舌状的卧牛（Gasteria armstrongii），叶片棍棒状的五

十玲玉（*Fenestraria aurantiaca*），叶片扇形的扇雀（*Kalanchoe rhombopilosa*），叶线形的小松绿（*Sedum multiceps*），叶片带状的百岁兰（*Welwitschia mirabilis*），叶片卵球形的露美玉（*Lithops turbiniformis*），叶片鳞片状的青锁龙（*Crassula muscosa*），叶片匙形、叶缘向下反卷似船形的特玉莲（*Echeveria runyonii* 'Topsy Turvy'）和叶片宽倒卵状菱形的高砂之翁（*Echeveria* 'Takasagono-okina'）。

叶片心形的心叶球兰

叶片半球形的灯泡

叶片镰刀形的神刀锦

叶片扇形的扇雀

叶多肉植物的有些种类其叶片的厚度在整个植物界也是不多见的，如白美人（*Pachyphytum bracteosum*）的肉质叶有1～2cm厚，青鸾（*Pleiospilos simulans*）叶厚1～1.5cm，青露（*Conophytum apiatum*）叶厚1.8cm，露美玉叶厚2～2.5cm，卧牛叶厚达3～5cm。叶多肉植物的叶色十分鲜丽多彩，除深浅的绿色、青绿色、蓝绿色和灰绿色之外，有叶片紫黑色的黑法师（*Aeonium* 'Zwarkop'），叶黑紫色的黑王子（*Echeveria* 'Black Prince'），叶鲜红色的火祭（*Crassula capitella*）和红背椒草（*Peperomia graveolens*），叶面绿、黄、红色间杂的春梦殿锦（*Anacampseros telephiastrum*）

和清盛锦（*Aeonium decorum* 'Variegata'），肉质叶冬季在阳光下转橙红色的茜之塔（*Crassula corymbulosa*）。还有众多肉质叶镶嵌着白色、黄色、红色的斑锦品种。

许多爱好者专门养带刺的仙人掌植物来欣赏。刺的形状、颜色、数目和排列的方式是仙人掌植物分类的依据之一。根据刺在刺座上的着生位置不同，常分为中刺和周围刺（或称周刺、侧刺、放射状刺）两种。

叶背红色的红背椒草

叶片特厚的粉美人

叶片紫黑色的黑法师

中刺4枚，其中1枚扁而弯曲的巨鹫玉

无中刺的白星

中刺尖端钩状的高砂

　　中刺一般数目少而变化大，如缩玉（*Echin-ofossulocactus zacatecasensis*）的中刺为1枚，日之出球（*Ferocactus latispinus*）中刺为4枚，巨人柱的中刺有6枚，而白星（*Mammillara plumosa*）无中刺。同时，中刺的形状、色彩、长度、宽度等也有明显的变化。大多数种类中刺长1～2cm，而光山等少数种类的中刺长达10cm以上，如强刺球属的巨鹫玉（*Ferocactus peninsulae*）中刺长15cm，其中烈刺玉的中刺长达22cm，是仙人掌植物中最长的刺。中刺的颜色丰富多彩，有红色、紫红色、红褐色、黄色、黄褐色、黄白色、金黄色、白色、黑色等。有的种类刺的上端为黄色、下端红色；有的基部为白色、顶端为黑褐色；又如紫云（*Melocactus curvispinus*）新刺黄褐色、老刺灰色，光虹锦（*Lobivia arachnacantha* 'Variegata'）新刺黄白色、老刺深褐色；新天地（*Gymnocalycium saglionis*）新刺紫红色、老刺灰色；江守玉（*Ferocactus emoryi*）新刺红白色、老刺淡黄色。三光球（*Echinocereus pectinatus*）中刺的颜色呈周期性交替变化，温暖季节出白刺，冷凉季节出红刺，十分有趣。中刺的形状变化亦大，有粗细、软硬、宽窄和有无钩状之分。如巨鹫玉的中刺较宽而具钩，白玉兔（*Mammillaria geminispina*）的中刺为坚硬针状，龙神木（*Myrtillocactus geometrizans*）的中刺宽扁呈匕首形，光山的中刺较宽而卷曲，缩玉的中刺向上直射。棉花球（*Mammillaria bocasana*）的中刺尖端钩状。

周刺刺毛状的白檀

周刺少的仙人掌科品种——帝冠

周刺顶端弯曲的象牙球锦

仙人掌科植物的周围刺一般数目较多，刺较细或短。如帝冠、昼之弥撒（*Opuntia articuata* var. *papyracantha*）等的周围刺只有1～3枚。金琥、短毛球、荷花球等的周围刺有8～10枚。雪光（*Parodia haselbergii*）、芳香球和金晃等的周围刺有20～30枚。而红小町（*Parodia scopa* var. *ruverrima*）等的周围刺更多，有40枚以上。周围刺的形状变化亦大，如白檀的周围刺为刺毛状，巨鹫玉的周围刺为刚毛状，雪光的周围刺为丝状，精巧殿的周围刺呈篦状排列，象牙球（*Coryphantha elephantidens*）周围刺的顶端弯曲，士童（*Frailea castanea*）的周围刺非常短而细，均匀地排列成圈。

　　仙人掌科植物的毛实际上也是刺的变态，常生于刺座上，较硬的毛有刚毛、钩毛和星状毛，较柔软的毛呈羊毛状、绵毛状或绢丝状。黄毛掌、红毛掌和白毛掌等都有醒目漂亮的钩毛，钩毛较短，先端具倒钩，极容易扎手。毛柱仙人掌的幻乐（*Espostoa melanostele*）和翁柱（*Cephalocereus senilis*）等茎体上密被很长的白色丝状毛，有的卷曲绕体，有的直而下被。花笼、岩牡丹、连山（*Ariocarpus fissuratus*）、帝冠等球体生长点具白色绒毛。白星、蔷薇球（*Pelecyphora valdezianum*）等球体密被由白色毛和刺组成的羽状毛，辐射形，十分美丽。

有白色丝状毛的岩牡丹

被白色羽状毛的蔷薇球

有漂亮钩毛的黄毛掌

3. 五彩斑斓的花朵

多肉植物的种类丰富，原产地又跨越非洲、美洲等太阳辐射强烈的高原地带。其花朵的形状多变，有雏菊状的生石花——绿李夫人（*Lithops salicola*），喇叭状的少将（*Conophytum bilobum*），星状的大花犀角（*Stapelia grandiflora*）、筒叶花月，坛状的仙女之舞（*Kalanchoe beharensis*），筒状的不夜城（*Aloe mitriformis*），钟状的紫龙角，杯状的虎刺梅（*Euphorbia milii*），碟状的非洲霸王树（*Pachypodium lamerei*），高脚碟状的沙漠玫瑰（*Adenium obesum*），灯笼状的爱之蔓（*Ceropegia woodii*）等。

不同种类的多肉植物开出的花朵大小相差十分悬殊，花最大的是萝藦科的大花犀角，花径35cm，而螺旋麒麟（*Euphorbia tortirama*）的花径仅2～3mm。有的多肉植物如天使，仅开1朵花，而龙舌兰（*Agave americana*）开花时，抽出的花序高达2～3m，着花多达几千朵。多肉植物的花色五彩斑斓，有红色的沙漠玫瑰，紫红色的露草，紫星光（*Trichodiadema densum*），淡黄色的雷童（*Delosperma echinatum*），金黄色的天女（*Titanopsis calcarea*），黄色的惠比须笑，粉红色的白凤菊（*Oscularia pedunculata*），黄绿色的万青玉（*Euphorbia symmetrica*），大红的虎刺梅（*Euphorbia milii*），乳白色的非洲霸王树，白色的火祭、玉扇（*Haworthia truncata*），橙黄色的寂光（*Conophytum frutescens*），橙红色的福斯特芦荟（*Aloe fosteri*），深褐红色的紫龙角，淡紫褐色的爱之蔓，绿色的翡翠阁（*Cissus cactiformis*）等，给人以一种高雅、新奇的美感。

仙人掌科植物一般都能开花，有的种类开花比较容易，播种后2～3年就能开花，从市场、花店买来的仙人掌，在

花雏菊状的生石花李夫人

花杯状的虎刺梅

花星状的大花犀角

花高脚碟状的沙漠玫瑰

春季开花的荷花球

正常管理条件下一般来说能年年开花。但有些种类开花需要20～30年或更长时间。仙人掌科植物的开花习性差异很大，也十分奇特，多数种类的花朵都是白天开花，晚上闭合，有些种类在充足阳光下才能开花；而昙花（*Epiphyllum oxypetalum*）和量天尺（*Hylocereus undatus*）的花则白天不开晚上开。仙人掌科植物的花期大多集中在3～5月份之间，而丽花球属（*Lobivia*）、菠萝球属（*Coryphantha*）植物多在夏季开花。岩牡丹属（*Ariocarpus*）植物常在秋天开花，而仙人指和蟹爪兰等则在冬季开花。很多仙人掌科植物一次性开花很多，但每年只开一季，而星球属、菠萝球属、丽花球属和裸萼球属（*Gymnocalycium*）等植物一年可开花数次。单朵花的开放时间通常是2天，有些种类如短毛球（*Echinopsis eyriesii*）的单朵花只开1天，更短的像昙花只开几个小时；而雪光的单朵花能开7～10天，可算花期最长的了。还有不被人们注意的量天尺，其实它的花远远赛过号称"月下美人"的昙花，它是夜晚开花

一年多次开花的星球

仙人掌中最有名的种类。在美国夏威夷有量天尺组成的长约1km的篱笆，一夜之内盛开5000朵径为30cm的香花，芬芳扑鼻，十分壮观。南美洲热带森林中的一种附生类型的仙人掌叫蛇鞭柱，开白色的巨型花，直径可达25cm，长40cm，真可谓仙人掌科植物的"花王"了。1984年四川凉山州西宜县郑锡智栽种的1盆令箭荷花，开花143朵之多。又如乳突球属的猩猩球、满月等，花虽不大，但小型的钟状花围绕球体成圈开放，非常有趣。不少仙人掌科植物的花具有香味，而且香气不一，如琴丝的小白花有柠檬的香味，金星的花有强烈的水藻气味，银琥的小黄花有浓厚的水果香味，光山的花具有金银花香味。

秋季开花的黑牡丹

夏季开花的象牙球

花期冬季的蟹爪兰

花筒长的短毛球

　　仙人掌科植物的花为两性花，雌雄蕊齐全，但花朵大小相差悬殊。量天尺的花直径可达30cm以上，而松霞的花直径则不足1cm。常见种类的花径如乌羽玉直径为2cm，五刺玉直径为2.5cm，菊水直径为3cm，海王星直径为3～4cm，黑丽球直径为5～6cm，光虹锦直径6～7cm。而花筒长度也相差极大，如花笼为1cm，白鸟为2.5cm，日之出球为4cm，绯花玉为5～6cm，仙人指为7cm，光山为8cm，巨人柱为12cm，短毛球为20cm。仙人掌科植物的花色艳丽多彩，有纯白、大红、粉红、黄、紫、紫红、黄绿等色，以白、黄及红色者居多。花被片多数，呈喇叭状、漏斗状、钟状、筒状和高脚碟状等。

花筒短的花笼

黑丽球

紫星光

第二章

多肉植物的繁殖方法

仙人掌科植物播种后出苗情况

弯凤玉播种后苗株出现分离现象

1. 播种

播种可以一次性得到大量的种苗，特别适合于产业化商品生产。同时，通过播种还可以发现没有色素的子叶，俗称"白子"，采用实生苗早期嫁接，可以得到色彩优美的斑锦品种。常规的杂交育种，也要通过播种育苗、定向培育，筛选出有价值的栽培品种。在百合科的芦荟属（*Aloe*）和沙鱼掌属（*Gasteria*）的属间，十二卷属（*Haworthia*）的种间，景天科的风车草属（*Graptopetalum*）和石莲花属（*Echeveria*）的属间，长生草属（*Sempervivum*）种间，大戟科的大戟属（*Euphorbia*）种间，番杏科的肉锥花属（*Conophytum*）种间和生石花属（*Lithops*）种间等都通过杂交培育出不少优良的栽培品种。某些老化或生长势严重衰退的多肉植物也可经过播种繁殖加以复壮，恢复其强劲的生长势。

生石花的出苗情况

人工授粉可提高结实率

仙人掌植物的浆果

卷叶昙花的结果情况

除番杏科大部分属和萝藦科、景天科的少数种类能自花授粉之外，大多数多肉植物在自然界中属于虫媒花或鸟媒花。如大戟科的许多种类为雌雄异株，必须通过鸟类或昆虫传粉后才能结果，繁殖后代。为了提高多肉植物的结实率，得到充实饱满的种子，可以采用人工授粉的方法，尤其是那些自然授粉成功率低的多肉植物。如百合科的芦荟属、沙鱼掌属、十二卷属，萝藦科的玉牛掌属、吊灯花属等种类，由于它们的花蕊多隐藏在花被内，应将花瓣拉开、让柱头露出后再进行人工授粉。人工授粉应在晴天花朵盛开时进行。一般来说，当柱头裂片完全分叉张开，柱头上出现丝毛并分泌黏液时，授粉最佳。为了增加成功率，第一天授粉1次，第二天可以再授粉1次。授粉完毕后的植株可摆放在温暖、通风处进行正常管理。子房部位呈膨胀状表明授粉成功。在果实即将成熟时用纸袋套住，以免果实成熟破裂后种子散失掉落。如萝藦科多肉植物的蓇葖果成熟后极易开裂，有些种类的种子有种毛、易飞散。多肉植物中许多种类的果实都是浆果，成熟后必须把果实洗净，如果清洗不干净，果肉中的单宁等有机物黏附在种皮上会影响种子正常发芽。干燥后的种子用干净的纸袋或深色的小玻璃瓶保存，放在冷凉干燥处。

大多数多肉植物总的来说种子寿命较短，如夹竹桃科棒槌树的种子寿命只有几个星期，百岁兰种子寿命也非常短。一般多肉植物的种子在常温条件下贮藏1年后发芽率下降很快。为此，许多多肉植物待种子成熟后采下即可播种或贮藏于翌年春播。根据编者播种观察，番杏科多肉植物在播种后1周左右即开始发芽，2周内发芽基本结束，播种后如露草属为6～10天、舌叶花属为8～10天、日中花属为7～10天、肉锥花属为12～15天、快刀乱麻属5～10天、生石花属为7～10天即开始发芽。景天科多肉植物在播种后2周左右开始发芽，在3周以内基本结束发芽，播种后如莲花掌属为12～16天、石莲花属20～25天、

火龙果种子催芽

多肉植物常用播种盘

播种后盖上玻璃板，保湿保温

长生草属10～12天、天锦章属为14～21天即开始发芽。其中萝藦科的国章属（Stapelia）播种后2天就见发芽，这是所有多肉植物中种子发芽最快的。少数大戟科多肉植物种子需播种数月后才发芽。

大多数多肉植物种子播种时间、播种方法和苗期管理基本上与仙人掌科植物相同，种子较大的龙舌兰属、芦荟属和国章属多肉植物播种后需覆土为种子高度的2倍，其余种子均不需覆土，只需轻压一下，让种子与盆土密切接触即可。

仙人掌科植物的播种繁殖具有繁殖系数高和速度快的特点。在自然条件和人工栽培条件下，仙人掌科植物的结实情况大不相同。自花授粉结实的种类，开花后很容易结实，鲜艳的果实还久留球顶或茎侧，成为很好的观赏亮点，如松霞等。自花授粉不结实的种类，如重瓣花昙花只开花不结实，但是花单瓣的卷叶昙花在花后也能结果，若要取得种子，必须进行异株人工授粉，才能达到结实的目的。目前，新品种的种子也可直接从花卉种子公司的网上购买。

仙人掌科植物大多数种类的种子细小，主要采用室内盆播。由于它们原产于热带的高原或雨林地带，种子的发芽温度白天为25～30℃，夜间为15～20℃，土壤温度为24℃。因此，在自然条件下一般以5～6月份播种为好，在温室设施条件下可提前在3～4月份播种，如果夏秋季采得种子，也可在9～10月份播种。

播种前要做好充分准备，播种土壤以培养土最好，也可用腐叶土或泥炭土加细沙各1份均匀拌和并经高温消毒的基质为播种土。所用播种浅盆或穴盘要干净清洁，最好使用新盆。对坚硬或发芽困难的种子，可先放培养皿或瓷盘内，垫上2～3层滤纸或消毒纱布，再注入适量蒸馏水或凉开水，充分浸湿内垫物，然后将种子均匀点播在内垫物上进行催芽。催芽的种子和普通种子盆播后要加强管理，早晚喷雾，保持盆土湿润，避开强光暴晒。一般种类播后5～16天相继发芽，少数种类播种后需要20多天或更长时间才能发芽。仙人掌科植物的幼苗十分幼嫩，根系浅，生长慢，管理必须谨慎。播种盆土不能太干也不能太湿，夏季高温多湿或冬季低温多湿对幼苗生长十分不利。幼苗生长过程中用喷雾湿润土面时，喷雾压力不宜太大，喷水或洇水的水质必须干净清洁，以免土壤受污染或长青苔，影响幼苗生长。

2. 扦插

扦插是多肉植物最常用的繁殖方法，方法简便实用，操作容易，见效快。常见的有叶插、茎插和根插。

（1）叶插　在多肉植物中应用十分普遍。常利用肥厚的叶片摆放在稍湿润的沙台或疏松的土面上，很快就会生根，在叶片的基部长出不定芽，形成小植株。如景天科天锦章属、银波锦属、青锁龙属、石莲花属、伽蓝菜属、景天属等多肉植物，只要用刀片整齐切下完整叶片，稍晾干后插入沙床即可。百合科的沙鱼掌属、十二卷属，菊科的千里光属，龙舌兰科的虎尾兰属等多肉植物的叶片都可以通过叶插大量繁殖种苗，但带斑锦的叶插苗叶片会失去美丽的色彩，只能用分株的方法保留斑锦。景天科植物的叶片可平放，十二卷属植物的叶片可斜插，虎尾兰属植物的剑形叶片可剪成小段直插，扦插后放半阴处，2～3周后从叶片下端的切口处长出不定芽。

景天科植物叶插后长出幼株

虎尾兰叶片扦插

不夜城锦切口晾干后扦插

景天科植物剪取叶片可平放在插壤表面，能生根萌芽

景天科御所锦的叶插

（2）茎插　在多肉植物的繁殖过程中，首先结合修剪整形，剪取枝条截段作插穗，如沙漠玫瑰、翡翠殿、回欢草、紫龙角、绒毛掌、茜之塔、虎刺梅、长寿花、七宝树等。夹竹桃科、大戟科的多肉植物在切段的伤口会流出白色乳汁，必须处理干净，稍晾干后再行扦插。剪取时流出的汁液可能导致皮肤瘙痒，应避免接触眼睛，造成损伤。其它多肉植物必须在剪口干燥后扦插，效果更好。

黑丽球剥下仔球，稍晾干后扦插

剪下红毛掌茎节扦插

　　茎插也是繁殖仙人掌科植物最广泛应用的方法之一。如常见的仙人球属、裸萼球属、乳突球属等仙人掌种类能从茎部萌生仔球的，只要掰下仔球扦插就能生根成苗。附生类仙人掌如昙花、假昙花、量天尺、蟹爪兰等种类只要剪下一段茎节扦插，很容易生根成苗。有些种类在叶状茎的基部已长出气生根，可直接盆栽。另外，一些团扇状和柱状仙人掌，如仙人掌属、鼠尾掌属、天轮柱属、圆筒仙人掌属等，选取肥厚、健壮的变态茎，切取长10～15cm一段，在阳光下晾晒1～2天后扦插，成活率亦高。团扇状仙人掌还可用切块方法繁殖，每块插穗上必须有一个"刺座"，成活后才能萌发茎体。

蟹爪兰剪取叶状茎扦插

柱状仙人掌切口晾干后扦插

银蚕根插后的出苗情况

茎插时，基部必须留足，有利于萌发仔球

精巧球开切后萌发出许多仔球

龙舌兰花茎上的吸芽切下可以繁殖

对某些难于孳生仔球的球形种类如星球属、金琥属、强刺球属、多棱球属等以及上述的柱状类仙人掌，只需将其茎部顶端切去一段或破坏它的生长点，不久，从切口下部的刺座上和生长点的周围就能萌生出许多"仔球"，待其长大后掰下就可扦插。

由于仙人掌科植物的再生能力特别强，扦插成活率亦高，除夏季高温或冬季低温时仙人掌植株处于半休眠状态外，其余时间都能扦插，但5～6月份效果最好。一般团扇状和柱状类仙人掌茎节长度以10cm为宜，而附生类仙人掌的变态茎以10～15cm为好，对球形切顶的植株必须留足下半部，否则切口干缩后会影响仔球萌生。

（3）根插　在多肉植物中，百合科十二卷属中的玉扇、万象等名贵种类的根部十分粗壮、发达，将比较成熟的肉质根切下，埋在沙床中，上部稍露出，保持一定湿润和明亮光照，可以从根部顶端处萌发出新芽，形成完整的小植株。具块根性的大戟科、葫芦科的多肉植物也可采用根插繁殖。

另外，如趣蝶莲、大叶不死鸟、子持莲华、龙舌兰等多肉植物，各自匍匐枝上的不定芽、叶片边缘的不定芽和花葶上形成的大量吸芽都可以通过扦插成为完整的植株。

扦插基质可因地制宜、就地取材，常用细沙或泥炭和沙的混合基质，也可用煤灰、椰糠、砻糠灰、木屑、珍珠岩、蛭石等，总之，扦插土壤或基质要求疏松、通气和排水性好。有些附生类仙人掌如昙花、令箭荷花等还可用

大叶不死鸟叶缘的不定芽剥下即可盆栽

剪取趣蝶莲的不定芽直接盆栽

巴西龙骨嫁接晃玉

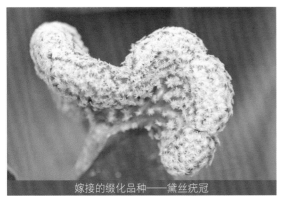

嫁接的缀化品种——黛丝疣冠

水插法繁殖，生根很快，成活率亦高。

3. 嫁接

嫁接在其他多肉植物上的使用不如仙人掌科植物那样普遍，常见在大戟科、萝藦科和夹竹桃科等多肉植物上应用。较多用来嫁接繁殖带"斑锦"和缀化的品种。如用霸王鞭作砧木，嫁接大戟科的春峰锦、鱼鳞大戟、圆锥麒麟、晃玉等；马齿苋树又名树马齿苋，多年生肉质灌木，株高2～3m，冠幅1.5m，常用来作砧木嫁接斑叶的雅乐之舞；非洲霸王树作砧木，嫁接非洲霸王树缀化；大花犀角作砧木，嫁接紫龙角等，接穗生长更快，观赏效果更好。大戟科和夹竹桃科多肉植物的体内含有白色乳液，因此，嫁接操作上力求快速、熟练，才能取得成功。嫁接的具体操作与仙人掌科植物基本相同。

嫁接是繁殖仙人掌科植物最常见、最普遍使用和最主要的手段，具有繁殖快、生长迅速和开花早的特点。特别适用于生长缓慢、根系发育较差以及缺乏叶绿素、自身不能制造养分维持生命的白色、黄色、红色等栽培品种。嫁接还用来繁殖缀化及石化品种、培育新品种和挽救濒危种。

嫁接的斑锦品种——红叶龟甲碧鸾凤玉

嫁接嵌合体的龙凤牡丹

嫁接的珍贵品种——五星花笼

万能砧木——龙神木

仙人掌科植物的接穗主要来源于播种实生苗、植株上自然萌生的仔球、采用植株切顶（俗称开刀）后萌生的仔球，附生类仙人掌中的扁平叶状茎节，某些种类茎部的疣状突起（又称疣瘤）以及仙人掌科植物的自然和人工突变体包括缀化、石化、斑锦、嫁接嵌合体以及濒危、稀有、新优品种的残剩枝体等也是接穗的主要来源。所有接穗都必须随采随接，如果不能立即嫁接，需暂放阴凉处妥善保存，若发现球体出现干瘪、萎缩现象，可用清水浸泡，等恢复后再进行嫁接。

一般嫁接仙人掌科植物都采用繁殖容易、生长迅速、根系发达且亲和力强的种类做砧木。不同类型的仙人掌应选取相适应的砧木。目前，最常见的砧木有：秘鲁天轮柱，柱形砧木，较耐寒，生长势旺盛，髓部较大，适合嫁接大型接穗；卧龙柱，柱形砧木，较耐寒，根系发达，生长后劲足，不易木质化，适合嫁接稀有和新优品种；阿根廷毛花柱，柱形砧木，耐寒，繁殖力强，在欧洲称"万能砧木"，适合嫁接新品种；梨果仙人掌，团扇状砧木，耐寒，生长健壮，适合嫁接蟹爪兰、仙人指、假昙花等附生类仙人掌；短毛球，球形砧木，耐寒，生长势强，繁殖容易，适合嫁接星球属、岩牡丹属等硬质仙人掌种类；叶仙人掌，灌木状砧木，较耐寒，繁殖容易，生长势旺盛，适合嫁接蟹爪兰和小型珍贵球种；量天尺和火龙果，三角形柱状砧木，繁殖容易，根系发达，生长健壮，亲和力特强，耐寒性差，是目前国内外应用最普遍的砧木种类，适用于嫁接裸萼球属、强刺球属和斑锦、缀化类等仙人掌科品种。

砧木的选用还要根据栽培目的而定。若以繁殖"仔球"为目的，应用柱状砧木，砧木可留长一些，这样嫁接后，后劲比较足，接穗生长快，萌生仔球亦多；以商品观赏为目的，多采用球形或三角柱状的砧木，要求砧木肥厚充实，株形矮些，便于室内装饰观赏。

砧木——梨果仙人掌

常用砧木——量天尺

砧木高大粗壮有利于接穗生长
（银冠玉）

作为商品的绯牡丹均采用矮砧木

仙人掌科植物的平接

仙人掌科植物嫁接的时间，一般来说，可在3月中旬至10月中旬进行，南方地区可早一点，北方地区稍晚一点。5～9月份，室温在20～30℃时，是嫁接仙人掌的最佳季节，嫁接愈合快，成活率高。

嫁接常用的方法有平接、劈接和斜接，根据接穗和砧木的不同情况，分别采用。平接常用于嫁接球状、圆筒状和柱状仙人掌，方法简便，成活率高。劈接又叫嵌接或楔接，常用于蟹爪兰、仙人指、假昙花等茎节扁平的附生类仙人掌。斜接适合于白檀、山吹、鼠尾掌等指状仙人掌。

嫁接过程中还有不少窍门。对组织坚硬、含水量少的岩牡丹、帝冠、光山等接穗的嫁接砧木，除了选择肥厚、壮实和含水较多的砧木之外，在嫁接操作上还要快速；或者在嫁接前对硬质仙人掌的接穗用不透光的纸或锡纸做成比接穗稍大的纸罩，罩上20～30天后当接穗呈现嫩绿时再行嫁接，可提高嫁接成活率。

另外对含有白色乳汁的白玉兔、白斜子等接穗，要在白色乳汁流出之前完成嫁接操作。在嫁接过程中，发现某些接穗与

仙人掌科植物的双重嫁接

砧木产生不亲和，嫁接成活率低，成活后植株生长势差，可采用"双重嫁接"法。在园艺观赏上，还可采用立体接、重叠接等方法将多种色彩的球体集于一身，构成多彩的盆栽植物。

4.分株

分株是多肉植物最简便、最安全的繁殖方法。只要具有莲座叶丛或集生状态的多肉植物，都可以通过它们的吸芽、走茎、鳞茎、块茎和小植株进行分株繁殖。如常见的龙舌兰科、百合科、大戟科、萝藦科、景天科的石莲花属和长生草属、番杏科的肉锥花属和生石花属、菊科的千里光属等多肉植物，具备上述的条件，可以在春季换盆时进行分株繁殖。多肉植物中具有"斑锦"的品种，如金边虎尾兰、王妃雷神锦、花叶寒月夜、不夜城锦、玉扇锦等，必须通过分株繁殖才能保持其品种的纯正。

分株在仙人掌科植物繁殖中使用不多，主要用于球体容易孳生仔球、球体茎部常长有小根或气生根的种类。如白檀、短毛球、琴丝、金星等，它们由于植株拥挤，加上浇水不当，常引起下部球体发生腐烂。为此，及时将集生的仔球掰下分株盆栽，有利于球体的继续生长。分株时间一般以春季4～5月份最好，常结合换盆进行。若秋季进行分株繁殖，要注意分株植物的安全过冬。

龙舌兰科的虎尾兰可用分株繁殖

仙人掌科的金晃可用分株繁殖

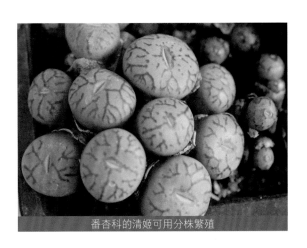

番杏科的清姬可用分株繁殖

夹竹桃科的惠比须笑用切块分株繁殖

百合科的群鲛可用分株繁殖

景天科的虹之玉锦可用分株繁殖

花叶寒月夜可用分株繁殖

玉扇锦可用分株繁殖

第三章·

多肉植物的栽培特点

番杏科多肉植物秋季换盆

多肉植物分布广泛，对气候、土壤条件的要求差异较大，因此形成了多肉植物各自的栽培特点。

1. 换盆

换盆一般在植株休眠期结束而生长旺盛期尚未到来之前进行最为合适。多肉植物原产地范围广，它们的生长周期也有很大差别。如龙舌兰科、大戟科的麻风树属和大戟属、夹竹桃科等种类，它们的生长期为春至秋季，冬季低温时呈休眠状态，夏季一般能正常生长，常称"夏型种"，这类多肉植物在春季3月份换盆是最好的。而生长季节从秋季至翌年春季，夏季明显休眠的多肉植物常称"冬型种"，如番杏科的大部分种类，回欢草属的小叶种、景天科的青锁龙属、银波锦属、瓦松属的部分种类，百合科的苍角殿等，它们可以在秋季9月份换盆。其他多肉植物的生长期主要在春季和秋季，夏季高温时生长稍有停滞，这类多肉植物也以春季换盆为宜，原则上夏季和冬季不换盆。

景天科的吕千绘秋季换盆

大戟科的巴西龙骨春季换盆

夹竹桃科的沙漠玫瑰春季换盆

　　在换盆过程中，首先把配制的栽培基质进行高温消毒，晾干，喷水并调节好基质的含水量。换盆植株在移栽前2～3天停止浇水。盆栽容器无论旧盆、新盆都要清洗干净。除少数有肉质根和高大柱状的种类用深盆以外，大多数多肉植物宜用浅盆。栽植时植株必须摆正位置，一面加土一面轻提植株，使根系舒展，盆土不宜过满，留出空间以便浇水、施肥。有的小型多肉植物如生石花、肉锥花等盆栽后，在盆面铺上一层白色小石子或小卵石，这样既可降低土温，又能支撑株体，还可增强观赏效果。但应注意掌握土壤的干湿度，以免土壤过湿，造成肉质根腐烂。另外，一些大戟科、萝藦科的多肉植物，本身根很粗又很少，可以2～3年或更长时间换盆1次，换盆时不需剪根、晾根，尽量少伤根，换盆后立即浇水，放半阴处养护。

植株灌木状的红毛仙人掌常用深盆栽培

生石花用浅盆栽培

2. 盆栽基质

多肉植物的盆栽基质多数为配方基质。目前，多肉植物使用较多的盆栽基质有：①园土、泥炭土、粗沙、珍珠岩各1份，另加砻糠灰半份，适用于一般多肉植物。②园土1份、粗沙1份、椰糠1份、砻糠灰少许，适用于生石花类多肉植物。③泥炭土6份、珍珠岩2份、粗沙2份，适用于根部比较细的多肉植物。④粗沙6份、蛭石1份、颗粒土2份、泥炭土1份，适用于生长较慢、肉质根的多肉植物。⑤粗沙2份、腐叶土2份、珍珠岩1份、泥炭土1份，适用于一般多肉植物。⑥泥炭土2份、蛭石1份、园土2份、细砾石3份，适用于大戟科多肉植物。⑦腐叶土2份、粗沙2份、谷壳炭1份，适用于小型叶多肉植物。⑧腐叶土2份、粗沙2份，壤土、谷壳炭、碎砖渣各1份，适用于茎干状多肉植物。

粗沙

珍珠岩

园土

泥炭土

培养土

蛭石

盆栽基质一般要求疏松透气、排水要好，含适量的腐殖质，以中性土壤为宜。而少数多肉植物，如虎尾兰属、沙漠玫瑰属、千里光属、亚龙木属、十二卷属等种类适合微碱性土壤，番杏科的天女属则喜欢碱性土壤。

仙人掌科植物是一种生长慢、寿命较长、适应性强、容易栽培的多肉植物，也是一种喜阳光、耐干旱和需通风的旱生植物，少数种类是喜半阴，空气湿度大的附生攀援植物。针对不同的仙人掌科植物采取相应的栽培方法，是养护好仙人掌科植物十分重要的关键措施。

盆栽仙人掌科植物与其他盆栽多肉植物一样，栽培一年以后，盆中养分趋向耗尽；由于经常浇水，栽培基质易变得板结，透气和透水性差；根系又充塞盆内，极需改善根部的栽培环境。一般在春季4～5月份之间，

气温在15℃左右时，植株休眠期刚过，生长旺盛期尚未到来之前，是仙人掌科植物最佳的换盆时机。大型球体如金琥等换盆时，由于球体刺多而重，常用绳索对接，打成绳圈，将绳索套在球体基部勒紧，保持两端对称、平衡，同时用小铲深挖盆土，松动根系，提拉绳索，球体就可顺利脱盆。修根、晾干后换上新鲜基质重新盆栽。中、小型球体如雪光、星球等种类换盆，可戴上厚质的帆布手套直接操作，避免手被锐刺刺伤。如果根系贴盆壁过紧时，可用橡皮锤子敲击盆壁的四周，取出带根土团，修根晾干后盆栽。附生类仙人掌如昙花、令箭荷花等换盆，在换盆前先要修剪地上部分，剪除过密、交叉、重叠、柔弱和老化枝条，保持叶状茎挺拔、均匀，并修剪地下根系，剪除老根，剪短过长根系，然后盆栽，压实、喷水后放半阴处恢复。

修剪叶仙人掌地上部分枝条

可供仙人掌科植物生长的栽培基质非常丰富，可因地制宜地多采用当地最廉价的栽培材料，并进行合理、科学的配制。如我国广东、广西、福建等地常用碎块的干塘泥，排水透气性好，含有一定的有机质。上海一带多用燃烧过的煤灰加腐熟的鸡粪和鸽粪作培养土。南京多用培养土加沙和干牛粪作基质。日本有用粗沙加火山灰和少量贝壳粉作培养土。德国常用轻石砾加多孔玄武岩砾、蛭石、熔岩沙和聚苯乙烯的混合基质。美国则用沙质肥土加碎砖屑、老灰泥土和沙的混合基质作培养土。目前，栽培金琥、江守玉等球形强刺类仙人掌，常用园土、腐叶土、沙加少量骨粉和干牛粪的混合基质。栽培昙花、令箭荷花、蟹爪兰等附生类仙人掌，用腐叶土或泥炭土、沙加少量骨粉的混合基质。所有栽培基质在使用之前均需严格消毒；使用时，在栽培基质上喷水，搅拌均匀，调节好基质湿度后再上盆。

3. 浇水

大多数多肉植物自然生长在干旱地区，不适合于潮湿的环境，但完全干燥的环境对多肉植物的生长发育也极为不利。因此，栽培多肉植物应通过科学浇水来满足其生长发育的需要。

科学浇水，首先要了解多肉植物的生态习性和生长情况。了解什么时候是生长期或快速生长期，什么时候是休眠期或生长缓慢期。一般来说，正确的浇水频度：3～9月份的生长期，每15～20天浇水1次，快速生长期每6～10天浇水1次，但夏季休眠的多肉植物要严格控制浇水，如果休眠期浇水不当会造成植株腐烂，甚至死亡。10月份至翌年2月份，当气温在5～8℃之间时，则每20～30天浇水1次，冬季休眠的多肉植物，同样要严格控制浇水，如果盲目浇水，严重时会导致植株死亡。但也有少数种类如龟甲龙，冬季虽然不休眠，但冬季如果温度过低、

多肉植物正确的浇水方法

错误操作

不能向花朵上浇水

浇水不当也会造成危害。有些种类叶色发暗红，叶尖及老叶干枯易被认为是缺水，其实上述现象在阳光暴晒、根部腐烂等情况下也会发生，此时浇水，也会遭受损失。因此，科学、合理地浇水首先要学会仔细地观察和正确地判断。科学地浇水应当气温高时多浇，气温低时少浇，阴雨天一般不浇；夏天清晨浇，冬季应在晴天午前浇，春秋季早晚都可浇；生长旺盛时多浇，生长缓慢时少浇，休眠期不浇。浇水的水温不宜太低或太高，以接近室内温度为宜。

在多肉植物生长季节，浇水的同时可以适当喷水，增加空气湿度，这对原产在高海拔地区的多肉植物十分有利。在春、秋季生长期相对湿度宜保持在45%～50%，少数种类可达到70%左右。生石花等高度肉质化的种类，在夏季休眠时湿度最好保持在40%～45%之间比较安全。喷水必须用清洁、不含任何污染和有害物质的水，忌用含钙、镁离子过多的硬水。冬季低温时停止喷水，

水不能淋在白毛仙人掌的毛上

以免空气湿度过高发生冻害。

我国早春气候不稳定，气温往往偏低，阳光不强烈，多肉植物消耗水分不多，尤其仙人掌科植物一般不需要补充太多水分。此时，以早晚浇水为宜。浇水不能从植株顶部淋水，特别是球体顶部凹陷的种类，被冷水浸淋后球体会出现斑点或斑块。而具长毛的种类，水淋后毛黏结一块，难于散开。若浇水过多或用水温很低的水浇淋，容易引起根部腐烂。春季除浇水外，气温升高时定期喷水、喷雾保持一定的空气湿度，对仙人掌科植物的生长极为有利。

夏季仙人掌科植物进入快速生长期，加上气温不断升高，对水分的需求量日益增加。此时，浇水以早、晚为宜，喷雾增加空气湿度，使生长环境更接近原产地早晚湿度大、中午高温干燥的自然环境，对仙人掌科植物的生长很有好处。盛夏高温季节，生长开始缓慢，甚至停止，许多仙人掌科植物被迫进入半休眠状态，这给浇水带来一定困难，浇水多了容易引起根部腐烂，而浇水不足又影响正常生长。此时，要认真观察植株的生长动态，做到合理浇水，让植株安全越夏。夏季管理中，特别是盛夏炎热期间，在严格控制浇水的前提下，可通过喷水来补充植株对水分的需求。

入秋后，仙人掌科植物又开始正常生长，此时，对较耐寒的种类浇水应多些，供水必须充足；而对一些不耐寒的种类，浇水应适当控制，以免植株生长过快，茎节或球体过于柔嫩，导致抗寒能力下降，造成越冬困难。在深秋长期天晴、气候干燥时，适量浇水情况下，可多用喷水或喷雾来调节空气湿度，有效地控制植株的生长量。

冬季，仙人掌科植物的生理机能大大减弱，水分消耗极小。在原产地，整个冬季极其干旱，经常处在绝无雨滴的情况。因此，盆栽仙人掌在冬季几个月不浇水的情况下其植株仍能正常维持生命。如果不适当的浇水，反而让植株遭受冻害。当然，在北方，室内

不能向带白霜的肉质叶上浇水

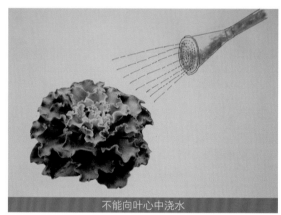

不能向叶心中浇水

不能向球顶下凹的部分浇水

有暖气，盆栽植株仍在继续生长或开花时，应根据实际情况及时补充水分。

4. 施肥

　　野生的多肉植物由于自然条件的影响，一般生长较慢。曾经有人做过比较，如野生巨人柱一年仅长高0.3cm，而温室栽培的巨人柱一年长高了2.5cm，生长速度快了8倍多，这与科学的管理分不开，其中施肥就是一个重要的环节。有资料表明，多肉植物在生长季节可以每2～3周施肥1次，如菱鲛属、沙漠玫瑰属、吊灯花属、天锦章属、莲花掌属、亚龙木属和芦荟属等植物；大多数为每月施肥1次，少数种类如对叶花属、辣木属为每4～6周施1次；马齿苋树属、厚叶草属为每6～8周施肥1次；而肉锥花属只需每年换盆即可。多数多肉植物喜完全肥或低氮素肥，绵枣儿属喜钾肥。一般夏季高温时要暂停施肥，晚秋低温时要停止施肥。施肥前，盆土控制稍干并松土，没有发酵的豆浆、牛奶、鱼虾之类禁止施用。

经常向多肉植物喷雾，增加空气湿度

夏型种的卧牛，5~9月份每2个月施肥1次

春秋型种的卷绢，4~5月份和10月份各施肥1次

冬型种的紫弦月，10月份至翌年3月份每2个月施肥1次

肉锥花属每年换盆不需施肥

合理的施肥会使仙人掌科植物长得更壮实，球体更有光泽，刺色更鲜艳，开花更繁茂。春季是仙人掌植物结束休眠期向快速生长期过渡的阶段，施肥对促进仙人掌的生长是有益的。一般每3～4周施肥1次，少数种类每6～8周施肥1次，以低氮素的薄肥或氮、磷、钾完全肥为主，家庭盆栽常用多肉植物专用的复合肥，使用方便、清洁、不污染环境。7～8月份盛夏高温期，植株处于半休眠状态，应暂停施肥。刚入秋，气温稍有回落，植株开始恢复生机，可继续施肥，直到秋末停止施肥，以免生长过旺，球体柔嫩，易遭冻害。冬季一般不施肥。

常用的"百花"有机复合肥

多肉植物常用的"卉友"复合肥

5. 遮阳

大多数多肉植物在生长发育阶段均需明亮充足的光照，属于喜光植物。茎干粗壮直立，叶片肥厚饱满有光泽，花朵鲜艳诱人。如果阳光不足，植株往往生长畸形，茎干柔软下垂，叶色暗淡，刺毛变短、变细，缺乏光泽，还会影响花芽分化和开花，甚至出现落蕾落花现象。但是对多肉植物中需要阳光较少的冬型种、斑锦品种，布满白色疣点和表皮深色的品种，它们需要明亮的光照。若长时间在强光下暴晒，植株表皮易泛红泛褐，显得没有生气。因此，对于稍耐阴的多肉植物，在夏季晴天中午前后适当遮阳是非常有益的，可以避开闷热的高温和强光的暴晒。另外，早春刚萌芽展叶的植株和换盆不久的植株也要适当遮阳，有利于植株的生长和恢复。

仙人掌科植物虽是喜光植物，但夏季高温强光条件下仍需要适当遮阳处理。仙人掌科植物一般分两大类：一类生长在热带雨林地带，它们野生于半阴环境；另一类生长在

具叶状茎的令箭荷花喜半阴环境

沙漠或高原地带，喜阳光充足。如果在高温和强光下栽培附生类仙人掌，容易引起茎部萎缩变焦。同样对喜光性较强的沙漠型仙人掌，夏季给予长时间的强光直接暴晒，并不是理想的环境。若夏季高温强光时适当遮阳，对以上两类仙人掌的生长都十分有利。如果阳光不强或连续阴雨天，应拉开遮阳设施，以免遮阳时间过长，引起球体伸长，刺毛稀疏和颜色暗淡，导致丧失观赏价值。

多肉植物中的唐印，
秋季在光照充足条件下渐变鲜红色

强刺球属仙人掌在光线充足条件下刺长得更好看

荷花球在充足光照下花朵开得更好

多肉植物的斑锦品种如玉露锦需半阴环境

6. 防寒

大多数多肉植物原产于热带、亚热带地区，冬季温度比我国大部分地区要高，而且对光照、湿度和土壤条件又有一定要求。因此，只有极少数多肉植物如龙舌兰、虎刺梅、沙漠玫瑰、非洲霸王树、芦荟等在我国海南或西南个别地区可以露地生长，绝大多数种类必须在室内栽培越冬。根据我国窗台或封闭阳台的栽培条件，可以参照栽培的多肉植物名单如下：室温在0～5℃，可栽培龙舌兰、沙鱼掌、露草、棒叶伽蓝菜等。室温在5～8℃，可栽培莲花掌、芦荟、银波锦、神刀、雀舌兰、石莲花、肉黄菊等。室温在8～12℃，可栽培酒瓶兰、吊金钱、虎刺梅、十二卷、月兔耳、生石花、棒槌树、长寿花、大花犀角、紫龙角等。如果冬季温度保持平稳，在盆土完全干燥、植株深度休眠的情况下，其耐寒能力还可以适当提高。但像沙漠玫瑰等热带多肉植物，在冬季落叶后，要严格控制水分，如果低温潮湿，植株极易受冻腐烂。

绝大多数仙人掌植物原产于热带和亚热带地区，都喜欢温暖的气候环境。我国地域广阔，各地自然气候差异较大，防寒措施也各不相同。华南地区冬季最低温度都在0℃以上，只要搬进室内就能安全越冬。长江流域地区冬季气温都在0℃以下，经常出现-6～-5℃的周期性低温，而一般封闭的室内阳台和窗台的温度在5～6℃，有时能出现0℃左右的低温，平时可采用双层厚窗帘来保温，遇强寒流侵袭时可临时搬进室内房间或开启空调加温。华北地区常出现-20～-10℃低温，阳台和居室中须有加温的暖气设备才能使仙人掌安全越冬。同时仙人掌摆放的位置除温度需在5～10℃以上外，还需靠近朝南窗台，以保证有充足的阳光照射。

冬季用双层薄膜和加光设备

佛手掌摆放在窗台旁可安全越冬

金边巨麻放靠窗的室内，温暖、光线好有利于越冬

7. 通风

原产于高原地带、喜冷凉气候的多肉植物和仙人掌科植物在夏季高温季节进入半休眠状态，除需遮阳减少光照进入室内之外，开窗通风同样重要，起到降温和减少病虫危害的作用。如果通风不良，在干热的环境下，易受红蜘蛛、介壳虫和粉虱等危害，蔓延迅速，稍不注意球体粘满害虫，被害植株完全失去观赏价值。假昙花等附生类仙人掌夏季在室内越夏时，如果室温高、湿度大，又闷又热的环境容易引起茎节变黄脱落或腐烂。此时，开窗通风就显得非常重要，通风可立即降低室内温度和空气湿度，提高附生类仙人掌越夏的能力。冬季为了充分利用室内的空间，往往室内植物摆放密度较大。如不注意室内空气的畅通，室内湿度过大，容易引起部分软质仙人掌茎部腐烂或产生大片褐色生理病斑。应选择晴天无风的中午，稍拉开旁侧玻璃窗，以免寒风直接吹向植株。室内摆放密度大的需1～2天通风1次，一般情况下每2～3天通风透气1次。雨雪阴天和大风时应暂停或缩短通风时间。

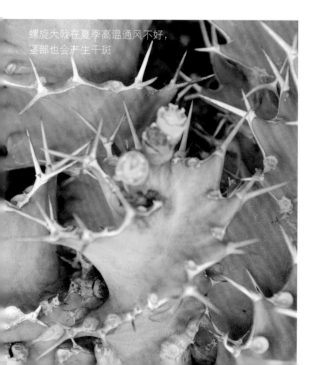

螺旋大戟在夏季高温通风不好，茎部也会产生干斑

冬季土壤湿度大通风差，姬玉露叶片开始萎缩腐烂

8. 病虫防治

多肉植物主要用于室内栽培观赏，病虫害的防治相对容易控制，不过长期室内栽培，在高温干燥、通风不畅的情况下，也有不少"常见病虫"和"多发病虫"出现。

① 红蜘蛛　主要危害萝藦科、大戟科、菊科、百合科、仙人掌科等多肉植物。以口器吮吸幼嫩茎叶的汁液，被害茎叶出现黄褐色斑痕或枯黄脱落，这种斑痕永留不褪。发生后除采用加强通风、降温措施之外，可用40%三氯杀螨醇1000～1500倍液喷杀。

② 介壳虫　常危害叶片排列紧凑的龙舌兰科、景天科、仙人掌科等植物，吸食茎叶汁液，导致植株生长不良，严重时出现枯萎死亡。危害时除用毛刷驱除外，可用速扑杀800～1000倍液喷杀。

③ 粉虱　较多发生在大戟科、龙舌兰科、仙人掌科等灌木状多肉植物。在叶背刺吸汁液，造成叶片发黄、脱落，同时诱发煤污病。

柱状仙人掌上的介壳虫

红蜘蛛危害兜锦

直接影响植株的观赏价值。发生初期可用40%氧化乐果乳油1000～2000倍喷杀。

④ 蚜虫 多数危害景天科和菊科的多肉植物。常吸吮植株幼嫩部分的汁液，引起株体生长衰弱，其分泌物还招引蚁类的侵害。危害初期可用80%敌敌畏乳油1500倍液喷洒。

⑤ 腐烂病 为细菌性病害，是多肉植物的主要病害，常危害具块茎的多肉植物。从根部伤口侵入，导致块茎出现赤褐色病斑，几天后腐烂死亡。盆栽前要用70%托布津可湿性粉剂1000倍液喷洒预防，若发现块茎上有伤口，要待晾干后涂敷硫黄粉消毒。

⑥ 炭疽病 是危害多肉植物的重要病害，属真菌性病害。高温多湿的梅雨季节，染病植株的茎部产生淡褐色的水渍性病斑，并逐步扩展腐烂。首先要开窗通风，降低室内空气温度和湿度，再用70%甲基硫菌灵可湿性粉剂1000倍液喷洒，防止病害继续蔓延。

粉虱危害柱状类仙人掌

蚜虫危害强刺球仙人掌

大花犀角的腐烂病

绯牡丹的炭疽病

神刀的锈病

沙鱼掌的生理性病害

⑦ 锈病　常发生在大戟科和仙人掌科等多肉植物，其茎干的表皮上出现大块锈褐色病斑，并从茎基部向上扩展，严重时茎部布满病斑。可结合修剪将病枝剪除，重新萌发新枝，再用12.5%烯唑醇可湿性粉剂2000～3000倍液喷洒。

⑧ 生理性病害　由于栽培环境恶劣，如强光暴晒、光照严重不足、突发性低温和长期缺水等因素造成茎、叶表皮发生灼伤、褐化、生长点徒长、部分组织冻伤、顶端萎缩枯萎等，最根本的措施是从改善栽培条件着手。

病虫害的防治应遵循"以防为主、防治结合"的原则。首先要有良好的栽培环境，如清洁的栽培场所，适宜的温度、湿度和良好的通风透光，盆内及周围环境无杂草；其次，要定期喷洒药物进行预防。如果发现病虫危害，要及时采取防治措施，做到"早治、彻底"。

9. 整枝修剪

大多数多肉植物由于体形较小，茎、叶多为肉质，生长速度相对较慢，一般来说整枝修剪工作并不十分突出。适时、合理的修剪可以压低株形，促使分枝，让植株生长更健壮，株形更优美。其日常内容包括摘心、疏剪、强剪、摘除残花、摘蕾、修根等。

① 摘心　通过摘心，以促使多分枝，多形成花蕾、多开花，使株形更紧凑、矮化。摘心就是在植株茎部的顶端，于叶片的上方剪除的方法。适用于碧雷鼓、吊金钱、叶仙人掌、落花之舞等植物。对株体球形、圆筒形或柱状的仙人掌科植物来说，就是破坏顶

端的生长点，促使萌发更多的仔球。

② 疏剪　又叫疏枝，主要目的是保持株形外观整齐。一般来说，着重修剪过密的重叠枝、不规则的交叉枝、不宜利用的徒长枝和基部的萌蘖枝以及枯枝、病虫枝等。常用于沙漠玫瑰、鸡蛋花、仙女之舞、令箭荷花、蟹爪兰等，以花后或落叶后进行为好。

③ 强剪　又称短截，要剪除整个植株或在离主干基部10～20cm处截断，以促使植株主干的基部或根部萌发新枝。常用于植株过高或植株生长势极度衰弱的多肉植物。适用于非洲霸王树、红雀珊瑚和仙人掌科等植物。对仙人掌科植物来说，俗称开刀，将顶端部分用于嫁接，余下的部分促使萌生更多的小球。

④ 摘除残花　花后，对不留种的植株要及时剪去残花，以免结实多消耗养分，同时也有利于新花枝的形成。如大花犀角、虎尾兰、虎刺梅、假昙花、蟹爪兰等。

⑤ 摘蕾（包括除芽）　在生长期将植株上过多的侧芽或新生的小嫩枝除去，以减少养分消耗，集中养分供主芽发育。剥蕾一般是将侧蕾剥去，以免侧蕾太多影响主蕾的生长、使花变小，常用于红卷绢、狐尾龙舌兰、球兰等。初冬开花的蟹爪兰、仙人指等注意摘蕾。

⑥ 修根　常在多肉植物移栽或换盆时进行。移栽时对过长的主根或受伤的根系加以修剪整理。换盆时，将老根、烂根和过密的根系适当进行疏剪整理。

强剪，俗称仙人掌的"开刀"

剪除蟹爪兰残花，促进花芽形成，可再次开花

剪除蟹爪兰残花

多肉植物的疏剪

多肉植物的摘心处理

剪除金边虎尾兰过多须根

大花犀角，花后要摘除残花

假昙花，花后要摘除残花

第四章·

多肉植物的装饰应用

多肉植物作为家庭装饰应用的形式也是多种多样，最常见的有以下几类。

1. 盆栽

多肉植物株形多数为柱状、球状、团扇状、圆筒状、指状、莲座状等几何图形，少数为分枝状肉质灌木。盆栽比较适合欧式装饰风格，使室内气氛更加轻松、自然。

盆栽的容器常见有泥盆、紫砂盆、釉盆、瓷盆、塑料盆、玻璃盆、木桶、贝壳、透明玻璃瓶以及各种金属异型容器。盆栽容器的大小一般比植物稍大为好，过紧或过宽都会影响视觉效果。容器的深浅要根据植物高度和根系大小而定，要注意艺术性和稳固性。如大、中型盆栽可选择天轮柱、龙神柱、金琥、非洲霸王树、草树、巴西龙骨锦、酒瓶兰锦、喷火龙等。用白色塑料盆、木桶或紫砂盆装饰，可以作为主体陈设，摆放在墙角、落地窗旁、门厅或入口处，呈现出热情豪放、憨态可掬、微笑迎客的情景。植株的体色要与室内环境和装饰风格相协调，如果房间为浅色调的，柱状仙人掌选用深绿色的；若房间为深色调的可选用白色、白刺或淡绿色的多肉植物，这样显得层次突出，鲜明和谐。配置小型盆栽植物，尤其是那些微型多肉植物和珍贵仙人掌科植物如生石花、金铃、精巧球、万象、姬牡丹、超兜、花笼、小人帽子、帝冠、扇雀等，若用精巧秀气的小容器栽植，装饰茶几、博古架、隔断、书桌，装点成为一件有生命的"工艺品"，其韵味更浓。若以山吹、绯牡丹、厚叶草、火祭、红龟甲牡丹、星兜等色彩鲜艳小型种，选用各式卡通小盆包装，摆放在儿童室内，显得特别亮丽、活泼、充满现代气息。

当前，市场上还流行一种时尚的水培多肉植物，栽培容器应用各种造型的透明玻璃杯、瓶、罐、缸等，种植材料有仙人掌科中的星球属、裸萼球属、乳突球属等植物，有景天科的火祭、特玉莲，百合科的龙山锦、不夜城锦，大戟科的巴西龙骨锦和龙舌兰科的金边虎尾兰等。不仅可以欣赏到风姿怡人的肉质茎、叶，而且还可以领略它们雪白、美丽的根系，给盆栽多肉植物增添了一个新的"亮点"。

中型盆栽——醉美人缀化

小型盆栽——荒坡

多种多肉植物的盆栽

大型盆栽——黑法师

大型盆栽——金晃

水培的条纹十二卷

2. 组合盆栽

又称碟形花园，以多肉植物为主。制作多肉组合盆栽与其他盆花组合盆栽有所不同。首先，盆栽基质要疏松、通气、排水性要好，一般采用15%泥炭土、15%珍珠岩或蛭石、35%腐叶土或树皮粒、35%粗沙，或者用50%河沙、25%腐叶土和25%泥炭土的混合基质。盆栽的组合必须精心设计，力求自然、协调，株体之间要留出空间，组合盆栽完成后在盆面上铺上一层装饰材料。目前，比较流行的装饰材料有陶粒、卵石、砾石、五彩石等，根据组合植株的体色选用适合的装饰材料，这样可以提高观赏效果。

组合盆栽的用材十分广泛，可用专科专属多肉植物，也可根据多肉植物的形态特点配合使用。一般来说要有层次感，株体高低的搭配十分重要；种植材料可以几株至数十株，容器可大可小。其设计的空间很大，可以模拟各种沙漠干旱景观，表达出奇特的效果。组合盆栽的栽植容器质地、形式多样，常见有红土陶盆、白色或有色塑料盆、玻璃纤维质或不锈钢质盆、木质盆、紫砂盆、大型贝壳、玻璃盆以及各种废旧器具。容器的高度可深可浅，造型各异，在宽阔的组合盆栽内还可摆放少许块石、珊瑚、贝壳、玩具等小摆件，使作品更具吸引力。

花卉市场常见的小型组合盆栽十分简单，仅用2～3种多肉植物栽植于卡通小盆中，形态自如，活泼可爱，色彩鲜艳，加上价格便宜，常成为市场热卖的商品。

在众多的组合盆栽中，最流行、最具魅力的是中型组合盆栽，一般采用5～8种材料，种植株数5～10株，其配置形式千变万化，容器使用也是多种多样，造型各异，具有很高的创意和欣赏性。其中邬帆、刘飞鸣创作的多件多肉植物的组合盆栽非常有特色，具有很高的艺术性和实用性，也可模仿制作，给人们带来生活的乐趣。

大型组合盆栽都采用高大柱状的多肉植物作为基本骨架材料，如龙神柱、连城角锦、非洲霸王树、龙凤木锦、福禄寿等，采用大型的塑料、木质、陶质、金属等桶或缸栽植，一般不超过3种，形成高低错落、神姿盈盈的生动画面，摆放于公共场所可以取得意想不到的景观效果。

小型组合盆栽之一

小型组合盆栽之二

中型多肉植物组合盆栽之一

中型多肉植物组合盆栽之二

中型多肉植物组合盆栽之三

大型多肉植物组合盆栽

如今，组合盆栽已成为家居装饰、商厦布置、会场点缀、厅堂绿化的时尚选择，它给人们带来欣赏的美感、栽培的喜悦和装饰的乐趣。

3. 盆景

在众多的多肉植物中特别是一些茎部扁化呈山峦状和幼时茎部柔软、容易加工造型的种类，给花卉爱好者提供了制作盆景的材料。如仙人掌科的岩石狮子、残雪之峰、龙神木缀化等种类，由于茎部细胞突变、生长锥分生不规则，使棱肋错乱，形成岩理横叠、群峰盘互的畸形变异，只需将"怪石奇峰"切割下来，通过扦插或嫁接以及精心养

护，换上异型浅盆和几架，就同山水盆景一样，成为艺术精品。又如，多肉植物中的虎刺梅，由于幼茎柔软，常用来绑扎成孔雀等动物造型。在美国密苏里植物园的温室中还可以看到高达3m，用虎刺梅绑扎成的奥林匹克标志的五环艺术造型。这些盆景艺术精品用于宾馆、商场等公共场所摆放，具有新鲜感，充分展示多肉植物的形态美，创造出一个别致的艺术氛围。还可利用形态各异的中小型多肉植物老桩如雅乐之舞、小松绿、乙女心、皱叶麒麟、筒叶花月等创作出一件件中小型盆景，并用红木博古架组合装饰，形成非常有欣赏价值的艺术品。

多肉植物制作的盆景

大型双层组合盆栽

用八千代制作的盆景

4. 瓶景

瓶景又称瓶园、微型玻璃花房。最早的瓶景出现在1850年的英国，当时的材料以蕨类植物为主，主要用短颈宽腹玻璃瓶。今天，瓶景已是欧美十分流行的园艺商品，随着瓶中植物的多样化，玻璃容器的造型也有很大变化，除了短颈宽腹瓶以外，还有圆球形、圆筒形、矮圆筒形、多边形、葫芦形、杯形等，瓶口也有大有小，还有开在侧面的，有的是废物利用，以塑料油瓶、饮料瓶、糖罐等作瓶景材料，可谓造型各异、新颖别致。

多肉植物是一个特殊的类群，由以前瓶景装饰用喜湿植物材料发展到耐干旱多肉植物材料的加入应用，这是一个很大的转变和发展。为了加大瓶内水分蒸发，减少瓶壁水分的回流，瓶景的瓶口要适当扩大，栽培基质要疏松、透气，砂砾要稍大。

由于瓶景的生长空间有限，在瓶景材料的选择上，必须选择植株矮小、姿态优美、造型奇特、色彩鲜艳、生长较慢和繁殖容易的种类。如星兜、山吹、白檀、小人帽子、绯牡丹、白鸟、特玉莲、四海波、耳坠草、紫星光、火祭、红司、扇雀、小天祭、千佛手、薄雪万年草锦、小松绿、梅花鹿水泡、迷你卷绢、子宝锦、康平寿、琉璃殿、春梦殿锦、雅乐之舞、万象等。

瓶景的制作步骤：

（1）先设计瓶景中植物材料的栽植位置，画出平面设计图。

（2）将玻璃容器洗刷干净，取直径3～5mm的小砂砾，用水洗净、消毒，通过小漏斗送入瓶内，并摇动瓶子，把它们均匀铺平，厚度1～2cm，以利排水。上铺由泥炭土、蛭石、粗沙各三分之一组成的消毒培养土，厚度3～4cm。

（3）根据设计栽植位置，用长柄匙伸入瓶中深挖一穴，再用长柄镊将植物材料垂直放进瓶内穴中。用长柄匙把穴周围培养土覆

多肉植物制作的瓶景之一

多肉植物制作的瓶景之二

多肉植物制作的瓶景之三

多肉植物制作的瓶景之四

盖住植物根部，适度轻压一下。

（4）全部材料栽植完毕，用长柄拭绑上绒布或泡沫塑料，把瓶壁擦洗干净。然后用橡皮滴瓶沿瓶壁慢慢浇水，使土面不受冲刷。由于瓶底无排水孔，浇水不宜多。

（5）最后在瓶土表层覆盖一层膨化陶粒或贝壳砂，可遮住土肥与矿物盐逐渐在瓶土表面形成的白色沉积物，达到清洁美观的效果。

瓶景的日常管理中，为了保持玻璃清洁透明，应经常擦洗瓶壁，增加观赏效果。瓶栽的仙人掌和多肉植物应经常打开瓶盖，多加通风，以免瓶内过湿，引起植株腐烂。如瓶内植株生长过旺，应修剪、摘心来控制，并立即取出剪下的枝叶，以免滞留瓶内腐烂，影响瓶中植株的正常生长。

总之，瓶景制作十分方便，养护容易。它是一种由活材料创作的特殊装饰品，除适用于家庭室内装饰以外，也是点缀公共场所的装饰精品。

5. 景箱园艺

以长方形、六边形、锥形的玻璃容器或玻璃水族箱作为多肉植物的中小型栽培场所。有的玻璃景箱中还装有取暖、照明、喷雾和通风等装置，成为一个典型的迷你温室。

根据目前居室的条件，一般景箱的高度都在40～80cm之间，其选择植物材料的范围要比瓶景大得多，除了高大的柱状仙人掌、浑圆的大型球状仙人掌和少数栽培比较困难的种类以外，大部分多肉植物都能选用。

目前景箱的体积都在0.2～0.32m³之间，常可选用15～20种多肉植物，栽植株数20～30株。景箱的景观设计十分重要，否则一大堆几何形的株体会显得杂乱无章，缺乏像观叶植物那样株形自然、优美，层次清晰，容易出景观的优越条件。因此，要设计一个景观优美的景箱是有一定难度的。

景箱的制作步骤基本上与制作瓶景差不多，由于景箱空间大，顶盖或侧面可以启开，

多肉植物景箱之一

多肉植物景箱之二

操作起来比较方便。但是由于栽植的种类和株数较多，必须按设计的要求进行正确定位打点，才能达到预期的景观效果。同时，栽植前适当进行地形处理也非常重要，可以起到事半功倍的效果。最后箱内土面覆盖一层白色碎石子，适当摆放块石、贝壳或枯木，使景观更加自然逼真。

景箱的日常管理中，由于景箱底部没有排水孔，浇水必须严格控制。同时，景箱又像一个迷你温室，如果夏季阳光长时间照射，箱内温度很快升高，就会影响来自热带高原生长的多肉植物，还容易发生日灼病，因此必须避开阳光的暴晒。冬季注意景箱顶部玻盖的启开和关闭，注意通风以调节箱中的温度、湿度。施肥可用专用的棒肥或颗粒肥。

景箱是自然生态的缩影，与水草水族箱一样已成为众多家庭和宾馆、商场、酒店、机场等公共场所的必备景观。景箱置于居室的一隅，增添了一道新的风景线，下班回到家，欣赏一下古朴典雅的多肉植物，好像回到了大自然，使辛苦一天的疲惫顿消，心境随之澄净。景箱摆放公共场所，不仅使厅堂、客室具有新意，增添绿意，而且景箱的展出，也给人们上了一堂生动、真实的科普教育课。

6. 居室绿饰

大多数多肉植物喜温暖和干燥环境，我国大部分地区很难满足这种特殊环境的要求。只有我国金沙江两岸的河谷地带，可在露地小庭园种上几株火龙果、龙神木锦、非洲霸王树、酒瓶兰，挺拔的株形，多姿的茎干，景观十分浪漫诱人。在我国南方的海南、广东、广西等地，小庭园的墙角或大树旁种上几株量天尺，攀援的叶状茎可以把整个围墙变成绿墙，每当夏日夜间开花，花朵大而艳丽，香气清幽，呈现出一幅奇妙景观。

目前，在上述地区、中国台湾和其他地区有玻璃屋顶的室内花园中，常见利用居室外围的零星角地和室内空间，营造出以多肉植物为主体的模纹式花坛、角落花园和屋顶花园，使许多难于利用的空间发挥出最大的生态效益。

（1）模纹式花坛 在南方可利用居室外围的零星角地，用砖头或石块构筑栽植平台，放进由泥炭土、珍珠岩、粗沙组成的栽培基质，以模纹式成片成块栽植多肉植物，常以满栽不留空隙，利用色块的形式表现出多肉植物的独特景观。

模纹式花坛植物材料的选用，一般要求植物材料色彩鲜明，植株高矮、大小相对一致。常见的植物材料有景天科的月兔耳、清盛锦、翡翠冰、红缘莲花掌、黑王子、红司、特玉莲、大和锦、卷绢、火祭、黄丽等，仙人掌科的绯牡丹、山吹、金晃、雪光等。操作时要注意栽培基质不能踩实，栽植面积大的必须采用铺跳板的方式进行。为了模纹的整齐美观，可采用拉线栽植。

（2）角落花园 以自然式栽植为主，一般面积较小，营造的地形比较复杂，有高有低，常用不规则石块分隔、构筑，根据地形可以设 1～2 个中心点，以较大的植株作为中心点，向四周辐射，做到高低错落、色彩变

模纹式花坛

立体模纹式装饰

幻，构成一幅生动悦目的画面。

角落花园的取材十分广泛，可以根据地形的起伏选用素材。常见有景天科、马齿苋科的多肉植物和仙人掌科的柱状、团扇状种类。布置结束，在栽植地的土面铺上白色碎石子，使小环境显得更加清洁亮丽。

（3）屋顶花园　顶楼由于光照强、风较大，一般植物难以忍受，给日常管理带来很多麻烦，而大多数多肉植物具有耐干、喜光的特点，它们对屋顶的环境相对来说比较适应。可在屋顶上设计各种造型的栽植槽（或称立体花坛），采用红砖或水泥路牙构筑，高度在10cm、20cm、30cm不等。花坛中放进多肉植物专用栽培基质，然后按设计一一栽植布置，最后在空隙的基质表面铺上白色碎石子。

屋顶花园选用的植物材料以中小型的多肉植物为主。常见的有大戟科、景天科、马齿苋科、萝藦科、夹竹桃科、百合科、龙舌兰科和仙人掌科等植物，它们共同的特点是植株不高、浅根性、色彩鲜艳、繁殖容易、

好管理、适应性强。一般在10m² 的屋顶花园中可种上近100种多肉植物，这样的屋顶花园不仅花钱少，管理方便，还具有较高的观赏性，展示植物的多样性。

7. 景观布置

由于多肉植物有着特殊的景观效果，世界一些著名植物园和公园都开辟专区或专室，展示以多肉植物为主体的热带荒漠地带的自然景观，使人们开阔眼界，领略多肉植物的奇特风姿。

在美洲，美国加利福尼亚州的亨廷顿植物园在室外专门布置的著名沙漠植物园，是目前世界上最大的多肉植物收集展区之一。美国亚利桑那州的沙漠地区建立的菲尼克斯沙漠植物园是世界上最好的沙漠植物园之一，收集多肉植物4500种，其中仙人掌科植物有1350种，收集种类数量占世界总量的50%以上；龙舌兰属有197个种和品种，还以龙舌兰的花株作为植物园的标志。伯克莱植物园有仙人掌2669种，纽约植物园的仙人掌植物也

多肉植物用于布置角落花园之一

多肉植物用于布置角落花园之二

多肉植物用于布置屋顶花园之一

多肉植物用于布置屋顶花园之二

多肉植物用于布置屋顶花园之三

有2000种。圣地亚哥植物园有芦荟属多肉植物100种。20世纪末，墨西哥的植物园成为收集和保护仙人掌科植物的重要种质基地。其中墨西哥1979年建立的仙人掌植物园，面积35公顷，是世界上独一无二的具有一定规模的专类植物园。南美洲大陆西岸地区，特别是安第斯山地区，是仙人掌科植物分布最集中的地区之一，分布着大量野生的球状、柱状类仙人掌，其独特的自然景观成为当地旅游的"热点"。

在欧洲，英国伦敦的皇家植物园，在720m²的多肉植物专类温室中，用巨大的金琥球、各种仙人柱和大戟科、夹竹桃科的多浆植物布置在起伏地形中，配以红色沙岩石，模拟出墨西哥和美国亚利桑那的自然景观，成为游客游览的"热点"。英国爱丁堡植物园，在新建温室中收集展出的景天科多肉植物有288种和28个栽培品种，仙人掌科植物有356种。西班牙的马里木查植物园是1952年建立的私人植物园，在露地的沙漠植物区内生长着各式各样的多肉植物，高低错落，疏密有致，景观十分诱人。位于地中海沿海的摩纳哥，虽然面积不大，人口也不多，由于气候适宜，其植物园以多肉植物为特色，收集了7000余种多肉植物，布置成世界闻名的岩石多肉植物群落，每年春、夏开花季节是这里的旅游旺季。意大利属于典型的地中海型气候区域，无论在最古老的波罗那植物园，还是汉伯雷植物园、那不勒斯大学植物园、帕都瓦大学植物园、帕勒莫植物园、罗马大学植物园，都将多肉植物作为特色，建立了露地特色景观。其中汉伯雷植物园尤为突出，并以专科专属收集，收集了金琥属（*Echinocactus*）93种、仙人掌属（*Opuntia*）130种，这些种类群集在一起，景观十分壮美。在意大利博迪赫拉附近有个帕兰仙人掌专题植物园，为私人经营，园内以天轮柱作背景，雪白的翁柱、吹雪柱、老乐柱等，银白色的株体十分清新、耀眼，如暑夏前往，会有几分清凉感觉。地面上巨大的金琥群与

小巧玲珑的般若、星球、鸾凤玉上下呼应，给参观者带来惊喜。在德国、俄罗斯、比利时、荷兰、丹麦等国，由于冬季室外气候寒冷，多肉植物都在大型展览温室中辟有专室或专区用于景观装饰应用。

在非洲，马达加斯加的津布扎扎动植物园以收集多肉植物为特色，其中芦荟、大戟、棒棰树、伽蓝菜等属植物尤为丰富。南非的卡洛国家植物园以收集南非多肉植物如生石花属、肉锥花属为重点。津巴布韦的哈拉雷国立植物园建立了多肉植物园，主要收集大戟科多肉植物，形成了极佳的热带茎干状多肉植物自然景观。

在亚洲，适合多肉植物生长的温暖干燥气候的区域不多，但是利用温室和冷室来收集和展示多肉植物的植物园和公园还是不少。如日本伊东市的伊豆仙人掌植物公园，在1500m²的金字塔形温室中林立的巨仙人掌、武伦柱、佛塔等，气势非常宏伟，景色迷人。菲律宾、斯里兰卡等国也建立了多肉植物的专类园，进行龙舌兰科、大戟科和夹竹桃科多肉植物的收集和展出。

在我国，北京、昆明、大连、南京、上海、厦门、深圳等地植物园或公园的展览温室中，都开辟有多肉植物的专室，布置各具特点，供市民参观欣赏。2007年10月1日建成并正式对外开放的江苏省中国科学院植物研究所的植物博览园（即南京中山植物园南园），坐落在葱翠的南京紫金山南麓，面临碧波的前湖，紧靠明城墙。拥有水面、陆地面积68公顷，以造型似三片绿叶、收集珍奇植物丰富的热带植物宫为中心，周围配置有10多个具有特色的专类园（区），其中的多肉多浆区是热带植物宫（10000m²）的一个区，也是三片绿叶中单独的一片叶，其"叶面积"有1600m²。目前收集了多肉植物550种，以展示热带干旱荒漠地区的生态景观为主。其中有原产美洲沙漠地区的仙人掌科、龙舌兰科、鸭跖草科、凤梨科和苦苣苔科等多肉植物，有原产于非洲半干旱地区的番杏科、百

合科、景天科、大戟科、萝藦科、夹竹桃科、木棉科、龙树科、葫芦科、牻牛儿苗科、马齿苋科、葡萄科和百岁兰科等多肉植物。展区根据植株的形态进行配植，以相近的科属植物塑造出热带荒漠地区的生态景观。本区除栽植500多种多肉多浆植物供参观者欣赏之外，还不定期地在展区内举办应市的多肉植物盆栽展、精品展、专类展、组合盆栽展和多肉生肖展等活动。热带植物宫因此成为南京及其周边地区中、小学生春游或秋游时首选的科普教育场所。

南京中山植物园多肉植物区景观

常州中国第八届花卉博览会多肉植物景观

北京世界花卉大观园多肉植物区景观

第五章·

多肉植物的常用术语

濒危植物——紫王子

◀ 濒危植物（endangered plant）

在生物进化历程中处于灭绝危险的植物。其种群数目逐渐减少乃至面临绝种，或其生境退化到难以生存的程度。如仙人掌植物中的牡丹属、尤伯球属，多肉植物中的小花龙舌兰、皱叶麒麟、棒棰树等都属于濒危植物中的一级保护植物。

▼ 多肉植物（succulent plant）

又称肉质植物、多浆植物，是指茎、叶肉质，具有肥厚贮水组织的观赏植物。茎肉质多浆的如仙人掌科植物，叶肉质多浆的如龙舌兰科、景天科、大戟科等多肉植物。

品种多样的多肉植物

▼ 单生（simple, solitary）

指植株茎干单独生长，不产生分枝和不生子球。如仙人掌科中的鸾凤玉、五刺玉锦和金琥等。

软质茎——大疣乌羽玉

▼ 群生（clustering）

由许多密集的新枝或子球生长在一起。如仙人掌科中的仔吹乌羽玉，景天科的茜之塔，番杏科的安珍和仙人掌科的紫王子等。

植株单生——帝冠

▲ 软质茎（solf stem）

在仙人掌植物中有些种类的茎部肉质比较柔软，含水量较高。如菊科的普西莉菊、仙人掌科的乌羽玉等。

群生——虹之玉

▼ 茎干状多肉植物（caudex succulent）

植物的肉质部分主要在茎的基部，形成膨大而形状不一的肉质块状体或球状体。如火星人、酒瓶兰锦等。

▼ 硬质茎（thick stem）

指仙人掌植物中一些种类株体比较坚硬。如百合科的大肚芦荟、仙人掌科的菊水等。

茎干状——酒瓶兰锦

硬质茎——大肚芦荟

攀援茎——金边心叶球兰

◀ **攀援茎**（climbing stem）

依靠特殊结构攀援它物而向上生长的茎。如景天科中的极乐鸟、萝藦科的心叶球兰等。

▼ **直立茎**（erect stem）

指垂直于地面的茎，是最常见的茎。如非洲霸王树、福禄寿等。

▼ **肉质茎**（succulent stem）

肥大多汁，内贮大量水分和养料的一种变态茎。肉质茎上的叶多退化或形成刺。大多数仙人掌科和大戟科植物的茎为典型的肉质茎。

直立茎——非洲霸王树

肉质茎——亚迪大戟

气生根——量天尺

◀ 气生根（aerial roots）

生长于地面的一类的变态根，在量天尺、昙花、令箭荷花的成年植株上经常可见。

▽ 块根（tuberousroots）

由侧根或不定根增粗形成，多数呈块状或纺锤状的一种变态根。如多肉植物的惠比须笑、山乌龟等。

▽ 叶状茎（foliaceous stem）

又称叶状枝。外形扁化或呈线状，内部形成绿色组织，具有叶的形态和功能的一种变态茎。叶状茎上的叶常退化为膜质鳞片状、线状或刺状。如仙人掌科中的蟹爪兰、令箭荷花、假昙花等。

块根——山乌龟

叶状茎——昙花

黄斑虎尾兰的地下部分为根状茎

◀ 根状茎（rhizome）

地下茎呈根状膨大，具分枝，横向生长，有节和节间，节上有鳞片状退化的叶。如虎尾兰属的黄斑虎尾兰、银灰虎尾兰等。

鳞茎——苍角殿

银月的基部为块茎

▲ 鳞茎（buld）

茎短缩为圆盘状的鳞茎盘，整体呈球状，常分有皮鳞茎和无皮鳞茎。有皮鳞茎如油点百合，外被干膜状鳞叶，肉质鳞叶层状着生。无皮鳞茎如苍角殿，没有包被膜状物，肉质鳞叶片状，沿鳞茎中轴整齐抱合着生。

▲ 块茎（tuber）

地下茎或地上茎膨大呈不规则实心块状或球状，节间很短，上面具螺旋状排列的芽眼，无干膜质鳞叶。如天锦章属的银月。

疣状突起——金星

◀ 疣状突起（tubercle）

又称突起、疣粒，是仙人掌植物中某些种类所特有的特征，疣状突起的形状、长短和大小的不同，都是仙人掌植物分类的依据。常见品种有大疣琉璃兜、大疣银冠玉、大疣象牙球锦和金星等。

▼ 棱（rib）

又称肋棱或肋状凸起，突出于肉质茎的表面，上下竖向贯通或螺旋状排列。棱数较多的应该是仙人掌科多棱球属的五刺玉、千波万波等。

▼ 周围刺（radial spines）

或称周刺、侧刺、放射状刺，仙人掌植物的周围刺一般数目较多，且较细或短，常紧贴茎部表面。如金晃的周围刺有20枚以上；红小町的周围刺在40枚以上。

多棱——五刺玉

周刺密集——金晃

刺座大的江守玉锦

◀ 刺座（areole）

又叫网孔。刺座是仙人掌植物特有的一种器官，表面上看为一垫状结构，多数有密集的短毡毛保护，其实它是一个短缩枝，是茎上的"节"。刺座上不仅着生刺和毛，而且花朵、子球和分枝也从刺座上长出。如刺座较大的江守玉锦。

▼ 中刺（centrals spines）

着生在刺座中央的直刺，一般数目少而变化大，中刺的颜色呈周期性交替变化，温暖季节出白刺，冷凉季节出红刺，十分有趣。中刺的形状变化亦大，有粗细、软硬、宽窄和有无钩状之分。如光山的中刺很明显。

▼ 彩斑（variegation）

又称斑锦。茎部整体或局部丧失了制造叶绿素的功能，而其他色素相对活跃，使茎部表面出现红、黄、白、紫、橙等色或色斑。不规则的色斑分布在茎部又形成了全斑、块状斑、雀斑、阴阳斑、鸳鸯斑、疣斑、散斑、虎纹斑和灯笼斑等。在多肉植物学名写法上常用'f. variegata'或'Variegata'表示，中文译成"锦"。

中刺显著的光山

彩斑美丽的碧琉璃鸾凤玉锦

恩冢——恩冢鸾凤玉

覆隆——覆隆琉璃鸾凤玉

▲ 恩冢（onzuka）

仙人掌球体的表面丛卷毛连成不规则的片，甚至布满整个球体。较多出现在仙人掌科中，有恩冢鸾凤玉、恩冢般若等。

▲ 覆隆（hukuriyu）

球体的棱沟间生有不规则的条状隆起。常见于星球属植物。如覆隆鸾凤玉、覆隆琉璃鸾凤玉等。

扁化——冬云缀化

畸形——高砂石化现象

▲ 扁化（fasciation）

或称带化，是一种不规则的芽变现象。这种畸形的扁化，是某些分生组织细胞反常性发育的结果，通常长成鸡冠形或扭曲卷叠的螺旋形。在多肉植物中把这种扁化现象叫做缀化或冠，学名在写法上常用 'f. *cristata*' 或 'Cristata' 表示。

▲ 畸形（monstrous）

或称"石化"。多肉植物的生长锥出现不规则的分生和增殖，造成的棱肋错乱，形似岩石状或山峦重叠状的畸形变异。植物学名在写法上常用 'f. *monstrous*' 或 'Monstrous' 表示。

红叶——红叶鸾凤玉

▲ 红叶（koyo）

指仙人掌球体的表面出现棱脊带红晕或通体红色的株体。常见于星球属植物，如红叶鸾凤玉。

奇严——奇严鸾凤玉

▲ 奇严（kigan）

球体的棱沟间发生错乱，形成不规则的重叠现象。常见于星球属植物，如奇严鸾凤玉。

狂刺——狂刺金琥

▲ 狂刺（tansi）

指刺座上的周围刺和中刺呈不规则的弯曲，使整个植株形似刺猬一样的现象。常发生在仙人掌科的金琥属植物中，如狂刺金琥。

琉璃——琉璃兜锦

▲ 琉璃（nudas）

专指仙人掌球体表面绿色、光滑、无星点的种类。常见星球属植物中，如琉璃兜锦、四角琉璃鸾凤玉等。

龟甲——龟甲鸾凤玉

龟甲（kitukow）

在植株的刺座上出现横向沟槽，使疣突十分明显，甚至每个刺座上有浅沟，其球面外观形似龟背的现象。常发生在仙人掌中的牡丹属和星球属植物。

黄体（aurea）▶

指仙人掌球体的表面出现通体黄色的现象。在仙人掌科植物中发生比较普遍。如黄体琉璃兜、山吹等。

黄体——黄体琉璃兜

软质叶——玉露锦

软质叶（solf leaf）

多肉植物中柔嫩多汁，很容易被折断或为病虫所害的叶片，一般称其为软质叶系，如十二卷属中的玉露、玉扇等。

硬质叶（thick leaf）▶

指多肉植物中一些肥厚坚硬的叶片，一般称其为硬质叶系，如十二卷属中的琉璃殿、条纹十二卷等。

硬质叶——琉璃殿锦

莲座状叶丛——花叶寒月夜

◀莲座叶丛（rosette）

指紧贴地面的短茎上，辐射状丛生多叶的生长形态，其叶片排列的方式形似莲花。如景天科的石莲花属（*Echeveria*）和龙舌兰属（*Agave*）等。

窗（window）▶

许多多肉植物，如百合科的十二卷属（*Haworthia*），其叶面顶端有透明或半透明部分，称之为"窗"。其窗面的变化也是品种的分类依据。如巨窗冰灯、平头冰灯等。

具窗的裹纹冰灯

花座——蓝云

◀花座（cephalium）

专指仙人掌科植物顶部长出密生细刺和绵毛的部分，随着球体的长大、成熟，逐渐形成花座部分，并在花座上开花结果。花座球属（*Melocactus*）着生有最典型的花座。

两性花（hermaphrodite flower）▶

一朵花中兼有雄蕊群和雌蕊群的花。大多数多肉植物为两性花，它们开花后都能正常结实。

两性花的麻风树开花后结果

◀雌雄异株（heterothallism）

指单性花分别着生于不同植株上。由此，出现了雄株和雌株之分。

雌雄异株——百岁兰

冬型种——灯泡

▲**冬型种**（winter type）

生长发育期在冬季，而夏季高温时进入休眠状态，在春秋季节生长缓慢的多肉植物，称之为冬型种植物或夏眠型植物。如番杏科的肉锥花属植物灯泡等。

▼**春秋型种**（spring-autumn type）

这类多肉植物春秋季生长旺盛，夏季由于过于炎热而生长缓慢，冬季由于寒冷而进入休眠状态，停止生长。在炎热的夏季，为了不伤害植株，可用断水的方法迫使它休眠，停止生长。如大多数景天科多肉植物。

▼**夏型种**（summer type）

主要说明植物生长期的分法，生长期在夏季，而冬季寒冷呈休眠状态，春秋季生长缓慢的多肉植物，称之为夏型种植物或冬眠型植物。如景天科的伽蓝菜属、百合科的芦荟属、大戟科的大戟属等。

春秋型种——雪莲

夏型种——圣诞芦荟

嫁接——量天尺嫁接精巧球

嫁接大戟科植物的砧木——巴西龙骨

片叶插——虎尾兰

◀嫁接（grafting）

把母株的茎、疣突或子球接到砧木上使其结合成为新植株的一种繁殖方法。用于嫁接的茎、疣突或子球称为接穗，承受接穗的植物称为砧木。如绯牡丹嫁接植株，绿色的砧木叫量天尺，嫁接的红球就是接穗；巴西龙骨作砧木，接穗用晃玉。

▲砧木（stock）

又称台木，指植物嫁接繁殖时与接穗相接的植株。在仙人掌植物的嫁接中，普遍使用量天尺作砧木，多肉植物中常采用霸王鞭作砧木。

▲片叶插（leaf cutting）

将多肉植物叶片的一部分插于基质中，促使生根，长成新的植株的一种繁殖方法。最典型是虎尾兰（*Sansevieria trifasciata*），将一片长叶剪成小段进行扦插。

子球生长密集的绯牡丹

喷火龙落叶后，茎干上留下的叶痕

▲子球（offset）

从仙人掌植株的刺座上长出的小球，称之为子球或仔球，如绯牡丹等。常作为嫁接或扦插的繁殖材料。

▲叶痕（leaf scar）

叶脱落后，在茎枝上所留下的叶柄断痕。叶痕的排列顺序与大小可作为鉴别植物种类的依据。如大戟属中的喷火龙、桑科的巨琉桑，它们的叶痕非常特殊。

红卷绢的吸芽

不夜城锦叶缘长有叶齿

▲吸芽（absorptive bud）

又叫蘖芽，指由植物地下茎的节上或地上茎的腋芽中产生的芽状体。如长生草、石莲花等母株旁生的小植株。

▲叶齿（leaf-teeth）

常指多肉植物肥厚叶片边缘的肉质刺状物。常见于芦荟属植物，如龙山。

虎刺梅茎上着生的皮刺

山吹出现的黄化现象

▲皮刺（aculeus）

由茎的表皮细胞部分皮层细胞发育而成的刺状物。

▲黄化（yellowing）

指由于缺乏光照，造成植物叶片褪色变黄和茎部过度地生长的现象。

叶刺——栉刺尤伯球的刺都是叶的变态

株体呈鸡冠状的小人帽子缀化

▲叶刺（leaf thorn）

由叶的一部分或全部转变成的刺状物，叶刺可以减少蒸腾并起到保护作用。如仙人掌科植物的刺就是叶的变态。

▲冠状（cristate）

叶部、茎部或花朵呈鸡冠状生长，又称鸡冠状。如小人帽子缀化、绯牡丹缀化等。

芽变——鹿角海棠出现的黄色部分就是芽变部分

◀ **芽变**（bud mutation）

　　一个植物营养体出现的与原植物不同、可以遗传并可用无性繁殖的方法保存下来的性状。如多肉植物中的许多斑锦、扁化或石化品种。

精巧殿老的球体通过"开刀"后，萌发子球达到更新的目的

品种——碧琉璃鸾凤玉是鸾凤玉的一个品种

▲ **更新**（renewal）

　　通过修剪手段，包括重剪和剪除老枝等办法，促使新的枝条生长。

▲ **品种**（cultivar）

　　经人工选育而形成种性基本一致，遗传性比较稳定，具有人们需要的某些观赏性状的栽培植物群体。如多肉植物中的许多斑锦、缀化和属间杂种等。

休眠期的山地玫瑰

◀ 休眠（dormancy）

植物处于自然生长停顿状态，还会出现落叶或地上部死亡现象。常发生在冬季和夏季。如莲花掌属的山地玫瑰。

变种（variety）▶

物种与亚种之下的分类单位。如仙人掌科中的四角鸾凤玉（*Astrophytum myriostigma* var. *quadricostatum*）和三角鸾凤玉都是鸾凤玉的变种，其中它们属名、种名和变种名均用斜体，而"var."则用正体。

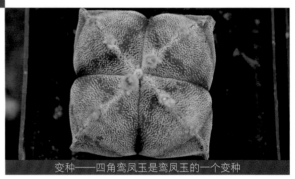

变种——四角鸾凤玉是鸾凤玉的一个变种

红叶龟甲碧鸾凤玉为品种间杂种

◀ 品种间杂种（intercultivar hybrid）

生物学上属于同一物种不同品种个体间的交配所获得的杂种。

种间杂种（interspecific hybrid）▶

生物学上同属内不同物种之间交配所获得的杂种。如百合科的玉扇与万象的种间杂种玉万锦*Haworthia truncate* x *Haworthia maughanii* 'Variegata'。

玉万锦是玉扇与万象的种间杂种

◀ 属间杂种（intergeneric hybrid）

生物学上同科内不同属间交配所获得的杂种。在属间杂种学名前加"x"标记。如银星 x *Graptoveria* 'Silver Star'它是风车草属和石莲花属的属间杂种。

银星是风车属与石莲花属的属间杂种

种名——玉扇是百合科十二卷属中的一个种名

▲ 种名（species）

植物分类单位的学术用语，又叫学名，每一种植物只有一个学名。种名在属名之后，变种或栽培品种名之前。例如玉扇 *Haworthia truncata* 其中 *Haworthia* 为属名，*truncata* 为种名，种名必须用斜体表示。

科名——图中所有多肉植物都属于景天科植物，"景天科"是它们的科名

▲ 科名（family）

植物分类单位的学术用语，凡是花的形态结构接近的一个属或若干个属，可以组成植物分类系统的一个科。如番杏科有几十属组成。

属名——图中的多肉植物均为石莲花属植物，"石莲花属"是它们的属名

▲属名（genus）

植物分类单位的学术用语，每一个植物学名必须由属名、种名和定名人组成。每一个属下可以包括一种至若干种。例如石莲花属（*Echeveria*）下有雪莲*Echeveria laui*、大和锦*Echeveria purpusorum*等品种，属名必须用斜体表示。

麻风树的聚伞花序

◀聚伞花序（cyme）

为一有限花序。中央一朵花开后，下面两侧产生两个分枝，每枝顶上各生一朵花。如长生草属的卷绢、萨凯等。

头状花序——白凤菊

◀ 头状花序（capitulum）

花无柄或近无柄，密集于一短而宽、平或隆起的总轴上，形成一头状体。如菊科的紫弦月、番杏科的白凤菊等。

▼ 伞房花序（corymb）

花序轴基部花的花柄较长，越靠近顶部的花柄越短，各花差不多排列在同一平面上。如夹竹桃科的沙漠玫瑰。

▼ 总状花序（raceme）

花序轴延长，不分枝，各花的花梗长度相近的一种无限花序。如十二卷属的京之华锦、银雷。

伞房花序——沙漠玫瑰

芦荟属的总状花序

伞形花序——龙舌兰

喇叭状花冠——绿丽球

▲ **伞形花序**（umbel）

形如伞状的一种无限花序。伞形花序的各花其花柄近等长，呈辐射状着生于花序轴顶端。

▲ **喇叭状花冠**（trumpet-form corolla）

花为圆形或近似圆形，形似喇叭。如绿丽球、假昙花等。

穗状花序——红背椒草

圆锥花序——鬼切芦荟

▲ **穗状花序**（spike）

花序轴长而直立，花无柄，排列在一个不分枝的主轴上。如胡椒科的红背椒草、灰背椒草等。

▲ **圆锥花序**（panicle）

花序轴呈总状分枝，每一分枝上着生数花或数小段长穗。如芦荟属的鬼切芦荟，莲花掌属的花叶寒月夜等。

杯状花冠——虎刺梅

高脚碟状花冠——鸡蛋花

▲ **杯状花冠**（cup-form corolla）

　　花冠开放呈茶杯状。如大戟科的虎刺梅、晃玉、鱼鳞大戟等。

▲ **高脚碟状花冠**（salver-form corolla）

　　花冠下部是狭圆筒状，上部成水平状扩大。如夹竹桃科的沙漠玫瑰、鸡蛋花等。

筒状花冠——红提灯

漏斗状花冠——玄武

▲ **筒状花冠**（tubular-form corolla）

　　又称管状花冠，花冠大部分呈管状或圆筒状。如伽蓝菜属的红提灯、玉吊钟锦等。

▲ **漏斗状花冠**（funnel-form corolla）

　　花冠下部筒状，向上渐扩大成漏斗状。如龙舌兰科的金边龙舌兰、仁王冠锦等。

钟状花冠——凤尾兰

碗状花冠——白毛掌

▲ **钟状花冠**（bell-form corolla）

　　花冠筒宽而稍短，上部扩成一钟形。如丝兰属的凤尾兰、厚叶草属的桃美人等。

▲ **碗状花冠**（bowl-form corolla）

　　花冠圆形，口大底小，形似碗形。如仙人掌属的黄毛掌、白毛掌等。

星状花冠——阿修罗

坛状花冠——绒毛掌

▲ **星状花冠**（star-form corolla）

　　花冠5裂片，呈五角星状。如萝藦科的阿修罗、大花犀角、球兰等。

▲ **坛状花冠**（urn-form corolla）

　　花冠筒膨大成卵形或球形，上部收缩成一短颈，然后略扩张成一狭口。如景天科石莲花属的多肉植物品种。

第六章·

多肉植物的常见种类

1. 龙舌兰科（Agavaceae）

单子叶植物。本科约20属670种，多原产于热带、亚热带地区。本科属于多肉植物的有8～10个属。叶片革质或多肉质肥厚，常聚生于茎基，叶缘和叶尖常有刺。总状花序或圆锥花序，花序很高。开花结实后，全株植物枯萎死亡。现又被业界认定为天门冬科。

（1）龙舌兰属（Agave）

本属超过200种，植株呈莲座状。原产于南、北美洲的沙漠地区和山区以及西印度群岛。叶肉质，长短不一，叶缘和叶尖多有硬刺。伞形花序状的总状花序或圆锥花序，花漏斗状，筒短，大多数种类开花、结实后枯萎死亡。喜温暖、干燥和阳光充足环境。不耐严寒，耐半阴和干旱，怕水涝。宜肥沃、疏松和排水良好的沙壤土。生长适温为20～25℃，冬季温度不低于5℃。夏季需充分浇水，每3～4周施低氮素肥1次，秋季减少浇水，冬季保持干燥。早春播种，发芽温度21℃，春季或秋季在母株旁侧有小植株可分株繁殖。盆栽摆放窗台、茶几或花架，翠绿光润，小巧迷人，新奇别致。在南方，点缀在小庭园或山石旁，十分古朴典雅。

姬龙舌兰

▲姬龙舌兰
（*Agave pumila*）

又名普米拉。多年生肉质植物。原产于墨西哥。株高10～15cm，冠幅10～15cm。叶片三角形，基部内凹，顶端尖，基生叶呈莲座状，叶面灰绿色或蓝绿色，叶背有深色的细线条，叶缘有小锯齿。总状花序，花淡黄色。花期夏季。为夏型种。

▼金边龙舌兰
（*Agave americana* var. *marginata*）

又名黄边龙舌兰，为龙舌兰的栽培品种。多年生常绿肉质植物。株高1.5～2m，冠幅1.5～3m。叶片基生，披针状，肥厚，灰绿色，边缘黄色，带黄色锐刺，老叶变白色，长2m。圆锥花序，长5～8m，花淡黄绿色，长9～10cm。花期夏季。为夏型种。

金边龙舌兰

白心龙舌兰

◀白心龙舌兰
（*Agave americana* var. *medio-picta* 'Alba'）

又名华严，为龙舌兰的栽培品种。多年生常绿肉质植物。株高60～80cm，冠幅80～100cm。叶片基生，披针形，灰绿色，中央为银白色纵条纹，叶缘生有细针刺。圆锥花序，花淡黄绿色。花期夏季。为夏型种。

五色万代锦▶
（*Agave kerchovei* var. *pectinata*）

又名五彩万代，为五色万代的斑锦品种。多年生常绿肉质草本。株高15～20cm，冠幅25～30cm。叶片剑形，肉质，长15～20cm，宽3～4cm，叶面分5个条状色带，中间淡绿色，两侧深绿色，边缘两侧有黄色宽条带，共5条色带，边缘有淡褐色肉齿，呈波浪形。叶尖有褐色硬刺，尖端向外侧弯。总状花序，花钟状，黄绿色。花期夏季。为夏型种。

五色万代锦

◀姬乱雪锦
（*Agave parviflora* 'Variegata'）

为姬乱雪的斑锦品种。多年生肉质植物。株高15～20cm。冠幅20～30cm。叶片狭披针形，肉质，呈莲座状排列，叶面淡绿色，叶缘有黄绿色带状条纹和有卷曲的白色纤毛，叶片中间也会出现黄绿色条纹，叶顶端有硬质尖刺，总状花序，花浅黄色。花期夏季。为夏型种。

姬乱雪锦

线叶龙舌兰▶
（*Agave striata* subsp. *strcta*）

为吹上的变种。多年生肉质植物。原产于墨西哥。株高20～30cm，冠幅20～30cm。叶片线（带）状，柔软，横断面扁菱形或三角形，常弯曲呈优美的弧度，先端下垂，叶面深绿色，两缘光滑。总状花序，花短筒漏斗状，红色或紫红色。花期夏季。为夏型种。

线叶龙舌兰

仁王冠

◀仁王冠
（*Agave titanota*）

又名严流。多年生肉质植物。原产于墨西哥。株高20～25cm，冠幅30～40cm。叶片宽厚矮短，似菱形，构成莲座状叶盘。叶缘着生稀疏的肉质齿，红褐色，叶尖有1枚深褐色锐刺。总状花序，花短筒漏斗形，黄绿色。花期夏季。为夏型种。

仁王冠锦▶
（*Agave titanota* 'Variegata'）

为仁王冠的斑锦品种。多年生肉质植物。株高20～25cm，冠幅30～40cm。叶片宽厚矮短，似菱形，呈莲座状排列，叶面青绿色，叶缘两侧有宽的黄绿色纵条斑。总状花序，花短筒漏斗状，黄绿色。花期夏季。为夏型种。

仁王冠锦

小型笹之雪

◀小型笹之雪
（*Agave victoriae-reginae* 'Micro Form'）

为笹之雪的小型栽培品种。多年生肉质植物。株高8～10cm，冠幅12～18cm。植株无茎。叶片三角状锥形，呈莲座状排列，叶面深绿色，具不规则白色条纹，叶尖顶端着生棕色硬刺。总状花序，花乳白色。花期夏季。为夏型种。

笹之雪锦▶
（*Agave victoriae-reginae* 'Varigate'）

又名鬼脚掌锦，为笹之雪的斑锦品种。多年生肉质植物。株高20～25cm，冠幅20～30cm。叶片三角状长圆形，长15～30cm，厚质，深绿色，叶边具纵向橘黄色斑纹，叶尖圆，顶端着生棕色刺。总状花序，花米白色，长5cm，有时具紫晕。花期夏季。为夏型种。

笹之雪锦

（2）巨麻属（*Furcraea*）

本属有12种，主要分布于西印度群岛、中美和南美北部类似沙漠的地区。喜温暖、干燥和阳光充足环境。不耐寒，耐干旱和半阴，怕水湿。宜肥沃、疏松和排水良好的沙质壤土。生长适温为20～28℃，冬季温度不低于12℃。春季播种，发芽适温15～24℃。夏季取旁生萌蘖芽或花梗上的吸芽分株。幼苗盆栽摆放居室的门庭或走廊，十分清新典雅。

黄纹巨麻▶

（*Furcraea foetida* 'Mediopicta'）

又名金心缝线麻。多年生肉质草本。原产于西印度群岛、巴西。株高1～1.2m，冠幅2～2.5m。叶片宽披针形，呈莲座状，肉质，叶面中绿色，具米白色纵条纹，边缘具锯齿。圆锥花序，高6～12m，花钟状，白色，外瓣绿色，长5～6cm。花期夏季。为夏型种。

黄纹巨麻

金边巨麻

◀金边巨麻

（*Furcraea selloa* 'Marginata'）

又名金边缝线麻。多年生肉质草本。原产于墨西哥、哥伦比亚、厄瓜多尔。株高1～1.5m，冠幅1.5～2m。叶片窄披针形，呈莲座状，中绿色，边缘黄色，具锯齿，长1.2m。圆锥花序，高3～5m，花钟状，白色，外瓣绿色，长6～7cm。花期夏季。为夏型种。

（3）酒瓶兰属（*Beaucarnea*）

　　本属约有24种。常绿灌木或小树。主要分布于美国南部和危地马拉的半沙漠和灌木丛中。喜温暖、干燥和阳光充足环境。不耐严寒，耐干旱和半阴，忌水湿。宜肥沃、疏松和排水良好的沙壤土。生长适温为20～30℃，冬季温度不低于10℃。春季播种，发芽适温19～24℃。春季取蘗生侧枝扦插。盆栽点缀居室客厅、书房或儿童室，颜色青翠，株体茎干形似酒瓶，显得珍奇雅致。

酒瓶兰缀化

▲酒瓶兰缀化
（*Beaucarnea recurvata* 'Cristata'）

　　为酒瓶兰的缀化品种。常绿灌木状肉质植物。株高80～100cm，冠幅50～80cm。顶端茎部发生扁化，呈鸡冠状。叶片细而密，中绿或深绿色，长50～80cm。圆锥花序，花小，6瓣，乳白色。花期夏季。为夏型种。

◀斑叶酒瓶兰
（*Beaucarnea recurvata* 'Variegata'）

　　又名白边酒瓶兰，为酒瓶兰的斑锦品种。常绿灌木状肉质植物。株高3～6m，冠幅2～4m。叶片簇生于茎干顶部，线形，粗糙，中绿或深绿色，边缘白色，长1.5m。圆锥花序，长1m，花小，6瓣，乳白色。花期夏季。为夏型种。

斑叶酒瓶兰

（4）虎尾兰属（*Sansevieria*）

本属约有60种，通常无茎，有匍匐的根状茎，常绿多年生草本。原产于非洲、马达加斯加、印度和印度尼西亚等热带、亚热带干燥岩石之中。叶多纤维，肉质直立或旋叠在基部，扁平或圆柱状，常有绿色的横带。总状花序或圆锥花序，花较小，筒状，绿白色，芳香。喜温暖、干燥和阳光充足环境。不耐寒，耐半阴和怕水湿。宜肥沃、疏松和排水良好的沙质壤土。生长适温为20～25℃，冬季温度不低于8℃。生长期适度浇水，每月施肥1次，冬季稍湿润。斑叶品种春季分株，绿叶种类春、秋季叶插繁殖。盆栽摆放窗台、茶几或书桌，青翠挺拔，使居室环境顿觉明净素雅。

▼银灰虎尾兰

（*Sansevieria trifasciata* 'Moonshine'）

为虎尾兰的栽培品种。多年生肉质草本。株高15～20cm，冠幅15～20cm。植株外形很像灰叶虎尾兰，叶片稍宽，长15～20cm，叶面银灰白色，隐现浅绿色虎斑。总状花序，花筒状，绿白色。花期春季。为夏型种。

▼扭叶黄边虎尾兰

（*Sansevieria trifasciata* var. *laurentii* 'Twist'）

为扭叶虎尾兰的斑锦品种。多年生肉质草本。株高20～40cm，冠幅20～30cm。植株叶片排列无序。叶片宽阔，长20～30cm，叶面深绿色，叶缘两侧有较宽的黄色纵条纹。总状花序，花筒状，绿白色。花期春季。为夏型种。

黄斑虎尾兰

▲黄斑虎尾兰

（*Sansevieria trifasciata* 'Golden Flame'）

为虎尾兰的斑锦品种。植株矮小。株高15～20cm，冠幅15～25cm。叶片较短而宽，长20cm，叶面的黄色纵条纹比叶面的绿色部分还多，在绿色叶面上还能看到稀疏的虎斑，叶缘两侧有较宽的黄色纵条纹。总状花序，花筒状，绿白色。花期春季。为夏型种。

银灰虎尾兰

扭叶黄边虎尾兰

佛手虎尾兰▶

（*Sansevieria cylindrica* 'Boncel'）

又名佛光虎尾兰，为圆叶虎尾兰的栽培品种。株高15～20cm，冠幅20～25cm。植株无茎或有短茎。叶圆棒状，短而粗，似手指状，两列对生，呈扇形分布，叶面有灰绿色斑纹。总状花序，花小，筒状，白色或粉红色。花期夏季。为夏型种。

佛手虎尾兰

（5）丝兰属（*Yucca*）

本属约有40种。主要分布在中美至北美、西印度群岛，常生长在干燥的沙漠地区。多年生常绿灌木状肉质植物。有茎或无茎。叶片坚挺，线形、剑形或披针形，叶缘有刺和丝状物。圆锥花序，花钟状，白色。喜温暖，喜排水好的沙质土壤和阳光充足的栽培环境。生长适温为20～25℃，冬季温度不低于0℃，有些品种能耐-10℃低温。春季播种，发芽适温13～18℃，也可进行分株繁殖，冬季在室内可用根插繁殖。

彩叶象脚王兰

◀彩叶象脚王兰

（*Yucca elephantipes* 'Variegata'）

为象脚王兰的斑锦品种。多年生常绿灌木。株高40～50cm，冠幅50～60cm。植株茎干直立。叶片剑形或披针形，长30～40cm，顶端尖硬，绿色，镶嵌白、黄、粉红等色条纹。圆锥花序，花钟状，下垂，白色。花期夏秋季。为夏型种。

凤尾兰

◀凤尾兰

（*Yucca gloriosa*）

又名菠萝花、凤尾丝兰、剑麻。多年生常绿灌木。原产于美国。株高1～2m，冠幅1～2m。植株茎短。叶片剑形或披针形，顶端尖硬，螺旋状密生于茎端上，叶质较硬，蓝绿色或深绿色，被白粉，边缘光滑。圆锥花序长1～2m，花钟状，下垂，白色，长3～5cm。花期夏末至秋季。为夏型种。

2. 番杏科（Aizoaceae）

双子叶植物。全科有100个属约2000种，都属多肉植物，所有种类的叶都有不同程度的肉质化，本科也是叶多肉植物的代表。原产于南非与纳米比亚。草本或小灌木，叶互生或对生，全缘或有齿。花单生，雏菊状，花有黄、红和白色等。

（1）锦辉玉属（Aloinopsis）

曾命名为菱鲛属，本属有10～15种，植株矮小，丛生。原产于南非。有肥大的块根，几乎无茎，大多数种类的肉质叶组成莲座状，叶表皮粗糙。花单生，雏菊状，午后或傍晚开花。花期春季。不耐寒，生长适温15～25℃，冬季温度不低于10℃。喜温暖和阳光充足环境。怕高温多湿。生长期适度浇水，每2～3周施肥1次，冬季保持干燥。早春播种，发芽温度21℃，春末或初夏可茎插或叶插繁殖。

唐扇 ▶
（Aloinopsis schooneesii）

多年生肉质草本。原产于南非。株高1.5～2cm，冠幅不限定。植株小型。具块状根，无茎。叶匙形，先端钝圆的三角形，8～10枚排列成莲座状，深绿色，长1.5cm，表皮密生深色舌苔状小疣突。花单生，雏菊状，淡黄色，花瓣中央有红色条纹，花径1cm，属昼开型。花期春季。为冬型种。

唐扇

粉花唐扇 ▶
（Aloinopsis schooneesii 'Pink'）

唐扇的栽培品种。多年生肉质草本。株高2cm，冠幅不限定。植株小型。具块状根，无茎。叶匙形，稍宽大，先端钝圆，8～10枚排列成莲座状，深绿色，长1.5cm，表皮密生深色舌苔状小疣突。花单生，雏菊状，淡粉色，花瓣中央有红色条纹，花径1cm，属昼开型。花期春季。为冬型种。

粉花唐扇

（2）日中花属（*Mesembryanthemum*）

曾命名为露草属，本属有2种。多年生肉质草本。原产于南非地区。茎蔓生，多分枝。叶对生，披针形或心形，肉质。花小，单生，雏菊状，红色。花期夏季和秋季。不耐寒，生长适温15～25℃，冬季温度不低于6℃。喜温暖和阳光充足环境。夏季怕高温多湿。生长期和开花期需充足水分，冬季保持干燥，早春施1次低氮素肥。早春播种，发芽温度20～25℃，早春取茎扦插繁殖。适合垂吊、篮式栽培或作地被植物。

露草▶
（*Mesembryanthemum cordifolia*）

又名花蔓草、心叶冰花、牡丹吊兰、露花、心叶日中花。多年生肉质草本。株高4～5cm，冠幅不限定。植株匍匐状，多分枝。茎圆柱形，淡灰绿色，长60cm。叶对生，心状卵形，亮绿色，长2.5cm。花单生，花瓣多数，形似菊花，紫红色，花径1.5cm。花期夏季或秋季。为冬型种。

露草

▼露草锦
（*Mesembryanthemum cordifolia* 'Variegata'）

又名花蔓草锦、露花锦。多年生肉质草本。株高4～5cm，冠幅不限定。植株匍匐状，多分枝。茎圆柱形，淡灰绿色，长60cm。叶宽卵形，亮绿色，叶面上有白色或淡粉色斑纹，长2.5cm。花单生，花瓣多数，形似菊花，紫红色，花径1.5cm。花期夏季或秋季。为冬型种。

露草锦

（3）银叶花属（*Argyroderma*）

　　本属植物约有10种。主要是矮生、无茎或短茎的多年生肉质草本。原产于南非地区。叶平卧，肉质，肾状或手指状，灰绿色或银绿色。花单生，雏菊状，生于叶丛中部的裂缝中，有黄、白、红、紫等色。花期夏季。不耐寒，生长适温15～25℃，冬季温度不低于7℃。喜温暖、低湿和阳光充足环境。生长期春至秋季适度浇水，冬季保持干燥，土壤过湿则肉质叶易开裂或腐烂。每月施低氮素肥1次，其余时间保持干燥。早春室内或夏季播种繁殖，发芽温度19～21℃。

金铃▶
（*Argyroderma roseum* var. *dcloeetii*）

　　多年生肉质草本。株高2.5～3cm，冠幅3～5cm。植株无茎。叶肾状，肉质，叶面银灰色或灰绿色，光滑，无斑点。花雏菊状，黄色或白色。花期夏季。为冬型种。

金铃

◀粉花金铃
（*Argyroderma roseum* var. *dcloeetii* ‘Pink’）

　　多年生肉质草本。株高2.5～3cm，冠幅3～5cm。植株无茎。叶肾状，肉质，叶面银灰色或灰绿色，光滑，无斑点。花雏菊状，粉红色。花期夏季。为冬型种。

粉花金铃

紫花金铃▶
（*Argyroderma roseum* var. *dcloeetii* ‘Purple’）

　　多年生肉质草本。株高2.5～3cm，冠幅3～5cm。植株无茎。叶肾状，肉质，叶面银灰色或灰绿色，光滑，无斑点。花雏菊状，紫红色。花期夏季。为冬型种。

紫花金铃

（4）照波属（*Bergeranthus*）

本属约有10种。主要分布于非洲南部。植株矮小，群生。肉质叶短锥状。喜温暖、干燥和阳光充足环境。不耐寒，耐干旱和半阴，忌水湿和强光。生长适温15 ~ 25℃，冬季温度不低于10℃。宜肥沃、疏松和排水良好的沙质壤土。早春播种，发芽适温20 ~ 25℃。早春分株或春秋季取带茎部的叶片扦插。盆栽摆放于茶几、博古架或窗台，清雅别致，使整个居室显得清新典雅，赏心悦目。

照波▶
（*Bergeranthus multiceps*）

又名黄花照波、仙女花。多年生肉质草本。原产于南非、纳米比亚。株高4 ~ 5cm，冠幅8 ~ 10cm。叶片放射状丛生，叶三棱形，肉质，叶面平，背面龙骨突起，先端尖，似锥状，深绿色，密生白色小斑点。花单生，黄色。花期夏季。为夏型种。

照波

（5）旭峰花属（*Cephalophyllum*）

曾命名为帝王花属，本属约有60种。多年生肉质草本植物，原产于非洲西南部和南非的半干旱地区。茎多分枝，半直立或匍匐状。叶圆柱状或半圆柱状，绿色至灰绿色，肉质。花单生，雏菊状，有红色、黄色、紫色或白色。花期夏季。不耐寒，生长适温15 ~ 25℃，冬季温度不低于7℃。喜温暖、阳光充足和排水良好的土壤。怕高温多湿。春季至夏末适度浇水，每月施肥1次。春季或初夏播种，发芽温度13 ~ 18℃。冬季能耐7℃，在温暖地区常作地被植物。

旭峰

◀旭峰
（*Cephalophyllum alstonii*）

又名奔龙（*Cephalophyllum framesii*）、番龙菊。多年生肉质草本。株高8 ~ 10cm，冠幅不限定。植株丛生呈匍匐状，叶对生，长条形，截面类似不规则的圆形或圆三角形，先端尖，呈锥状，叶长8 ~ 10cm，粗0.5 ~ 1cm，灰绿色或深绿色，叶面密布微凸的细小斑点，似舌苔。花雏菊状，暗红色，花径3 ~ 5cm。花期夏季。为夏型种。

（6）虾钳花属（*Cheiridopsis*）

本属植物约有100种。属矮生、丛生状的多年生肉质草本。原产于纳米比亚和南非的半干旱地区。叶对生，基部联合成肉质鞘，整个对生叶像钳子一样。叶浅灰绿色至灰白色，肉质。花单生，雏菊状，有黄色或白色。花期夏季。不耐寒，生长适温15～25℃，冬季温度不低于7℃。喜温暖、阳光充足和排水良好的土壤。怕高温多湿。春季至夏末适度浇水，每月施肥1次。春季或初夏播种，发芽温度19～24℃，也可扦插繁殖。

慈光锦▶
（*Cheiridopsis candidissima*）

多年生肉质草本。株高10cm，冠幅不限定。植株丛生状。叶对生，通常是2对。每对叶有五分之二联合，外有鞘。叶背龙骨突半圆形，浅灰白色或绿白色，尖端略呈红色，平滑无毛，但有无数深绿色的小油点。花黄色，花径6～8cm。花期夏季。为冬型种。

慈光锦

▼双剑
（*Cheiridopsis marlothii*）

多年生肉质草本。株高10～12cm，冠幅不限定。植株丛生状。叶对生，通常是2对。基部联合，外有鞘。叶背龙骨突半圆形，浅灰白色或灰绿色，尖端略呈粉红色，平滑无毛，但有无数绿色的小油点。花黄色，花径8～10cm。花期夏季。为冬型种。

双剑

（7）肉锥花属（*Conophytum*）

本属有290种。植株矮生，生长慢，丛生状多年生肉质草本。原产于南非和纳米比亚。体型小，球形或倒圆锥形，顶面有裂缝，深浅不一。花小，单生，雏菊状，花后老叶逐渐萎缩成叶鞘，夏末从叶鞘中长出新叶和花。不耐寒，生长适温15～25℃，冬季温度不低于10℃。喜温暖、低湿和阳光充足环境。夏季怕高温多湿。从初冬至春末要控制浇水，盛夏至夏末保持干燥。冬末播种，发芽温度20～25℃，夏末分株繁殖。

立雏▶
（*Conophytum* 'Albescens'）

多年生小型肉质草本。株高1～1.5cm，冠幅1.5～2cm。株体较小，无茎，顶部开叉，肉质叶片如同心形。植株顶端伴有紫色围边。花从肉质叶的中间缝中开出，黄色花。花期夏季。为冬型种。

立雏

青露

◀青露
（*Conophytum* 'Apiatum'）

多年生小型肉质草本。株高1.5～2.5cm，冠幅1.5～2cm。植株中裂深1cm，两裂片扁平，上缘薄，绿色中有半透明圆点。花筒长，花瓣细，柠檬黄色。花期夏季。为冬型种。

少将▶
（*Conophytum bilobum*）

多年生肉质草本。原产于南非西北部。株高4～5cm，冠幅10～15cm。植株常群生。叶肥厚，心形对生，淡灰绿色，径2.5cm，顶部鞍形，中缝深，先端钝圆。成年植株分枝呈丛生状。花单生，雏菊状，黄色，花径3cm。花期夏末秋初。为冬型种。

少将

灯泡

◀灯泡
（*Conophytum burgeri*）

多年生小型肉质草本。株高1～2cm，冠幅1～2cm。植株无茎，一般为单头，偶尔也有双头，甚至3头、4头、5头的群生植株。肉质叶半球形，单头直径2.5～4cm或更大。花大型，淡紫红色，中心部位呈白色。花期春季或秋季。为冬型种。

翡翠玉▶
（*Conophytum calculus*）

多年生肉质草本。原产于南非。株高2～3cm，冠幅2～3cm。叶肉质，球形，顶端平坦，中部小裂似唇，表面灰绿色，无斑点或具绿色小斑点。花单生，黄色或橘黄色，花径1.5cm。花期夏末。为冬型种。

翡翠玉

天使

◀天使
（*Conophytum ectypum*）

多年生肉质草本。原产于南非。株高2～3cm，冠幅3～5cm。叶对生，肉质，叶近圆形，顶部中央裂如唇，表面浅绿色，有深绿色斑点。成年植株易群生。花单生，雏菊状，粉红色，花径2～3cm。花期夏末。为冬型种。

寂光▶
（*Conophytum frutescens*）

多年生小型肉质草本。株高1～2cm，冠幅1～2cm。株型矮小，无茎，顶端开叉较大，肉质叶片如同心形。花从肉质叶的中间缝中开出，花色为橙色。花期夏秋季。为冬型种。

寂光

风铃玉

◀风铃玉
（*Conophytum friedrichiae*）

　　又名弗氏肉锥花。多年生小型肉质草本。株高1.5～2cm，冠幅1.5～2cm。植株单生或2～3个群生。叶圆柱状，顶部两裂，裂片圆，表皮有小疣，褐红色，顶面有透明小窗，裂口很深。花单生，由裂缝中开出，粉色或白色，白天开放。花期夏秋季。为冬型种。

藤车

藤车▶
（*Conophytum hybrida*）

　　为肉锥花的栽培品种。多年生肉质草本。株高1～1.5cm，冠幅1～1.5cm。叶球形，肉质，小而圆，叶面淡绿色，具深色暗点。花单生，粉红色。花期夏末。为冬型种。

白拍子

◀白拍子
（*Conophytum longum*）

　　又名绿风铃玉，为风铃玉的近似种。多年生小型肉质草本。株高1～2cm，冠幅1～2cm。幼株单生，老株丛生。叶片肉质，翠绿色。花从肉质叶的中缝开出，白色或粉色花，花径2～3cm，花秆矮，一般每株只开1～2朵，有时候也会开出3朵。花期秋季。为冬型种。

口笛▶
（*Conophytum luiseae*）

　　多年生小型肉质草本。株高2～2.5cm，冠幅2～2.5cm。植株易群生。表面有很多短小的肉质刺，肉质叶片元宝状，叶片顶端有轻微的棱，阳光充足的时候棱会发红。花米黄色，异花授粉。夜间开放。花期夏季。为冬型种。

口笛

圆空

◀ **圆空**
（*Conophytum* 'Marnierianum'）

多年生小型肉质草本。株高2～3cm，冠幅2～3cm。株体较小，容易群生，顶端裂口较小，两裂片圆润如心形，株体上伴有圆点。花筒长，花瓣细，花开渐变为紫色。花期夏季。为冬型种。

清姬 ▶
（*Conophytum minimum*）

多年生小型肉质草本。原产于南非。株高1.5～2cm，冠幅2～3cm。叶对生，球形，肉质，顶端平坦，中心有一小裂如唇，叶面淡灰绿色，具紫褐色树枝状细条纹。花单生，小型，白色，夜间开放，有香味。花期夏末或秋末。为冬型种。

清姬

◀ **群碧玉**
（*Conophytum minutum*）

多年生小型肉质草本。原产于南非。植株球形，常群生。株高1～1.5cm，冠幅1.5～2cm。外形很像生石花，成年植株易群生，叶肉质，对生，顶端平坦，表皮灰绿色或黄绿色，无斑点，中央有1小浅的裂缝，花从中缝开出，雏菊状，紫红色或粉紫色，花径2cm。花期夏末。为冬型种。

群碧玉

凤雏玉 ▶
（*Conophytum pearsonii*）

又名皮尔逊群碧玉。多年生小型肉质草本。原产于南非。株高1.5～2cm，冠幅1.5～2cm。植株常群生成球形，单头是倒圆锥形，肉质，对生，顶端平坦，表皮光滑，灰绿色或绿白色，无斑点，中央有1小浅的裂缝，花从中缝开出，雏菊状，粉红色或红色，花径2cm，白天开放。花期夏末秋初。为冬型种。

凤雏玉

阿娇

▲阿娇
（*Conophytum mundum*）

多年生小型肉质草本。原产于南非。株高1.2～1.5cm，冠幅1.5～2cm。植株易群生。叶肉质，顶部肾形，表皮淡绿至绿色，有深绿色的点状或线状花纹。花单生，白色或乳白色，晚上开放。花期秋季。为冬型种。

玉彦▶
（*Conophytum obcordellum*）

多年生小型肉质草本。原产于南非。株高2～3cm，冠幅2～3cm。叶球形，肉质，顶部截形，有时凹，浅灰绿色至灰紫绿色，有少数线状和点状花纹。花单生，雏菊状，绿白色，夜间开放，有香味，花期秋季。为冬型种。

玉彦

◀安珍
（*Conophytum obcordellum*）

多年生小型肉质草本。株高1.2～1.5cm，冠幅1.5～1.8cm。植株群生。叶呈陀螺形，顶部通常截形，稍凹，淡灰绿色至灰绿色，有深色的点状或线状花纹。花单生，白色或浅黄色，晚上开放。花期秋季。为冬型种。

安珍

空蝉▶
（*Conophytum* 'Regale'）

又名大眼睛。多年生小型肉质草本。株高1～1.5cm，冠幅1.5～2cm。植株群生。叶面顶部2裂楔形，淡绿色至灰绿色，裂口两边透明。花单生，雏菊状，粉红色，白天开放。花期夏季。为冬型种。

空蝉

（8）露子花属（*Delosperma*）

本属约有150种。常绿或半常绿，肉质灌木或丛生状，多年生草本。原产于南非南部、东部和中部的丘陵低地。茎细长，多分枝，肉质叶对生。花小，单生，雏菊状，花色多样。不耐寒，生长适温15～25℃，冬季温度不低于5℃。喜温暖和阳光充足环境。生长期适度浇水，每3周施肥1次，其余时间保持干燥。春、夏播种，发芽温度21℃，或取茎扦插繁殖。

鹿角海棠锦▶

（*Delosperma lehmannii* 'Variegata'）

又名夕波锦、熏波菊锦，为鹿角海棠的斑锦品种。多年生肉质草本。株高10～20cm，冠幅15～20cm。叶片对生，三角柱状，先端稍尖，背钝圆，灰绿色或蓝绿色，长2cm，基部联合，叶上有黄色斑纹或整叶为黄色。花单生，雏菊状，淡黄色，花径3cm。花期夏季。为冬型种。

鹿角海棠锦

▼雷童

（*Delosperma echinatum*）

又名刺叶露子花、花笠。原产于南非。多年生肉质草本。株高30cm，冠幅30cm。叶片对生，长椭圆形或卵形，肉质，长1.5cm，深绿色，表面密生白色肉质刺疣。花单生，小型，白色，中心黄色。花期夏季。为冬型种。

雷童

（9）春桃玉属（*Dinteranthus*）

本属植物约有10种。主要是矮生、无茎或短茎的多年生肉质草本。原产于南非和西南非地区。叶二枚合生，近似球形，叶基部合为一体，顶部平头或圆头，中裂，表皮光滑，随季节变换颜色。花单生，雏菊状，生于叶丛中部的裂缝中，黄色或橙黄色。花期秋季。不耐寒，生长适温15～25℃，冬季温度不低于7℃。喜温暖、低湿和阳光充足环境。生长期春至秋季适度浇水，冬季保持干燥，土壤过湿肉质叶易开裂或腐烂。每月施低氮素肥1次，其余时间保持干燥。早春室内或夏季播种繁殖，发芽温度19～21℃。

春桃玉▶
（*Dinteranthus inexpectatus*）

多年生肉质草本。株高1.2～1.5cm，冠幅1.5～1.8cm。植株由2片肉质的对生叶片组成，成株叶呈寿桃形，青白色，在强光下变为白中略带粉红色，叶面光滑无斑点。花深黄色，花期秋季。为冬型种。

春桃玉

绫耀玉

◀绫耀玉
（*Dinteranthus vanzylii*）

多年生肉质草本。原产于南非。株高1～1.5cm，冠幅1.5～2cm。植株由2片肉质的对生叶片组成，叶倒圆锥形。叶色灰黄色，顶面平头，中央浅裂，分布有红褐色线条或斑点，外形很像生石花。花雏菊状，鲜黄色或橙黄色。花期秋季。为冬型种。

幻玉▶
（*Dinteranthus wilmotianus*）

多年生肉质草本。原产于南非。株高1.2～1.5cm，冠幅1.2～1.5cm。叶片肉质，半球形，青绿色，叶面有分散的透明斑点，光强时变为淡咖啡色，幼株叶呈圆饼状，成年植株为寿桃形。花金黄色。花期秋季。为冬型种。

幻玉

（10）弥生花属（*Drosanthemum*）

　　曾命名为枝干番杏属，本属植物约有90种。直立或匍匐的多年生亚灌木。原产于纳米比亚和南非的半沙漠地区。植株丛生状。茎干纤细，直立或匍匐。叶肉质，对生，淡绿色、绿色至浅红色。花单生，雏菊状，浅紫红色。花期夏季。不耐寒，生长适温15～25℃，冬季温度不低于7℃。喜温暖、阳光充足和排水良好的土壤，怕高温多湿。春季至秋季适度浇水，每月施肥1次。春季至夏季播种，发芽温度16～19℃。同时用茎部进行扦插繁殖。均属夏型种植物。

弥生花

◀弥生花
（*Drosanthemum hispidum*）

　　多年生肉质小灌木。原产于纳米比亚和南非。株高10～15cm，冠幅60～100cm。植株丛生，茎直立，纤细，嫩茎呈绿色，老茎则呈暗红色或棕色，多年生枝条容易木质化。叶肉质，对生，棒形或长条形，覆有一层透明反光的隆起。花单生，淡紫红色或白色。花期夏季。

（11）虎腭花属（*Faucaria*）

曾命名为肉黄菊属，本属有30种以上。植株密集丛生，几乎无茎的多年生肉质植物。原产于南非的半沙漠地区。叶肥厚，十字交互对生，叶缘有凸出肉刺像牙齿一样，基部联合，先端三角形。花大，雏菊状，有粉红色、黄色或白色等，午后开放。花期夏末至中秋。喜温暖、干燥和阳光充足环境。不耐寒，耐干旱和半阴，忌水湿和强光。宜肥沃、疏松和排水良好的沙质壤土。生长适温15～25℃，冬季温度不低于7℃。夏季高温强光时需适当遮阳。生长期适度浇水，每月施低氮素肥1次，冬季保持湿润。秋季或春季播种，夏季取茎扦插繁殖。盆栽摆放于窗台、案头或博古架，青翠光亮，似一件"翡翠工艺品"，十分赏心悦目。

波头▶
（*Faucaria bosscheana* var. *haagei*）

又名银边四海波。多年生肉质草本。原产于南非。株高3～4cm，冠幅6～10cm。植株低矮，叶片菱形，肉质，绿色，正面平，背面稍有龙骨突，叶缘有银白色条纹，每边有2～3个向后弯曲的肉质齿。花大，黄色，无花梗，花径3cm。花期秋季。为春秋型种。

波头

群波

◀群波
（*Faucaria gratiae*）

多年生肉质草本。原产于南非。株高4～5cm，冠幅6～10cm。叶片对生，肉质，倒披针形，绿色，叶缘具肉质细齿，叶面平展，叶背浑圆。花大，似雏菊花，黄色。花期秋季。为春秋型种。

四海波▶
（*Faucaria tigrina*）

又名虎颚、虎钳草。多年生肉质草本。原产于南非。株高8～10cm，冠幅15～20cm。叶片交互对生，肉质，先端菱形，叶面扁平，叶背突起，灰绿色，叶缘有4～6对向后弯曲的肉齿。花大，黄色，花径5cm。花期秋季。为春秋型种。

四海波

狮子波

◀狮子波
（*Faucaria tuberculosa* 'Hybrid'）

又名怒涛，为荒波的杂交种。多年生肉质草本。株高4～5cm，冠幅6～10cm。植株低矮。叶片对生，肉质，三角形，淡灰绿色，叶缘有肉齿10对左右，附倒须，叶正面肉瘤疙瘩多而突出。花黄色。花期秋季。为春秋型种。

（12）棒叶花属（*Fenestraria*）

本属有1～2种。植株非常矮，无茎，密集群生的肉质植物。原产于纳米比亚的半沙漠地区。叶小，棒形，直立，光滑。花雏菊状，淡橙黄色或白色。花期夏末至秋季。不耐寒，生长适温15～25℃，冬季温度不低于7℃。喜温暖、低湿和阳光充足环境。生长期适度浇水，每月施低氮素肥1次，冬季保持干燥。秋季或春季播种，发芽温度15～21℃，春季或夏季分株繁殖。

五十铃玉▶
（*Fenestraria aurantiaca*）

又名橙黄棒叶花。多年生肉质草本。原产于纳米比亚。株高3～5cm，冠幅20～30cm。植株密集群生。叶对生，棍棒形，叶长2～3cm，灰绿色，顶端有透明的"窗"。花金黄色或橙黄色，花径3～7cm。花期夏末至秋季。为冬型种。

五十铃玉

五十铃玉锦

◀五十铃玉锦
（*Fenestraria aurantiaca* 'Variegata'）

又名橙黄棒叶花锦，为五十铃玉的斑锦品种。多年生肉质草本。株高3～5cm，冠幅20～30cm。植株密集群生。叶对生，棍棒形，叶长2～3cm，灰绿色，顶端有透明的"窗"，出现黄色或红色的肉质叶。花金黄色或橙黄色，花径3～7cm。花期夏末至秋季。为冬型种。

（13）驼峰花属（*Gibbaeum*）

本属植物约有20种。又称藻玲玉属。多年生肉质草本。原产于南非的半干旱地区。植株丛生状。叶肉质，对生，绿色、灰绿色至灰白色。花单生，雏菊状，有粉红色、白色，白天开放。花期秋末至冬季。不耐寒，生长适温15～25℃，冬季温度不低于7℃。喜温暖、阳光充足和排水良好的土壤。怕高温多湿。春季至秋季适度浇水，每月施肥1次。春季播种，发芽温度19～21℃。春季或初夏可分株繁殖。均属冬型种植物。

白魔▶
（*Gibbaeum album*）

多年生肉质草本。原产于南非。株高2～2.5cm，冠幅10～24cm。叶片肥厚，歪斜至卵形，两片叶子大小不等，叶面有少数不规则条棱。表皮淡白色或浅灰色，长2.5cm。花白色或粉红色，花径2.5cm。花期初秋至初冬。为冬型种。

白魔

▼无比玉
（*Gibbaeum cryptopodium*）

多年生肉质草本。原产于南非。株高5～8cm，冠幅20～30cm。叶片肉质，对生，但两叶大小不等，叶面淡蓝绿色或灰绿色，长4～6cm。花雏菊状，有粉红色、淡紫色和白色，花径4～5cm。花期初秋至初冬。为冬型种。

无比玉

（14）舌叶花属（*Glottiphyllum*）

本属约有60种。多年生肉质草本。主要分布在南非的半沙漠地区。喜温暖、湿润和半阴环境。不耐寒，生长适温15～25℃，冬季温度不低于7℃。怕高温，忌烈日暴晒，耐干旱，怕水湿。以肥沃、疏松、通气的沙质壤土为宜。常用播种和扦插繁殖。栽培3～4年后植株易老化，需更新。适用于盆栽观赏。

宝绿▶
（*Glottiphyllum longum*）

又名舌叶花、佛手掌。多年生肉质草本。原产于南非。株高4～6cm，冠幅15～30cm。肉质叶舌状，对生2列，斜面突出，叶端略向外反转，切面呈三角形，光滑透明，鲜绿色。花大，金黄色。花期秋季至冬季。为冬型种。

宝绿

（15）生石花属（*Lithops*）

本属约有40种。矮生，几乎无茎的多年生肉质草本。原产于纳米比亚和南非的岩缝中和半沙漠地区。有肥厚、柔软的根状茎，着生球果状的"躯体"，有一对连在一起的肉质叶，径2～3cm，叶表皮较硬，色彩多变，有深色的花纹和斑点，顶部平坦，中央有裂缝，裂缝中开花。花单生，雏菊状，花径2～3cm。花期盛夏至中秋。不耐寒，生长适温15～25℃，冬季温度不低于7℃。喜温暖和阳光充足环境。从初夏至秋末，充分浇水，每月施肥1次，其余时间保持干燥。春季或初夏播种，发芽温度19～24℃，初夏用分株繁殖。

日轮玉

◀太阳玉
（*Lithops aucampiae*）

又名日轮玉，多年生肉质草本。原产于南非。株高2～3cm，冠幅8～10cm。植株球果状，群生。叶卵状，对生，淡红色至褐色或黄褐色，顶面具深色斑纹。花雏菊状，黄色。花期夏末至中秋。为冬型种。

◀**粉花琥珀玉**
(*Lithops* 'Bella')

　　为生石花的栽培品种。多年生肉质草本。株高3～4cm，冠幅不限定。植株浅红褐色，叶顶面具深褐色花纹。花粉红色，花径2.5～4cm。花期夏、秋季。为冬型种。

粉花琥珀玉

雀卵玉▶
(*Lithops bromfieldii* var. *mennellii*)

　　多年生肉质草本。原产于南非。株高3～4cm，冠幅8～10cm。植株群生。叶卵状，对生。白色的叶面布满深浅不一的褐色纹理，对比强烈，层次感鲜明，花黄色。花期秋季。为冬型种。

雀卵玉

丽红玉

◀**丽红玉**
(*Lithops* 'Dorotheae')

　　又名丽虹玉。多年生肉质草本。株高2～3cm，冠幅8～10cm。叶锥状，对生，肉质，灰绿色，顶面有深橄榄绿色花纹及红色条纹。花雏菊状，黄色。花期夏季。为冬型种。

福寿玉▶
(*Lithops eberlanzii*)

　　多年生肉质草本。原产于南非。株高2cm，冠幅1～2cm。植株群生。叶卵状，对生，淡青灰色，顶面紫褐色，有树枝状下凹的红褐色斑纹。花雏菊状，白色。花期夏末至中秋。为冬型种。

福寿玉

微纹玉

◀微纹玉
（*Lithops fulviceps*）

  多年生肉质草本。原产于南非。株高 2～2.5cm，冠幅3～4cm。植株群生。叶卵状，对生，肉质，黄绿色，顶面有褐色凸起的小点。花单生，雏菊状，黄色或白色，花径3.5cm。花期夏末至初秋。为冬型种。

黄微纹玉▶
（*Lithops fulviceps* 'Aurea'）

  为微纹玉的栽培品种。多年生肉质草本。株高2～2.5cm，冠幅3～4cm。植株群生。叶卵状，对生，肉质，黄绿色，顶面有灰绿色凸起的小点。花单生，雏菊状，黄色，花径3.5cm。花期夏末至初秋。为冬型种。

黄微纹玉

◀荒玉
（*Lithops gracilidelineata*）

  多年生肉质草本。株高2～2.5cm，冠幅4～5cm。叶截形，稍圆凸，沟浅，上表面椭圆形，两叶对称，不透明，表面粗糙，花纹清晰，灰褐色。花单生，黄色。花期夏、秋季。为冬型种。

荒玉

富贵玉▶
（*Lithops hookeri*）

  多年生肉质草本。原产于南非。株高 2～2.5cm，冠幅2～4cm。植株群生。叶对生，肉质，外形呈截形，叶表面椭圆至肾形，褐色或红褐色，顶面镶嵌深褐色凹纹。花单生，雏菊状，黄色。花期夏末至初秋。为冬型种。

富贵玉

赤褐富贵玉

◀赤褐富贵玉

（*Lithops hookeri* 'Red-Brown'）

多年生肉质草本。株高2～2.5cm，冠幅2～3cm。植株群生。叶卵状，对生，肉质，棕色或灰色，顶面镶嵌红褐色凹纹。花单生，雏菊状，黄色。花期夏末至初秋。为冬型种。

寿丽玉▶

（*Lithops* 'Julii'）

多年生肉质草本。株高2～3cm，冠幅不限定。植株群生。叶肉质，倒圆锥形，灰绿色至灰白色，顶面有透明的"窗"和网格、树枝状的褐色花纹。花单生，白色。花期秋季。为冬型种。

寿丽玉

◀花纹玉

（*Lithops karasmontana*）

多年生肉质草本。原产于纳米比亚、南非。株高3～4cm，冠幅不限定。植株群生。叶卵状，对生，银灰色或灰绿色，顶面平头，具深褐色下凹线纹。花单生，雏菊状，白色，花径2.5～4cm。花期夏末至初秋。为冬型种。

花纹玉

朱弦玉▶

（*Lithops lericheana*）

多年生肉质草本。原产于纳米比亚。株高1～2cm，冠幅2～2.5cm。植株群生。叶卵状，对生，灰绿色，顶面平头，具淡绿至粉红色有凹凸不平的端面，镶有深绿色暗斑。花雏菊状，白色。花期夏末至初秋。为冬型种。

朱弦玉

白花紫勋

◀白花紫勋
（*Lithops lesliei* var. *lesliei* 'Albinica'）

多年生肉质草本。株高3～4cm，冠幅4～5cm。植株群生。叶球果状，对生，灰绿色或浅黄绿色，平头，顶面有深绿色花纹。花雏菊状，白色，花期夏末至中秋。为冬型种。

弁天玉▶
（*Lithops lesliei* var. *venteri*）

又名辨天玉，为紫勋的变种。多年生肉质草本。株高3.5～4cm，冠幅4.5～5cm。植株群生。叶球果状，对生，浅灰色，平头，密布深绿色斑纹。花雏菊状，黄色。花期夏末至中秋。为冬型种。

弁天玉

◀红菊水玉
（*Lithops meyeri* 'Hammer Ruby'）

为菊水玉的栽培品种。多年生肉质草本。株高2～2.5cm，冠幅2～2.5cm。植株群生。叶卵状，对生，肉质，通体紫红色，叶面不透明，沟深，两叶有时不对称。花黄色。花期夏末至初秋。为冬型种。

红菊水玉

红大内玉▶
（*Lithops optica* 'Rubra'）

多年生肉质草本。株高2～3cm，冠幅1.5～2cm。植株群生，叶片心形至截形，沟深，叶表肾形，光滑，不透明，灰中带粉色，没有花纹。花单生，白色，花瓣尖端粉色，秋季开花。为冬型种。

红大内玉

大津绘

◀大津绘
（*Lithops* 'Otzeniana'）

多年生肉质草本。株高2.5～3cm，冠幅2cm。叶倒圆锥形，浅灰绿色至浅灰紫色，中缝较深，顶面有蓝色或灰绿色透明的"窗"，外缘和中缝有浅绿色斑块。花单生，黄色。花期夏、秋季。为冬型种。

曲玉▶
（*Lithops pseudotruncatella*）

多年生肉质草本。株高2～5cm，株幅2～3.5cm。植株群生，叶上表面肾形，平滑，叶色不透明，淡灰带黄褐色，花纹细而不规则。花单生，黄色。花期夏、秋季。为冬型种。

曲玉

◀绿李夫人
（*Lithops salicola*）

多年生肉质草本。原产于南非。株高2.5～3cm，冠幅2～3cm。植株群生，叶球果状，对生，浅紫色平头顶面有下凹深褐色花纹。花雏菊状，白色。花期夏末至中秋。为冬型种。

绿李夫人

施氏生石花▶
（*Lithops schwantesii*）

多年生肉质草本。株高3～4cm，冠幅3～4cm。植株群生。球状叶顶面肾形，深灰色至黄绿色、橙色、淡红褐色，具蓝色或深灰色花纹。花单生，雏菊状，亮黄色。花期夏、秋季。为冬型种。

施氏生石花

碧琉璃

▲碧琉璃
（*Lithops terricolor*）

多年生肉质草本。株高2.5～3cm，冠幅2cm。叶卵状，对生，肉质，灰绿色或绿色，顶面有黄绿色、棕黄色密生斑点。花单生，雏菊状，黄色，花径2.5cm。花期夏末至初秋。为冬型种。

碧光环

（16）碧光环属（*Monilaria*）

本属植物约有10种。多年生肉质草本。原产于南非地区。具有枝干，容易群生。叶片肉质，手指状，常向两边分开，绿色或绿白色，叶面上有半透明的细小颗粒。花单生，雏菊状，生于叶丛中部的裂缝中，有黄、白、红、紫等色。花期秋季。不耐寒，生长适温15～25℃，冬季温度不低于7℃。喜温暖、低湿和阳光充足环境。生长期春至秋季适度浇水，冬季保持干燥，土壤过湿则肉质叶易开裂或腐烂。每月施低氮素肥1次，其余时间保持干燥。早春室内或夏季播种繁殖，发芽温度19～21℃。

▲碧光环
（*Monilaria obconica*）

多年生肉质草本。株高8～10cm，冠幅8～10cm。植株有枝干，易群生。叶片上有半透明的细小颗粒，长出的新叶向两边分开，形似一对兔耳，但叶片长大后会下垂。为冬型种。

（17）光琳菊属（Oscularia）

　　本属植物约有180种。又名覆盆花属，琴爪菊属现又并入日中花属（Lampranthus）。多年生肉质草本。原产于南非的半沙漠地区。茎分枝，半直立或匍匐状。叶三角形，绿色至灰绿色，肉质，叶片在充足阳光下变为红色。花单生，雏菊状，有粉红色、紫红色、紫色或橙色。花期夏季至初秋。不耐寒，生长适温15～25℃，冬季温度不低于7℃。喜温暖、阳光充足和排水良好的土壤。怕高温多湿。春季至夏末适度浇水，每月施肥1次。春季播种，发芽温度19～24℃，春季和夏季分株繁殖。冬季能耐7℃，在温暖地区常作地被植物。

（18）对叶花属（Pleiospilos）

　　本属约有35种。单生或群生，无茎，多年生肉质植物。原产于南非干旱地区。植株有肥厚肉质的大元宝状叶，叶端三角形或卵圆形，表皮淡灰色或淡黄绿色或褐色至红色，具有不同色彩的小圆点。花雏菊状，黄色或橙色。花期夏末和初秋。不耐寒，生长适温15～25℃，冬季温度不低于12℃。喜温暖和阳光充足环境。从初夏至秋末，适度浇水，每4～6周施低氮素肥1次，其余时间保持干燥。春末至夏季播种，发芽温度19～24℃，或分株繁殖。

帝玉▶
（Pleiospilos nelii）

　　多年生肉质草本。原产于南非。株高5～7cm，冠幅10～12cm。植株宛如剖开的石头。叶片交互对生，肉质，常由2～3对叶组成，呈元宝状，表皮淡灰绿色，长4～8cm，表面平，背面圆凸，密生深色小圆点。花单生，雏菊状，橙粉色，花径7cm。花期夏末和初秋。为冬型种。

白凤菊

▲白凤菊
（Oscularia pedunculata）

　　又名姬鹿角。多年生肉质草本。株高20～30cm，冠幅不限定。成年植株基部呈亚灌木状，茎分枝，匍匐或直立，老枝茎干呈棕红色，嫩枝稍带浅红色或黄绿色。叶着生于茎节处，肉质多汁，三棱形，边缘有小锯齿。花顶生，头状花序，花雏菊状，粉红色。花期春季。为春秋型种。现已有学者正名为光琳菊（Lampranthus deltoides）。

帝玉

红帝玉

◀红帝玉
（*Pleiospilos nelii* 'Rubra'）

　　帝玉的栽培品种。多年生肉质草本。株高5～7cm，冠幅10～12cm。植株元宝状。叶对生，肉质，表皮灰绿色，带红晕，密被深绿色小圆点。花单生，雏菊状，紫红色，花径6～7cm。花期夏末和初秋。为冬型种。

紫帝玉▶
（*Pleiospilos nelii* 'Purpureus'）

　　为帝玉的栽培品种。多年生肉质草本。株高5～7cm，冠幅10～12cm。植株无茎，肉质叶交互对生，一株常有2、3对叶组成，叶卵形，基部联合，在生长期叶上部拉开很大一段距离，使植株酷似元宝状，叶色紫中略带绿色。花单生，雏菊状，紫红色。花期夏末和初秋。为冬型种。

紫帝玉

亲鸾

◀亲鸾
（*Pleiospilos magnipunutatus*）

　　又名凤翼。多年生肉质草本。原产于南非。株高4～5cm，冠幅5～7cm。植株元宝状。叶对生，肉质，灰绿色或褐绿色，表面密生深色小圆点，长3～7cm。花单生，雏菊状，黄色，花径4.5～5cm。花期夏季。为冬型种。

青鸾▶
（*Pleiospilos simulans*）

　　多年生肉质草本。原产于南非。株高8～10cm，冠幅10～12cm。植株宽厚，元宝形。无茎，叶1～2对，交互对生，肉质，平伸，基部联合稍窄，长5～8cm，宽5～6cm，厚1～1.5cm，表皮淡红、淡黄色或淡褐绿色，密被深绿色小圆点。花雏菊状，黄色或橙色，花径6cm。花期夏末至初秋。为冬型种。

青鸾

（19）菱叶草属（Rhombophyllum）

曾命名为快刀乱麻属，本属有3种。为密集丛生的多年生肉质植物。原产于南非的丘陵边缘和低地。叶对生，肉质，线状或半圆柱状，呈镰刀形，顶端有分叉，中灰绿色至深灰绿色，具有白色或透明斑点。叶边有1～2个短齿。花雏菊状，金黄色，白天开花。花期夏季。不耐寒，生长适温15～25℃，冬季温度不低于7℃。喜温暖、低湿和阳光充足环境。夏季适度浇水，每月施低氮素肥1次。春季播种，发芽温度19～24℃，或分株、扦插繁殖。

快刀乱麻▶
（*Rhombophyllum nelii*）

多年生肉质草本。原产于南非。株高20～30cm，冠幅15～30cm。植株多分枝，叶镰刀状。叶片对生，侧扁，先端两裂，呈龙骨状，淡绿至深灰绿色，长2.5～5cm。花单生，金黄色，花瓣背面有红晕，花径3cm。花期夏季。为冬型种。

快刀乱麻

（20）晚霞玉属（Schwantesia）

曾命名为融香玉属，本属植物有10种。矮生的多年生肉质草本。原产于纳米比亚和南非的半干旱地区。叶肉质，浅蓝绿色。花单生，雏菊状，黄色，白天开放。花期夏季。不耐寒，生长适温15～25℃，冬季温度不低于7℃。喜温暖、阳光充足和排水良好的土壤。怕高温多湿。春季至夏末适度浇水，每月施肥1次。春季播种，发芽温度19～21℃。春季或初夏可分株繁殖。

漱香玉

◀漱香玉
（*Schwantesia speciosa*）

多年生肉质草本。原产于南非。株高10～15cm，冠幅10～15cm。叶肥厚，肉质，叶缘和叶背较硬，线条明显，顶端叶缘有少许肉刺，叶表面光滑有不明显的暗疣点，叶色灰绿色至灰白色。花从两叶的中缝开出，雏菊状，黄色。花期夏季。为冬型种。

（21）夜舟玉属（*Stomatium*）

曾命名为檀舟属，本属植物约有40种。主要是垫状的多年生肉质草本。原产于博茨瓦纳、南非的半沙漠地区。植株茎短，丛生状。叶肉质，长三角形或长圆形，绿色至灰绿色。花单生，雏菊状，黄色或浅黄色，常在午间后或傍晚后开放。花期春季至夏季。不耐寒，生长适温15～25℃，冬季温度不低于7℃。喜温暖、阳光充足和排水良好的土壤。怕高温多湿。春季至秋季适度浇水，每月施肥1次。春季至夏季播种，发芽温度19～24℃，同时可用茎部扦插繁殖。均属夏型种植物。

芳香波▶
（*Stomatium nivenum*）

多年生肉质草本。原产于南非。株高4～5cm，冠幅30～45cm。植株茎短，丛生状。叶肉质，长三角形或长圆形，灰绿色，长4～5cm，叶缘有3～5个齿状物。花单生，雏菊状，浅黄色，花径2～2.5cm，常在午间后或傍晚后开放。花期夏季。是多肉植物中少有的开花带香味的种类。为冬型种。

芳香波

（22）天女玉属（*Titanopsis*）

本属有5～6种。具短茎，肉质根的多年生肉质植物，常密集群生。原产于纳米比亚和南非的半沙漠地区。叶匙状至三角形，肉质肥厚，叶末端变宽呈扇形，灰褐色，表面布满粗粒疣突。基部排列呈莲座状。花单生，雏菊状，黄色或橙色。花期夏末至初春。不耐寒，生长适温15～25℃，冬季温度不低于10℃。喜温暖、低湿和阳光充足环境。怕高温多湿。春季至夏末适度浇水，每3～4周施肥1次，适合碱性土壤。春季或初夏播种，发芽温度21℃。

天女

◀天女
（*Titanopsis calcarea*）

多年生肉质草本。原产于南非。株高3cm，冠幅10cm。植株无茎，由匙形叶组成莲座状，常群生。叶片淡蓝绿色，有时具白色晕，长6～8cm，先端宽厚，着生淡红色或淡灰白色疣点。花雏菊状，金黄色或橙色，花径2cm。花期夏末至秋季。为冬型种。

（23）仙宝木属（*Trichodiadema*）

本属约30种。主要是块茎的、须根的或基部木质化的小型肉质亚灌木，多年生肉质草本。原产于纳米比亚、南非和埃塞俄比亚的丘陵干旱地区。叶纺锤形，表皮灰绿色，先端簇生白色毛刺。花单生，雏菊状，有白、红、紫红等色。花期春季至秋季。不耐寒，生长适温15～25℃，冬季温度不低于7℃。喜温暖、低湿和阳光充足环境。生长期适度浇水，每3～4周施低氮素肥1次，其余时间保持干燥。春季或夏季播种，发芽温度19～24℃，或取茎扦插繁殖。

紫晃星▶
（*Trichodiadema densum*）

又名仙宝、迷你沙漠玫瑰、紫星光。多年生肉质植物。原产于南非。株高15cm，冠幅20cm。植株丛生。茎绿色，肉质，叶圆柱形，淡绿色，长1～2cm，顶端簇生白色刚毛。花顶生，雏菊状，紫红色，花径3～5cm。花期夏季。为春秋型种。

紫晃星

3. 夹竹桃科（Apocynaceae）

本科有150余属，约1000种。植株含乳状液，常有毒。叶缘光滑。花丛生，稀单生。主要分布于热带和亚热带地区。其中有原产于非洲等地的沙漠玫瑰属（*Adenium*）和棒槌树属（*Pachypodium*）以及原产于美洲的鸡蛋花属（*Plumeria*），它们都为茎部奇特、花朵十分美丽多彩的肉质植物。

（1）沙漠玫瑰属（*Adenium*）

本属仅1种。过去曾记载有5～6种现已合并为1种。原产于东非、西南非、阿拉伯半岛。有肥大的块茎、膨大的茎干和全缘的披针形叶，在寒冷地区冬季落叶，叶液有毒。有美丽的高脚碟状花。不耐寒，生长适温为20～30℃，冬季温度不低于15℃。喜高温、干燥和阳光充足环境。生长期充足浇水，每3～4周施肥1次，冬季适度浇水。夏季播种，发芽温度19～21℃，或扦插繁殖。

沙漠玫瑰'曼谷蔷薇'

◀沙漠玫瑰'曼谷蔷薇'
（*Adenium obesum* 'Bangkok Rose'）

为沙漠玫瑰的栽培品种。多年生肉质灌木。株高1.2～1.5m，冠幅60～80cm。茎粗壮，呈瓶状，浅灰褐色。叶片卵圆形，肥厚，灰绿色，长8cm。伞房花序，花高脚碟状，单瓣，白色，边缘红色，花径3～5cm。花期夏季。为夏型种。

沙漠玫瑰'朝阳' ▶
（*Adenium obesum* 'Morning Sun'）

为沙漠玫瑰的栽培品种。多年生肉质灌木。株高1.5～1.8m，冠幅70～90cm。茎粗壮，呈瓶状，浅灰褐色。叶片长卵圆形，肥厚，绿色，长10cm。伞房花序，花高脚碟状，单瓣，粉色，花瓣边缘和中间有深红色斑纹，花径4～5cm。花期夏季。为夏型种。

沙漠玫瑰'朝阳'

沙漠玫瑰'红花重瓣'

◀沙漠玫瑰'红花重瓣'
（*Adenium obesum* 'Red Double'）

为沙漠玫瑰的栽培品种。多年生肉质灌木。株高1.5～2m，冠幅60～70cm。茎粗壮，呈瓶状，浅灰褐色。叶片卵圆形，肥厚，深绿色，长8～9cm。伞房花序，花高脚碟状，重瓣，花红色，花径4～5cm。花期夏季。为夏型种。

沙漠玫瑰'脉纹' ▶
（*Adenium obesum* 'Vein'）

又名脉纹沙漠玫瑰，为沙漠玫瑰的栽培品种。多年生肉质灌木。株高1.5～2m，冠幅70～90cm。茎粗壮，呈瓶状，浅灰褐色。叶片窄披针形，肥厚，灰绿色，长15cm。伞房花序，花高脚碟状，单瓣粉色，有红色脉纹，花径4～5cm。花期夏季。为夏型种。

沙漠玫瑰'脉纹'

（2）棒槌树属（*Pachypodium*）

　　本属有13种。乔木状或灌木状，多年生肉质植物。原产于纳米比亚、南非、马达加斯加的干旱地区。叶大，多簇生于茎端，有椭圆形、披针形或线形，休眠期落叶。花高脚碟状至漏斗状或钟状，昼开夜闭，花期夏季。喜温暖和阳光充足的环境。不耐寒，生长适温为15～24℃，冬季温度不低于15℃。春末至初秋生长期适度浇水，每4～5周施低氮素肥1次。春末播种，发芽温度19～24℃，也可用顶茎扦插繁殖。

亚阿相界

白马城

▲亚阿相界
（*Pachypodium geayi*）

　　又名狼牙棒、非洲棒槌树。茎干类肉质植物。原产于马达加斯加。株高6～8m，冠幅1～2m。茎干圆柱形，肥大，褐绿色，表面密生白色长刺。叶片细长，线形，簇生于茎干顶端，浅灰绿色，长30～40cm，叶背有银灰色短毛。花高脚碟状，纯白色，喉部黄色，花径6～8cm。花期夏季。为夏型种。

▲白马城
（*Pachypodium saundersii*）

　　茎干类肉质植物。原产于南非、津巴布韦。株高1.5～2m，冠幅80～100cm。茎干基部膨大，形成上粗下细的酒瓶状，表皮银白色，散生长刺，3刺一簇，灰褐色。叶宽椭圆形，长5～6cm，宽3cm，簇生茎端似伞状。花高脚碟状，白色或淡红色，花瓣中间有红色条纹。花期夏季。为夏型种。

惠比须笑

◄惠比须笑
（*Pachypodium brevicaule*）

又名短茎棒棰树。原产于安哥拉、纳米比亚、马达加斯加。茎基部膨大呈块状茎，似马铃薯，表皮黄褐色或灰褐色。叶片长椭圆形，全缘，深绿色，叶脉绿白色，丛生于块状茎的顶端。花单生，漏斗状，黄色。花期夏季。为夏型种。

非洲霸王树缀化►
（*Pachypodium lamerei* f. *cristata*）

为非洲霸王树的缀化品种。植株冠状。株高30～40cm，冠幅50～60cm。茎扁化呈鸡冠状，粗壮，肥厚，褐绿色，密生3枚一簇的硬刺。叶片集生于冠状顶部，线形至披针形，深绿色，长20～25cm。花高脚碟状，乳白色，喉部黄色。花期夏季。为夏型种。

非洲霸王树缀化

（3）鸡蛋花属（*Plumeria*）

本属有7～8种植物。落叶或半常绿灌木或小乔木，具有多肉的茎和非常肥大的分枝。主要分布于美洲的热带和亚热带。喜温暖、湿润和阳光充足的环境。不耐寒，耐干旱，不怕高温、强光，怕水涝。生长适温25～30℃，冬季温度不低于5℃。宜肥沃、疏松和排水良好的微酸性沙质壤土。春、秋季充分浇水，冬季控制浇水。生长期每月施肥1次。春、秋季剪枝扦插繁殖。幼株盆栽，适合窗台、阳台和庭院点缀，花时十分热闹，落叶后多肉的茎干又似盆景，十分耐观。

鸡蛋花

◄鸡蛋花
（*Plumeria alba*）

又名西印度缅栀、白花鸡蛋花。原产于波多黎各。落叶灌木或乔木。高5～6m，冠幅2～4m。茎干分枝粗壮，肥大。叶披针形，深绿色，长30cm。花高脚碟状，白色黄心，花径5～6cm。花期夏秋季。为夏型种。

鸡蛋花'蜜桃' ▶

（*Plumeria rubra* 'Peach'）

又名蜜桃缅栀，为鸡蛋花的栽培品种。落叶灌木或乔木。株高3～4m，冠幅2～3m。茎干分枝粗壮，肥大。叶椭圆形或长圆形，中绿色，长20～30cm。花高脚碟状，白色，中心黄色，边缘桃红色，花径7～9cm。花期夏秋季。为夏型种。

鸡蛋花'蜜桃'

4. 萝藦科（Asclepiadaceae）

属双子叶植物。本科有180属2200多种。广泛分布于热带地区。多数为草本、藤本或灌木，体内含有乳汁。花为五瓣的星形，花常有臭味，常见的多肉植物有水牛角属、吊灯花属、眼树莲属、玉牛角属、火星人属、球兰属、剑龙角属、拟蹄玉属、国章属、毛绒角属和丽钟角属等10多个属。

（1）水牛角属（*Caralluma*）

本属有80～100种，群生。原产于地中海地区、非洲、阿拉伯半岛、印度和缅甸。株茎肉质，匍匐，4棱，蓝灰色或蓝绿色，棱上有明显的肉刺，茎粗1～2cm。花小，星状或钟状，数朵簇生于茎顶。不耐寒，生长适温22～26℃，冬季温度不低于10℃。喜温暖、干燥和阳光充足环境。怕高温多湿，生长期适度浇水，每月施低氮素肥1次，冬季控制浇水。春末初夏播种，发芽温度18～21℃，春季取茎扦插繁殖。

美丽水牛角

◀美丽水牛角

（*Caralluma speciosa*）

又名唐人棒、白角犀牛。多年生肉质草本。原产于摩洛哥、加那利群岛。株高10～14cm，冠幅15～20cm。茎无叶，4棱，茎粗1～1.2cm，表面灰绿色，棱缘着生稀疏肉刺。伞形花序，花小，黄色，边缘淡红褐色。花期夏季。为夏型种。

紫龙角

◀紫龙角
（*Caralluma hesperidum*）

多年生肉质草本。原产于非洲西南部。多年生肉质草本。株高10～12cm，冠幅15～20cm。茎无叶，4棱，长12～15cm，呈匍匐状，表面灰绿色，棱缘波状，有齿状突起。花小，开展的钟形，深褐红色，被白色浓毛。花期夏季。为夏型种。

▼斑叶爱之蔓
（*Ceropegia woodii* 'Variegata'）

又名吊金钱锦，为爱之蔓的斑锦品种。多年生肉质蔓生草本。株高8～10cm，冠幅不限定。茎细长，下垂，灰绿色。叶对生，肉质，心形，长1.5cm，中绿色具灰绿色或紫色斑纹，背面紫色，叶缘有橘黄色和粉白色斑纹。花筒状，像灯笼，淡紫褐色，具紫色毛，长1～2cm。花期夏季。为夏型种。

（2）吊灯花属（*Ceropegia*）

本属有200多种，常绿或半常绿、直立、下垂或攀援的多年生草本。原产于加那利群岛、非洲、马达加斯加及亚洲和澳大利亚的热带、亚热带的干旱或雨林地区。其中许多种类为多肉植物。叶对生，有卵状心形至披针形或线形。花细长筒形或灯笼状。喜温暖、干燥和阳光充足的环境。不耐寒，冬季温度不低于10℃，生长适温为15～25℃。盆栽用肥沃园土、腐叶土和粗沙的混合基质。生长季节每月浇水2～3次，冬季20～30天浇水1次，前后施肥3～4次，避开直射阳光，每隔3～4年换盆1次。早春播种，发芽温度19～24℃，春季剪取茎节扦插繁殖。盆栽或吊盆栽培，摆放于案头、书桌或悬挂于窗台、门庭，轻盈别致。

斑叶爱之蔓

（3）眼树莲属（*Dischidia*）

本属有3种属多肉植物。原产于印度、澳大利亚及菲律宾。茎细长蔓生，叶小型蜡质，有时出现中空的变态叶，形似荷包，花小优美。不耐寒，生长适温18～28℃，冬季温度不低于10℃。喜温暖、低湿和半阴环境。怕强光暴晒和高温多湿。生长期适度浇水，每2～3周施低氮素肥1次，其余时间保持稍干燥。初夏取茎扦插或压条繁殖。适合盆栽或吊盆栽培。

纽扣玉藤

▼百万心
（*Dischidia ruscifolia*）

又名纽扣玉、千万心。多年生常绿草质藤本。原产于菲律宾。株高30～40cm，冠幅30～40cm。茎节细长，下垂，常具气生根。叶片对生，心形，先端突尖，稍肉质，绿色。花小，白色。花期在秋季。为夏型种。

▼百万心锦
（*Dischidia ruscifolia* 'Variegata'）

又名纽扣玉锦、千万心锦，为百万心的斑锦品种。多年生常绿草质藤本。株高30～40cm，冠幅30～40cm。茎节细长，下垂，常具气生根。叶片对生，心形，先端突尖，稍肉质，绿白色，半透明。花小，白色。花期在秋季。为夏型种。

▲纽扣玉藤
（*Dischidia nummularia*）

又名圆叶眼树莲。多年生肉质植物。原产于中国及东南亚。植株悬挂状。株高30～50cm，冠幅30～40cm。茎细长，茎节易生根。叶对生，阔椭圆形或阔卵形，先端突尖，肥厚，肉质，银绿色，形似"纽扣"。花小，红色。花期夏季。为夏型种。

百万心

百万心锦

（4）玉牛角属（*Duvalia*）

本属约有19种。多年生肉质植物。原产于阿拉伯半岛、东非、南非的低山丘陵地区。植株无叶，茎肉质，4～6棱，棱脊上长有肉齿。花星状，单生于茎的基部。花期春末至夏季。喜温暖、低湿和明亮阳光。生长适温20～28℃，冬季温度不低于10℃。生长期每月施1次稀释的氮肥。春夏季播种，发芽适温为21～24℃。也可剪取茎部进行扦插繁殖。

玉牛掌

◀玉牛掌
（*Duvalia elegans*）

又名玉牛角。多年生肉质植物。株高10～15cm，冠幅15～20cm植株丛生，深绿色。茎肉质状，4～6棱，棱边呈不规则齿状。深绿色，棱齿密集排列，黄白色或红褐色，尖端具钩。花星状，红褐色，单生于茎的基部。花期春末至夏季。为夏型种。

（5）水根藤属（*Fockea*）

曾命名为火星人属，本属约10种，雌雄异株植物，主要是落叶的多年生茎基肉质植物。原产于安哥拉、南非和津巴布韦的干旱地区和草原。茎粗，肉质，有时茎粗达3m，分枝，缠绕或半直立，通常含白色乳汁。叶对生，长圆形至广椭圆形，扁平或边缘波状。花单生或几个密集群生，海星状。花期夏末至秋季。不耐寒，冬季温度不低于10℃。喜温暖、低湿和明亮阳光。当叶片生长成熟时，可适度浇水，两次浇水之间土壤稍干燥，每月施低氮素肥1次，休眠期保持干燥。种子成熟后即播，发芽温度19～24℃。

波叶火星人▶
（*Fockea crispa*）

又名京舞伎，多年生肉质植物。原产于南非、纳米比亚。株高80～100cm，冠幅50～60cm。植株块根状。茎基膨大，卵圆形，表面青灰绿色，粗糙，具深色纵条纹，嫩茎绿色。叶片对生，椭圆形或长圆形，深绿色，长2～3cm。花海星状，白色，萼片黄绿色，花径3cm。花期秋季。为夏型种。

波叶火星人

（6）球兰属（*Hoya*）

本属有200多种，常绿藤本或多年生亚灌木，有些为附生植物。原产于亚洲、澳大利亚和太平洋群岛的温暖热带雨林地区。叶对生，肉质，有时革质。花星形，色彩多样。喜高温、多湿和半阴环境。不耐寒，怕强光，忌过湿。宜肥沃、疏松和排水良好的沙质壤土。冬季温度不低于10℃。生长期适度浇水，保持较高空气湿度，每月施肥1次，冬季保持湿润，攀援种类应设置支撑物。春季播种，发芽温度19～24℃，夏末取半成熟枝扦插，春季或夏季可用压条繁殖。盆栽供悬吊观赏，飘逸潇洒的藤蔓，宛如绿链，十分优雅。

卷叶球兰▶
（*Hoya carnosa* 'Compacta'）

为球兰的栽培品种。常绿肉质藤本。株高1～2m，冠幅20～30cm。叶片对生，叶变态呈褶叠皱缩状，密生，深绿色。伞形花序，花星状，白色，中心红色。花期春末至秋季。为夏型种。

卷叶球兰

▼红梅球兰
（*Hoya carnosa* 'Hongmei'）

为球兰的斑锦品种。常绿肉质藤本。株高1～1.5m，冠幅20～30cm。茎粗壮，有韧性，紫红色。叶片厚肉质状，卵状椭圆形，叶面中央为乳黄色斑块，边缘镶嵌绿色斑纹，叶柄紫褐色，新叶为红色。伞形花序，由10朵以上小花组成，花星状，玫红色。花期春末至秋季。为夏型种。

红梅球兰

三色球兰

◀三色球兰
（*Hoya carnosa* 'Variegata Tricolor'）

为球兰的斑锦品种。常绿肉质藤本。株高1～1.5m，冠幅20～30cm。茎粗壮，有韧性，绿色。叶片薄肉质或革质，对生，卵状椭圆形，叶面深绿色，有粉色晕彩，叶缘镶白边。伞形花序，由10朵以上小花组成，花星状，粉红色，花心红色。花期春末至秋季。为夏型种。

大卫球兰▶
（*Hoya davidcummingii*）

常绿肉质藤本。原产于菲律宾。茎细长，深绿色。叶片披针形，叶端渐尖，叶基渐狭，革质，肥厚，深绿色。伞形花序，由10朵以上小花组成，花星状，开展，紫红色，花径1cm，有香气。花期夏秋季。为夏型种。

心叶球兰

大卫球兰

◀心叶球兰
（*Hoya kerrii*）

又名凹叶球兰、团扇叶球兰。常绿肉质藤本。原产于泰国、老挝。株高2～3m，冠幅15～20cm。叶心形，对生，厚实，肉质，深绿色，长10～15cm，密生细白毛，背面灰白色。花星状，乳白色，后变褐色，花径1cm，稍有香气。花期夏季。为夏型种。

心叶球兰锦▶
（*Hoya kerrii* 'Variegata'）

又名凹叶球兰锦、团扇叶球兰锦，为心叶球兰的斑锦品种。常绿肉质藤本。株高2～3m，冠幅15～20cm。叶心形，对生，厚实，肉质，深绿色，边缘黄色，长10～15cm。花星状，乳白色。花期夏季。为夏型种。

心叶球兰锦

（7）剑龙角属（*Huernia*）

本属有60 ~ 70种。多年生肉质草本。原产于南非、埃塞俄比亚、阿拉伯半岛的半沙漠和小丘陵地区。茎粗而短，从基部分枝，浅灰绿色或有红色齿状突起。伞形花序，花管状、杯状或浅碟状。花期夏季至初秋。喜温暖、干燥和阳光充足环境。生长适温20 ~ 28℃，冬季温度不低于11℃。常用播种和扦插繁殖，春季播种，发芽适温19 ~ 24℃，春季或夏季剪取茎部扦插繁殖。

阿修罗▶
（*Huernia pillansii*）

多年生肉质草本。原产于南非。株高6 ~ 8cm，冠幅8 ~ 10cm。茎圆筒形，似手指，灰绿色，株体上长满了疣突，每个疣突的顶端都长了一根肉质刺，阳光充足时呈紫红色，缺光照时绿色。花星状，似海星，乳白色至红色或粉色，花径3 ~ 4cm，花瓣上密生红疣或红斑，边缘浅黄色。花期夏季至初秋。为夏型种。

阿修罗

（8）拟蹄玉属（*Pseudolithos*）

本属有4 ~ 5种。为小型的多年生肉质植物。主要分布在非洲东部和南部。茎部肉质化，表面高低不平，无叶，无刺，属特殊的一群。喜温暖、干燥和阳光充足环境。不耐寒，耐干旱和半阴，不耐水湿。春季播种，发芽适温18 ~ 21℃。春夏季取茎段扦插。适用盆栽观赏。

拟蹄玉

◀拟蹄玉
（*Pseudolithos migiurtinus*）

又名凝蹄玉，多年生肉质草本。原产于索马里。株高6 ~ 8cm，冠幅4 ~ 6cm。茎球形，肉质，直径4 ~ 6cm。表面布满不规则圆球形的瘤块，似玉米粒，灰白色至灰绿色。花星状，深红色，花径3 ~ 4cm。花期夏季。为夏型种。

（9）国章属（Stapelia）

又命名为犀角属，本属约有45种。多年生肉质草本。主要分布于非洲南部热带地区的丘陵岩石中。夏季喜温暖、湿润，冬季宜温暖、干燥和阳光充足环境。宜肥沃、疏松和排水良好的沙质壤土。春季播种，发芽适温18～21℃。春夏季取茎段扦插。盆栽点缀窗台、阳台或客室，碧绿嫩茎，十分雅致。

大花犀角▶
（Stapelia grandiflora）

又名臭肉花。多年生肉质草本。原产于南非。株高20～30cm，株幅不限定。无叶，茎粗壮，四角棱状，有齿状突起，灰绿色。花大，五裂张开，星状，淡黄色，具淡紫黑色横斑纹，边缘密生细毛，有臭味。花期夏季。为夏型种。

大花犀角

（10）毛绒角属（Stapelianthus）

又命名为海葵角属，本属约有8种。多年生肉质草本。原产于马达加斯加的低山丘陵地区。喜温暖、干燥的气候，不耐寒。植株基部常分枝，呈丛生状，肉质茎长满疣突或肉刺。无叶，花腋生，星状，黄色，具深色斑点。花期夏、秋季。生长适温22～30℃，冬季温度不低10℃。生长期每月施肥1次。常用播种和扦插繁殖，春季播种，发芽适温18～21℃，春夏季剪取茎部扦插繁殖。

海葵萝藦

◀海葵萝藦
（Stapelianthus pilosus）

又名毛茸角。多年生肉质草本。原产于马达加斯加。株高5～8cm，冠幅12～15cm。植株丛生，无叶。肉质茎粗壮，4～6棱，表面浅灰绿色至黄褐色，棱缘波状，有密集的齿状突起。花钟状，浅紫褐色至深褐红色，被紫褐色浓毛。花期夏季。为夏型种。

（11）丽钟角属（*Tavaresia*）

本属有5种。主要分布在非洲南部地区。矮性丛生状，茎有6～12棱，肉质柔软，棱缘整齐排列齿状突起，先端有3根棘刺。花着生茎基，漏斗状。喜温暖、干燥和阳光充足环境。不耐寒，耐干旱和半阴，不耐水湿。宜肥沃、疏松和排水良好的沙壤土。春季播种，发芽适温18～21℃。春、夏季取茎段扦插或嫁接。盆栽点缀窗台、书桌或几架，碧绿嫩茎，十分高雅耐观。

5. 仙人掌科（Cactaceae）

（1）罗纱锦属（*Ancistrocactus*）

本属有5～6种，原产于美国、墨西哥。通常单生，极少群生，球状或圆筒状，棱分解成疣突。中刺带钩。花着生在疣突顶部，花漏斗状。喜温暖、干燥和阳光充足环境。不耐寒，耐半阴和干旱，怕水湿。生长适温15～24℃，冬季温度不低于7℃。宜肥沃、疏松、排水良好和富含石灰质的沙壤土。春季播种，发芽适温16～21℃。初夏取仔球扦插或嫁接。盆栽或组合盆栽，装点橱窗、吧台或精品柜，具有南美热带风情。居室内点缀窗台、阳台或客室，十分新鲜有趣。

丽钟角

▲丽钟角
（*Tavaresia barklyi*）

又名丽钟阁。多年生肉质草本。原产于南非。株高15～20cm，冠幅不限定。茎圆柱状，肉质，深绿色，具棱10～14，棱上密生白色刺状硬毛，呈八字状。无叶。花大，钟状，花筒长9～14cm，花径4～5cm，黄绿色，具红褐色斑纹。花期夏季。为夏型种。

松庆玉▶
（*Ancistrocactus crassihmatus*）

又名大钩玉。多年生肉质植物。原产于墨西哥。株高10～12cm，冠幅10～15cm。叶退化，茎球形，蓝绿色，刺座大，刺红白相间，周刺7～8枚，长3cm，中刺1～4枚，长5cm，主刺末端带倒钩。花顶生，漏斗状，深紫色带白边，径2cm。花期春末夏初。

松庆玉

（2）鼠尾掌属（*Aporocactus*）

本属有2种，附生类仙人掌，原产于墨西哥南部和中美洲北部。茎细，似铅笔，下垂长达2m以上，棱多，刺座密生短刺。花漏斗状，红或紫色，浆果紫红色，种子褐色。喜温暖、干燥和阳光充足环境。不耐寒，生长适温10～24℃，冬季温不低于7℃，较耐阴，耐干旱。宜肥沃、疏松和排水良好的沙质壤土。种子成熟后即播，发芽温度21℃。初夏茎插。盆栽攀援在窗台或阳台棚架上，其悬垂鞭状十分自然优美，花时又似群蝶飞舞，让人心旷神怡。吊盆栽培，摆放于窗台、走廊或花架，则另有一番情趣。

鼠尾掌

▲鼠尾掌

（*Aporocactus flagelliformis*）

又名倒吊仙人鞭。多年生肉质植物。原产于墨哥南部、中美洲北部。株高10～12cm，冠幅1～1.5m。茎细长，下垂，淡灰绿色，棱10～14，刺座着生淡红褐色刺，周刺8～12，中刺3～4。花筒状，漏斗形，紫红色，长8cm，具窄而反折的外瓣和宽而伸展的内瓣。花期春末夏初。

（3）岩牡丹属（*Ariocarpus*）

本属有5～6种，原产于墨西哥，是一种生长慢的无刺仙人掌。具有一个长的肉质直根和一个球形、扁平、似陀螺状的茎，具三角形或棱柱形像石头似的疣状突起。花单生，漏斗状，昼开夜闭，有白、粉、黄和紫红等色。花期秋季至冬季。浆果卵圆形、绿色，种子黑色。不耐寒，生长适温15～25℃，冬季温度不低于5℃。喜光照充足和排水良好、富含石灰质的土壤。生长期每月施肥1次，其他时间保持干燥。早春播种繁殖，发芽温度24℃。本属原种全部被列入一级保护种名单，也是仙人掌爱好者收集的珍稀品种之一。主要种类有龙舌兰牡丹、龟甲牡丹、花牡丹、黑牡丹、岩牡丹、象牙牡丹等。

龙舌兰牡丹锦▶

（*Ariocarpus agavoides* 'Variegata'）

为龙舌兰牡丹的斑锦品种。多年生肉质植物。株高2～2.5cm，冠幅6～8cm。茎扁平，茎端簇生细长三角形疣突，表皮角质，初深绿色，后转灰绿色，基部呈橙黄色。刺座位于疣尖下1cm处，有很厚的短绵毛，偶有1～3枚浅色短刺。花着生于新刺座绒毛中，钟状花，玫瑰红色，花径3cm。花期秋季。为夏型种。

龙舌兰牡丹锦

龟甲牡丹

◀龟甲牡丹
（*Ariocarpus fissuratus*）

多年生肉质植物。原产于墨西哥。濒危种。单生，茎扁平，呈倒圆锥形，株高8～10cm，冠幅12～15cm。具钝圆、先端尖、灰绿色的疣状突起，疣状突起长2.5cm，基部宽2.5cm，呈短三角形，厚实而坚硬，上表皮皱裂成深且纵走的沟纹，纵沟处密生短绵毛。花顶生，钟状，粉红色或淡紫红色，花径3～4cm。花期秋季。为夏型种。

铠牡丹锦▶
（*Ariocarpus fissuratus* Intermedius 'Variegata'）

为铠牡丹的斑锦品种。多年生肉质植物。株高2～2.5cm，株幅2.5～4cm。植株单生，扁圆形，疣状突起宽三角形，淡灰绿色，具淡黄色斑体，附生有白色绒毛。花顶生，钟状，淡紫红色，花径2.5～3cm。花期秋季。

铠牡丹锦

连山

◀连山
（*Ariocarpus fissuratus* var. *lloydii*）

多年生肉质植物。原产于墨西哥。株高7～9cm，冠幅15～20cm，植株单生，具肥大直根，疣状突起重叠成圆球形，深绿色，中间有深纵沟纹，附生白色绒毛。花顶生，钟状，紫红色，花径5～6cm。花期秋季。为夏型种。

连山锦▶
（*Ariocarpus fissuratus* var. *lloydii* 'Variegata'）

为连山的斑锦品种。多年生肉质植物。株高6～8cm，冠幅12～16cm，植株单生，具肥大肉质直根，疣状突起重叠成圆球形，深绿色，镶嵌不规则黄色斑块，中间有深纵沟纹，附生白色绒毛。花顶生，钟状，紫红色，花径4～5cm。花期秋季。为夏型种。

连山锦

红龟甲牡丹

◀红龟甲牡丹
（*Ariocarpus fissuratus* 'Variegata'）

　　为龟甲牡丹的红叶斑锦品种。多年生肉质植物。植株单生，偶尔有双生。株高3～4cm，冠幅4～5cm。疣状突起短三角形，表面有纵沟，先端具绒点，整个疣突呈鲜艳的红色。花钟状，紫红色，花径3～4cm。花期秋季。为夏型种。

花牡丹▶
（*Ariocarpus furfuraceus*）

　　多年生肉质植物。原产于墨西哥。株高7～8cm，冠幅15～30cm。植株单生，具肥大肉质直根，株体呈莲座状，疣状突起为宽阔三角形，厚实，浅灰绿色，表面鼓凸，先端较钝圆。花顶生，钟状，桃红色或白色，花径6～7cm。花期秋季。为夏型种。

花牡丹

象牙牡丹

◀象牙牡丹
（*Ariocarpus furfuraceus* 'Magnificus'）

　　为花牡丹的栽培品种。多年生肉质植物。植株单生，株高5～6cm，冠幅10～12cm。株体呈莲座状，疣状突起特别肥大，呈长三角形，先端绒点明显。花单生，钟状，白色或浅粉红色。花期秋季。为夏型种。

花牡丹锦▶
（*Ariocarpus furfuraceus* 'Variegata'）

　　为花牡丹的斑锦品种。多年生肉质植物。植株单生，株高5～6cm，冠幅10～2cm。株体呈莲座状，疣状突起厚实，宽三角形，顶部淡灰绿色，基部黄色，表面略有皱褶，顶端绒点显著，花顶生，钟状，白色或淡红色。花期秋季。为夏型种。

花牡丹锦

红龟甲牡丹石化

黑牡丹

▲红龟甲牡丹石化

（*Ariocarpus fissuratus* 'Variegata Monstrosus'）

为龟甲牡丹红叶斑锦的石化品种。多年生肉质植物。株高3～4cm，冠幅4～6cm。植株呈不规则群生，形成棱肋错乱、参差不齐的山峦状。株体呈红色，并不规则分布有绒点或绵毛。为夏型种。

◀姬牡丹

（*Ariocarpus kotschoubeyanus*）

曾命名为黑牡丹，多年生肉质植物。原产于墨西哥。株高3～8cm，冠幅5～7cm。植株开始单生，成年植株会在基部蘖生仔球。具肥大肉质根，株体呈莲座状，疣突呈三角形，墨绿色，中间具沟。沟槽间附生短绒毛。花顶生，钟状，紫红色，花径3～4cm。花期秋季。为夏型种。

姬牡丹

◀姬牡丹变种
（*Ariocarpus kotschoubeyanus* var. *macdowellii*）

多年生肉质植物。株高4～5cm，冠幅5～6cm。开始单生，成年植株会在基部蘖生仔球。具肥大直根。株体呈莲座状，体色墨绿色，疣状突起呈三角形，中间具沟，沟槽间附生细短绒毛，表面布满蜡质。花顶生，钟状，淡紫红色，花径3～4cm。花期秋季。为夏型种。

岩牡丹▶
（*Ariocarpus retusus*）

又名七星牡丹。多年生肉质植物。原产于墨西哥。株高8～10cm，冠幅20～25cm。植株单生，具肥大直根。茎扁平，呈倒圆锥形，疣状突起呈肥厚三角形，灰绿色，呈莲座状，顶端附生乳白色绒毛。花顶生，钟状，白至粉红色，花径4～5cm。花期秋季。为夏型种。

岩牡丹

◀三角牡丹
（*Ariocarpus retusus* ssp. *trigonus*）

为岩牡丹的亚种。多年生肉质植物。原产于墨西哥。株高10～12cm，冠幅18～20cm。植株单生，具肥大直根。茎扁平，呈倒圆锥形，疣状突起呈狭长三角形，向内弯曲，表面光滑，灰绿色，稍被白粉。呈莲座状，顶端生有乳白色绒毛。花顶生，钟状，乳白色至浅黄色，花径4～5cm。花期秋季。为夏型种。

三角牡丹

龙角牡丹▶
（*Ariocarpus scapharostrus*）

多年生肉质植物。原产于墨西哥。株高6～8cm，冠幅6～8cm，植株单生，疣状突起呈菱锥状，先端钝，墨绿色，表皮无龟裂，腋部多毛。花顶生，钟状，紫红色，花径4～4.5cm。花期秋季。为夏型种。

龙角牡丹

（4）星球属（*Astrophytum*）

　　本属有4～6种，原产于美国得克萨斯州和墨西哥的北部及中部，是干燥地区生长很慢的一种多年生仙人掌。因为植物本身有着特殊的形态，酷似星星，又称之有星类仙人掌，主要包括长得像海胆的"兜"类，像星星的"鸾凤玉"类，有刺的"大凤玉"和"般若"类等。其茎部为球形或半球形，具棱，有些种类成熟时变成柱状，具绵毛状刺座。花单生，大，漏斗状，昼开夜闭，黄色，有时喉部红色，花期夏季。喜温暖、干燥和阳光充足环境。较耐寒，也耐强光，耐半阴和干旱，怕水湿，具刺和绒毛品种需强光，盛夏适度遮阳。生长适温18～25℃，冬季温度不低于5℃。以肥沃、疏松、排水良好和含石灰质的沙质壤土为宜。生长期每2周浇水1次，盆土保持一定湿度，秋冬季盆土保持干燥。生长期每月施肥1次。繁殖容易，早春播种，发芽适温21℃，发芽率在90%以上。初夏嫁接，用量天尺作砧木，接后10天愈合成活，第二年开花。杂交后变化大，在棱的数目、茎部斑锦的变化、刺座的多少等方面都有明显的变异，深受仙人掌爱好者的收藏。盆栽适用于室内书桌、案头和茶几上摆设，由于株形很像僧帽，可使居室显得自然活泼。也适宜与其他仙人掌或多肉植物制作组合盆栽和玻璃箱，塑造自然景观以欣赏。目前，我国有众多的多肉植物专业场圃和爱好者，若以星球属作为突破口，在属间进行杂交育种，培育出更多的新品种，发展前景非常好。

兜

◀兜
（*Astrophytum asterias*）

　　又名星球、星兜。多年生肉质植物。原产于墨西哥、美国。株高8～10cm，冠幅8～10cm。植株单生，半球形，具8个宽厚的低棱，表面青绿色，均匀分布白色绒点，沿棱脊着生白色刺座。花顶生，漏斗状，鲜黄色，喉部红色，花径3～7cm。花期春至秋季。为夏型种。

群疣兜

◢群疣兜

（*Astrophytum asterias* 'All-Tubercle'）

为兜的栽培品种。多年生肉质植物。株高6～8cm，冠幅8～10cm。植株圆球形，球面被数条浅棱均匀分割，每个棱面布满不规则白色刺座，尤其棱沟更加密集。花漏斗状，亮黄色，喉部红色，花径4～6cm。花期夏季。为夏型种。

箭头超级兜▶

（*Astrophytum asterias* 'Arrowhead Super'）

为兜的栽培品种。多年生肉质植物。株高8～10cm，冠幅10～12cm。植株圆球形，球面被数条浅棱均匀分割，每个宽棱的正中线上都有几个白色刺座，刺座下方分布有规则的箭头状斑纹，球体深绿色，分布稀疏的白色点状斑纹。花漏斗状，亮黄色，喉部红色，花径4～6cm。花期夏季。为夏型种。

箭头超级兜

黄兜

◢黄兜

（*Astrophytum asterias* 'Aurevariegata'）

为兜的黄色斑锦品种。多年生肉质植物。株高6～8cm，冠幅8～10cm，植株单生，扁球形，具8个宽棱，棱脊有纵向排列的绒毛状刺座。球面黄色至橙黄色，疏散分布有绒毛状星点。花漏斗状，黄色，花径3～4cm。花期夏季。为夏型种。

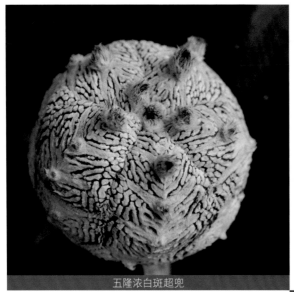

五隆浓白斑超兜

◀ 五隆浓白斑超兜
（*Astrophytum asterias* 'Coahui Lense 5-rids'）

　　为兜的栽培品种。多年生肉质植物。株高8～10cm，冠幅10～12cm。植株圆球形，被5条浅沟均匀分成5个宽棱，每个棱面密被白色丛状卷毛，将灰绿色棱面全覆盖。花漏斗状，亮黄色，喉部红色，花径4～7cm。花期夏季。为夏型种。

浓白斑海星兜 ▶
（*Astrophytum asterias* 'Coahui Lense Starfish'）

　　为兜的栽培品种。多年生肉质植物。株高8～10cm，冠幅10～12cm。植株圆球形，被8条浅沟均匀分成8个宽棱，每个棱端凸出，形成海星状，棱面密被白色丛状卷毛，将灰绿色棱面全覆盖。花漏斗状，亮黄色，喉部红色，花径4～7cm。花期夏季。为夏型种。

浓白斑海星兜

浓白斑Ｖ字兜

◀ 浓白斑V字兜
（*Astrophytum asterias* 'Coahui Lense V-Form'）

　　为兜的栽培品种。多年生肉质植物。株高4～6cm，冠幅6～8cm。植株半球形，球面被数条浅棱均匀分割，每个中心位置有许多茸毛组成的刺座，刺座附近的V字形箭头很大，箭头间隙密生白色斑纹。花漏斗状，亮黄色，喉部红色，花径4～7cm。花期夏季。为夏型种。

龟甲疣兜

琉璃兜

▲龟甲疣兜

（*Astrophytum asterias* 'Kitukow'）

　　为兜的栽培品种。多年生肉质植物。株高6～8cm，冠幅10～12cm。植株扁球形至圆球形，球面被数条浅棱均匀分割，每个宽棱的正中线上都有几个灰白色绵毛组成的刺座，刺座附近的球体有疣状突起，这些疣突形似龟甲的纹路。花漏斗状，亮黄色，喉部红色，花径4～7cm。花期夏季。为夏型种。

◀琉璃兜

（*Astrophytum asterias* var. *nuda*）

　　又名无星点兜，为兜的变种。多年生肉质植物。株高5～10cm，冠幅6～10cm，植株单生，扁球形，具8个整齐宽棱，棱面青绿色，无星点，棱脊中央着生有纵向绒球状刺座。花漏斗状，淡黄色，花径3～4cm。花期夏季。为夏型种。

红花琉璃兜

◀红花琉璃兜

（*Astrophytum asterias* var. *nuda* 'Rediflora'）

为琉璃兜的栽培品种。多年生肉质植物。株高5～10cm，冠幅6～10cm，植株单生，扁球形，具8个整齐宽棱，棱面青绿色，无星点，棱脊中央着生有纵向绒球状刺座。花漏斗状，红色，花径3～4cm。花期夏季。为夏型种。

▼五隆琉璃兜锦

（*Astrophytum asterias* var. *nuda* '5-rids Variegata'）

为琉璃兜的斑锦品种。多年生肉质植物。株高5～10cm，冠幅6～10cm。植株单生，扁球形，具5个整齐宽棱，棱面青绿色，带黄色斑纹，无星点，棱脊中央着生有纵向绒球状刺座。花漏斗状，浅黄色，花径3～6cm。花期夏季。为夏型种。

五隆琉璃兜锦

琉璃兜锦

◀琉璃兜锦

（*Astrophytum asterias* var. *nuda* 'Variegata'）

　　为琉璃兜的斑锦品种。多年生肉质植物。株高5～10cm，冠幅6～10cm。植株单生，扁球形，具8个整齐宽棱，棱面青绿色，带黄色隐斑，无星点，棱脊中央着生有纵向绒球状刺座。花漏斗状，浅黄色，花径3～6cm。花期夏季。为夏型种。

▼大疣琉璃兜锦

（*Astrophytum asterias* var.*nuda* 'Ooibo Kabuto Variegata'）

　　为琉璃兜的斑锦品种。多年生肉质植物。株高5～10cm，冠幅6～10cm。植株单生，扁球形，具8个整齐宽棱，棱面青绿色，带黄色隐斑，无星点，棱脊中央只着生2～3个纵向大绒球状刺座。花漏斗状，浅黄色，花径3～6cm。花期夏季。为夏型种。

大疣琉璃兜锦

连星琉璃兜

超兜毛羽立

▲连星琉璃兜

（*Astrophytum asterias* var. *nuda* 'Rense'）

为琉璃兜的栽培品种。多年生肉质植物。株高10～15cm，冠幅10～15cm。植株单生，幼时球形，长大后圆筒形，茎8棱，表面绿色，光滑，无星点，棱脊上刺座紧密排列成一线，密生白色绒毛。花顶生，漏斗状，黄色，花径6～7cm。花期夏季。为夏型种。

▲超兜毛羽立

（*Astrophytum asterias* 'Super Maoyuli'）

为兜的栽培品种。多年生肉质植物。株高8～10cm，冠幅10～12cm。植株半球形至球形，球面丛卷毛组成的星点比超兜更密集，棱脊刺座上的绒毛比超兜密度更高。花漏斗状，亮黄色，喉部红色，花径4～7cm。花期夏季。为夏型种。

超兜

◀超兜

（*Astrophytum asterias* 'Super'）

为兜的栽培品种。多年生肉质植物。株高8～10cm，冠幅10～12cm。植株扁球形，球面丛卷毛组成的星点特别密集，棱脊的刺座上密生绒毛，又似一顶白色僧帽，特别诱人。花漏斗状，亮黄色，喉部红色，花径4～7cm。花期夏季。为夏型种。

超级奇迹兜

兜锦

▲超级奇迹兜

（*Astrophytum asterias* 'Super Miracle'）

为兜的栽培品种。多年生肉质植物。株高8～10cm，冠幅10～12cm。植株圆球形，茎具5个整齐宽厚的棱，球面丛卷毛组成的星点特别密集，棱脊的刺座上密生白色绒毛。花漏斗状，亮黄色，喉部红色，花径4～7cm。花期夏季。为夏型种。

◀兜锦

（*Astrophytum asterias* 'Variegata'）

为兜的斑锦品种。多年生肉质植物。株高8～10cm，冠幅8～10cm，植株单生，扁球形，具8个整齐宽厚的棱，棱脊中央有纵向排列绒球样刺座。球面青绿色，密生有绒毛状星点，具不规则黄斑。花漏斗状，亮黄色，喉部红色，花径5～7cm。花期夏季。为夏型种。

瑞凤玉

鸾凤玉

▲瑞凤玉

（*Astrophytum capricone*）

又名羊角仙人球。多年生肉质植物。株高
15～20cm，冠幅12～15cm。植株单生，球形至
长筒形，茎8棱，直立，表面青灰绿色，被绵毛状
鳞片。刺座着生黄色长刺，弯曲似羊角状。花漏斗
状，黄色，花径4～7cm。花期夏季。为夏型种。

▲鸾凤玉

（*Astrophytum myriostigma*）

又名主教帽子。多年生肉质植物。原产于墨西
哥东北部。株高20～25cm，冠幅20～30cm，植
株单生，球形至圆筒形，茎4～8棱，表面青绿
色，布满白色星点。花漏斗状，黄色红心。花长
4～6cm。花期夏季。为夏型种。

复隆鸾凤玉

◀复隆鸾凤玉

（*Astrophytum myriostigma* 'Fukuriyo'）

又名核桃鸾凤玉，为鸾凤玉的栽培品
种。多年生肉质植物。株高10～15cm，冠
幅10～15cm，植株单生，球形至圆筒形，
茎5棱，表面无刺，深绿色，有起伏的褶
皱，布满白色星点。花漏斗状，黄色红心。
花长4～6cm。花期夏季。为夏型种。

龟甲鸾凤般若

龟甲鸾凤玉

▲龟甲鸾凤般若

（*Astrophytum myriostigma* x *Astrophytum ornatum* 'Kitsukou'）

为龟甲鸾凤玉和般若的杂交种。多年生肉质植物。株高10～15cm，冠幅10～12cm。球体深绿色，表面均匀分布白色绒点，由直棱变成圆锥状疣突，前突有刺座，着生黄褐色刺。花漏斗状，黄色，花径5～7cm。花期夏季。为夏型种。

▲龟甲鸾凤玉

（*Astrophytum myriostigma* 'Kitsukou'）

为鸾凤玉的龟甲品种。多年生肉质植物。株高10～15cm，冠幅10～15cm。植株单生，球形，具5棱，表面青灰绿色，棱沟两侧被白色小斑点，刺座上方具横向沟槽。花漏斗状，黄色。花期夏季。为夏型种。

龟甲鸾凤玉锦

◀龟甲鸾凤玉锦

（*Astrophytum myriostigma* 'Kitsukou Variegata'）

为鸾凤玉的龟甲品种。多年生肉质植物。株高10～15cm，冠幅10～15cm。植株单生，球形，具5棱，表面青灰绿色镶嵌黄色斑纹，棱沟两侧被白色小斑点，刺座上方具横向沟槽。花漏斗状，黄色。花期夏季。为夏型种。

碧琉璃鸾凤玉

碧琉璃鸾凤玉锦

▲碧琉璃鸾凤玉

（*Astrophytum myriostigma* var.*nudum*）

为鸾凤玉的变种。多年生肉质植物。株高10～12cm，冠幅10～12cm。植株单生，幼时球形，长大后圆筒形，茎5棱，表面青绿色，光滑，无星点，刺座着生白色绒毛。花顶生，漏斗状，淡黄色，花径6～7cm。花期夏季。为夏型种。

▲碧琉璃鸾凤玉锦

（*Astrophytum myriostigma* var. *nudum* 'Variegata'）

为鸾凤玉的变种。多年生肉质植物。株高15～20cm，冠幅10～15cm。植株单生，幼时球形，长大后圆筒形，茎5棱，表面绿色，镶嵌着黄白色斑纹，光滑，无星点，刺座着生白色绒毛。花顶生，漏斗状，淡黄色，花径6～8cm。花期夏季。为夏型种。

恩冢鸾凤玉

◀恩冢鸾凤玉

（*Astrophytum myriostigma* 'Onzuka'）

为鸾凤玉的栽培品种。多年生肉质植物。株高6～10cm，冠幅6～10cm。植株单生，球形至圆筒形，茎4～8棱，表面青绿色，有星点，表面丛卷毛连成不规则的片，布满球体。花漏斗状，淡黄色，花径2～4cm。花期夏季。为夏型种。

黄体碧琉璃鸾凤玉

◀黄体碧琉璃鸾凤玉

（*Astrophytum myriostigma* var. *nudum* 'Aurevariegata'）

为碧琉璃鸾凤玉的斑锦品种。多年生肉质植物。株高10～15cm，冠幅10～12cm。植株单生，幼时球形，长大后圆筒形，茎5棱，表面黄色，光滑，无星点，刺座着生白色绒毛。花顶生，漏斗状，黄色，花径6～7cm。花期夏季。为夏型种。

碧琉璃鸾凤玉缀化▶

（*Astrophytum myriostigma* var. *nudum* 'Cristata'）

为碧琉璃鸾凤玉的缀化品种。多年生肉质植物。株高10～12cm，冠幅15～20cm。植株群生，整个茎体产生扁化，表面绿色，光滑，无星点，呈鸡冠状或山峦状。花顶生，漏斗状，淡黄色，花径6～7cm。花期夏季。为夏型种。

碧琉璃鸾凤玉缀化

◀碧琉璃复隆鸾凤玉

（*Astrophytum myriostigma* var. *nudum* 'Fukuriyo'）

为碧琉璃鸾凤玉的栽培品种。多年生肉质植物。株高10～12cm，冠幅10～12cm。植株单生，幼时球形，长大后圆筒形。茎5棱，表面深绿色，光滑，有起伏的褶皱，无星点，刺座着生白色绒毛。花顶生，漏斗状，淡黄色，花径6～7cm。花期夏季。为夏型种。

碧琉璃复隆鸾凤玉

白条碧琉璃复隆鸾凤玉▶

（*Astrophytum myriostigma* var. *nudum* 'Hakujomaru Fukuriyo'）

为碧琉璃鸾凤玉的栽培品种。多年生肉质植物。株高10～12cm，冠幅10～12cm。植株单生，幼时球形，长大后圆筒形，茎5棱，表面深绿色，光滑，有起伏的褶皱，无星点，棱脊具白色条纹。花顶生，漏斗状，淡黄色。花径6～7cm。花期夏季。为夏型种。

白条碧琉璃复隆鸾凤玉

龟甲碧琉璃鸾凤玉

四角鸾凤玉

▲龟甲碧琉璃鸾凤玉

（*Astrophytum myriostigma* var. *nudum* 'Kit-sukou'）

为碧琉璃鸾凤玉的龟甲品种。多年生肉质植物。株高3～4cm，冠幅5～6cm。植株单生，扁球形，在棱肋间常生不规则圆锥状疣突，全株灰绿色，表面无星点。花漏斗状，淡黄色，花径3～5cm。花期夏季。为夏型种。

▲四角鸾凤玉

（*Astrophytum myriostigma* var. *quadricos-tatum*）

为鸾凤玉的变种。多年生肉质植物。原产于墨西哥。植株单生，株高15～20cm，冠幅10～15cm。茎4棱，截面呈正方形，茎表面深绿色，密布白色星点。花顶生，漏斗状，淡黄色，花径3～4cm。花期夏季。为夏型种。

恩冢鸾凤玉缀化

◀恩冢鸾凤玉缀化

（*Astrophytum myriostigma* 'Onzuka Cristata'）

为鸾凤玉的栽培品种。多年生肉质植物。株高6～10cm，冠幅6～10cm。植株冠状，球体扁化呈鸡冠状或山峦状，表面灰绿色，有星点，丛卷毛连成不规则的片，布满株体。花漏斗状，淡黄色，花径2～4cm。花期夏季。

龟甲四角碧鸾锦

恩冢四角鸾凤玉

▲龟甲四角碧鸾锦

（*Astrophytum myriostigma* var. *quadricostatum* var. nudum 'Kitukow Variegata'）

又名龟甲碧方玉锦，为龟甲四角碧鸾凤玉的斑锦品种。多年生肉质植物。株高8～10cm，冠幅10～14cm。植株单生。茎4棱，表面碧绿色，镶嵌着黄白色斑纹，光滑，无星点，刺座上方具横向沟槽。花漏斗状，黄色，花径2～4cm。花期夏季。为夏型种。

▲恩冢四角鸾凤玉

（*Astrophytum myriostigma* var. *quadricostatum* 'Onzuka'）

为四角鸾凤玉的栽培品种。多年生肉质植物。株高6～10cm，冠幅6～10cm。植株单生，茎4棱，截面呈正方形，茎表面丛卷毛连成不规则的片，棱谷间铁锈色。花漏斗状，淡黄色，花径2～4cm。花期夏季。为夏型种。

三角碧鸾凤玉

◀三角碧鸾凤玉

（*Astrophytum myriostigma* var. *tricostatum* 'Nudum'）

为碧琉璃鸾凤玉的栽培品种。多年生肉质植物。株高5～6cm，冠幅6～8cm，植株单生。茎3棱，茎截面呈三角形，茎表面青绿色，有少数白色星点。花漏斗状，淡黄色。花径3～4cm。花期夏季。为夏型种。

三角鸾凤玉

般若

▲三角鸾凤玉

（*Astrophytum myriostigma* var. *tricostatum*）

为鸾凤玉的栽培品种。多年生肉质植物。株高5～6cm，冠幅5～6cm。植株单生。茎3棱，截面呈三角形，茎表面青绿色，密布白色星点。花漏斗状，淡黄色，花径3～4cm。花期夏季。为夏型种。

▲般若

（*Astrophytum ornatum*）

又名美丽星球。多年生肉质植物。原产于墨西哥中部。株高20～25cm，冠幅10～15cm，植株球形至圆筒状，茎6～8棱，直立，表面青灰绿色，被绵毛状鳞片。刺座上着生褐色或黄色刺，周围刺5～8枚，中刺1枚。花漏斗状，黄色，长7～10cm。花期夏季。为夏型种。

金刺般若锦

◀金刺般若锦

（*Astrophytum ornatum* 'Golden Kinshachi Variegata'）

为金刺般若的斑锦品种。多年生肉质植物。株高20～25cm，冠幅10～15cm，植株球形至圆筒状，茎6～8棱，直立，表面青灰绿色，镶嵌黄色斑纹，被绵毛状鳞片。刺座上着生金黄色刺，周围刺5～8枚，中刺1枚。花漏斗状，黄色，长7～10cm。花期夏季。为夏型种。

般若缀化

裸般若锦

▲般若缀化

（*Astrophytum ornatum* 'Cristata'）

又名般若冠，为般若的缀化品种。多年生肉质植物。株高10～15cm，冠幅15～20cm。植株茎部的棱脊扁化呈鸡冠状，刺座紧密排列，刺也变短。花漏斗状，黄色，长7～8cm。花期夏季。为夏型种。

▲裸般若锦

（*Astrophytum ornatum* 'Nudiscula Variegata'）

为般若的栽培品种。多年生肉质植物。株高20～25cm，冠幅15～20cm。植株单生。植株球形。茎8棱，表面青绿色，镶嵌黄色斑纹，无星点。花漏斗状，黄色，花径4～7cm。花期夏季。为夏型种。

长刺般若

◀长刺般若

（*Astrophytum ornatum* 'Longispinus'）

为般若的栽培品种。多年生肉质植物。株高15～20cm，冠幅12～15cm。植株单生。植株球形至长筒形，茎8棱，直立，表面青灰绿色，被绵毛状鳞片。刺座着生黄色长刺，呈弯曲状。花漏斗状，黄色，花径4～7cm。花期夏季。为夏型种。

白云般若

▲白云般若
(*Astrophytum ornatum* var. *pubescente*)

为般若的变种。多年生肉质植物。原产于墨西哥。株高20～25cm，冠幅10～15cm。植株单生，球形至圆筒形。茎8棱，表面青灰绿色，不规则分布有白色星状毛或小鳞片，有的连在一起呈云片状。刺座上着生周围刺6枚，中刺1枚，淡黄褐色。花漏斗状，黄色，长5～7cm。花期夏季。为夏型种。

裸般若

◀裸般若
(*Astrophytum ornatum* 'Nudiscula')

为般若的栽培品种。多年生肉质植物。株高20～25cm，冠幅15～20cm。植株单生。植株球形。茎8棱，表面青绿色，无星点。花漏斗状，黄色，花径4～7cm。花期夏季。为夏型种。

螺旋般若

◀ 螺旋般若
（*Astrophytum ornatum* 'Sprialis'）

为般若的栽培品种。多年生肉质植物。株高20～25cm，冠幅10～15cm。植株球形至圆筒状。茎6～8棱，直立，棱脊向顺时针方向旋转，表面青灰绿色，被绵毛状鳞片。刺座上着生褐色或黄色刺，周围刺5～8枚，中刺1枚。花漏斗状，黄色，长7～10cm。花期夏季。为夏型种。

恩冢般若

◀ 恩冢般若
（*Astrophytum ornatum* 'Ohzuka'）

为般若的栽培品种。多年生肉质植物。株高8～12cm，冠幅8～12cm。植株单生，球形。茎8棱，表面青绿色，丛卷毛连成不规则的片，布满球体，刺座上着生3枚褐黄色刺。花漏斗状，黄色，花径3～4cm。花期夏季。为夏型种。

（5）圆筒仙人掌属（*Austrocylindropuntia*）

曾命名圆筒掌属，本属常见有3～4种，原产于美洲南部。灌木状，多分枝。茎圆柱状或棍棒状，分节，节间长，表面龟裂成瘤块状，不成棱。叶纺锤形或锥形。刺具纸质鞘。花开茎端，无花筒，花黄色或红色。喜温暖、干燥和阳光充足环境。较耐寒，耐半阴和干旱，怕水湿和强光。生长适温18～22℃，冬季温度不低于5℃。以肥沃、疏松和排水良好的沙质壤土为宜。盆栽用12～15cm盆。盆土用肥沃园土、腐叶土和粗沙的混合土，加入少量骨粉和干牛粪。每年春季换盆。春、夏季每周浇水1次，秋季每月浇水1次，冬季盆土保持干燥。生长期施肥2～3次，用腐熟饼肥水。柱状茎用扦插繁殖，缀化种用嫁接繁殖。植株奇特有趣，盆栽点缀窗台、书桌或儿童房，显得甜美而亲切。

将军

群雀

▲群雀

（*Austrocylindropuntia cylindrical* 'Cristata'）

为大蛇的缀化品种。多年生肉质植物。株高10～15cm，冠幅15～20cm，植株茎部由细圆棒状扁化呈鸡冠状，表面深青绿色，刺座上着生白色绒毛和黄褐色细芒刺。花漏斗状，红色。花期夏季。为夏型种。

◀将军

（*Austrocylindropuntia subulata*）

又名将军棒、将军柱。多年生肉质植物。原产于秘鲁。株高2～4m，冠幅6～10cm。茎圆筒形，深绿色，生有稀疏白斑，无棱，由长圆形瘤块所包围，刺座着生白色刺和芒刺。叶片肉质，细圆柱形，无叶柄，绿色，生于刺座上。花橙红或红色。花期夏至秋季。为夏型种。

（6）皱棱球属（*Aztekium*）

本属有2种，原产于墨西哥北部和东部的干旱地区。生长非常缓慢，具块状肉质根，球体扁圆形，肉质，坚硬，有9～11条纵棱，呈褶皱状，生长点附近多白色绒毛。花漏斗状，白色至淡粉色。喜温暖、干燥和阳光充足环境。不耐寒，生长适温15～25℃，冬季温度不低于10℃，耐阴耐干旱，怕积水。宜肥沃、疏松和排水良好的沙质壤土。生长期土壤稍湿润，其他时间保持干燥。春季播种，发芽温度13～16℃，夏季用半成熟根扦插，初夏用仔球嫁接。小型珍稀名贵种，盆栽点缀于窗台、隔断或博古架，是一件很有欣赏价值的"工艺品"，也适合瓶景和组合盆栽观赏。

花笼

五星花笼

▲五星花笼
（*Aztekium ritteri* 'Five Star'）

为花笼的栽培品种。多年生肉质植物。株高3～5cm，冠幅3～5cm。植株小型。茎扁圆形，有5棱，茎截面呈星状，横向褶皱，棱间有副棱，肉质坚硬，刺座密生白色短绵毛和1～4枚灰黄色软刺。花漏斗状，浅粉红色，花径2～3cm。花期春至秋季。为夏型种。

◀花笼
（*Aztekium ritteri*）

又名皱棱球。多年生肉质植物。原产于墨西哥。株高3～5cm，冠幅3～5cm。植株小型。茎扁圆形，有8～11棱，呈横向褶皱，棱间有副棱，肉质坚硬，刺座密生白色短绵毛和1～4枚灰黄色软刺。花漏斗状，浅粉红色，花径2～3cm。花期春至秋季。为夏型种。为世界一级保护植物。

信氏花笼

▲信氏花笼

（*Aztekium hintonii*）

又名欣顿花笼、赤花花笼、白花笼。多年生肉质植物。原产于墨西哥。株高8～12cm，冠幅10～15cm。植株扁圆形至长筒形，成年植株产生仔球，呈群生。茎9～13棱，肉质坚硬，棱间无副棱，墨绿色，表皮上斜沟线密集、整齐，刺座连接并密生白色短绵毛和1～4枚浅黄褐色短刺。花单生，漏斗状，深粉红色。花期春至秋季。为夏型种。

（7）天轮柱属（*Cereus*）

又名仙人柱属，本属约有25种，植株柱状，像树。原产于南美洲至西印度群岛。茎通常有3～14厚棱和绵毛状刺座，着生坚实的刺。花夜间开放，宽杯状或漏斗状，白色或粉红色，从夏季至早秋不断开花。喜温暖、干燥和阳光充足环境。宜富含腐殖质、排水良好的微酸性土壤。不耐寒，生长适温10～25℃，冬季温度不低于5℃。生长期每月施低氮素肥1次，冬季保持干燥。早春播种，发芽温度19～24℃，春末夏初用幼嫩分枝扦插；斑锦品种在春末夏初切取茎段嫁接繁殖。茎干挺拔，盆栽摆放于客厅、书房或门庭，新奇别致，使居室更加亮丽、豪华。缀化品种峰峦叠翠的株形十分诱人，盆栽或制作盆景，摆放于客厅、书房或地柜，给人以崇山峻岭的自然景观之感。

旋风柱

旋风柱▶

（*Cereus forbesii* 'Spiralis'）

又名螺旋天轮柱、螺旋有力柱，为有力柱的栽培品种。多年生树状肉质植物。株高1～2m，冠幅30～40cm。植株单生，后分枝呈丛生状。茎4～7棱，肉质，棱脊呈螺旋状生长，初生蓝绿色，后灰绿色，棱脊着生白色刺座，有周围刺5～7枚，中刺1～2枚，深褐色。花杯状，内瓣白色，外瓣深粉色。花期秋季。为夏型种。

连城角锦

◀连城角锦
（*Cereus tetragonus* 'Variegata'）

为连城角的斑锦品种。多年生肉质植物。株高80～100cm，冠幅30～40cm。植株常分枝，群生。茎圆柱形，4～5棱，表面深绿色，镶嵌着黄色斑块，有明显横肋，刺座着生深褐色针状刺。花漏斗状，白色。花期春末夏初。为夏型种。

月章▶
（*Cereus validus* 'Variegata'）

又名有力柱锦，为有力柱的斑锦品种。多年生灌木状肉质植物。株高1～2m，冠幅20～30cm。植株单生，后分枝呈丛生状。茎4～7棱，肉质，表面蓝绿色或灰绿色，镶嵌黄色斑块，棱脊着生白色刺座，有周围刺5～7枚，中刺1～2枚，深褐色。花杯状，内瓣白色，外瓣深粉色。花期秋季。为夏型种。

月章

（8）白檀属（*Chamaecereus*）

本属只有1种，也有人把本属并入仙人球属（*Echinopsis*）。原产于阿根廷北部。小型的指状仙人掌。株茎细长、柔软，茎部布满刚毛状白色或淡褐色短刺。花漏斗状，橙红色，夏季开花。喜温暖、干燥和阳光充足环境。不耐寒，耐干旱和半阴，怕积水、高温和强光。宜肥沃、疏松和排水良好的沙质壤土。生长适温15～24℃，冬季温度不低于5℃。主要用扦插和嫁接繁殖。彩色球体若配上白色艺术小盆，摆放于书桌、茶几、案头，新鲜有趣；如制作成组合盆栽、瓶景或框景，则能凸显室内装饰的整体美。

白檀

◀白檀
（*Chamaecereus silvestrii*）

又名小仙人鞭、花生仙人掌、葫芦拳。多年生肉质植物。原产于阿根廷。株高8～10cm，冠幅30～60cm。植株多分枝，丛生。茎细圆筒形，有6～9棱，刺座密生周围刺10～15枚，白色，无中刺。花侧生，漏斗状，红色，长7cm。花期夏季。

山吹

山吹冠

▲山吹

（*Chamaecereus silvestrii* var. *aurea*）

又叫黄体白檀，为白檀的斑锦品种。多年生肉质植物。株高10～15cm，冠幅8～10cm。植株丛生，多分枝，细圆筒形。有6～9棱，整体黄色，刺座密生周围刺10～15枚，白色，无中刺。花侧生，漏斗状，红色，长7cm。花期夏季。

▲山吹冠

（*Chamaecereus silvestrii* var. *aurea* 'Cristata'）

为山吹的缀化品种。多年生肉质植物。株高4～5cm，冠幅6～7cm。植株的茎部扁化呈鸡冠状，整体黄色，刺座上着生白色细刺。花漏斗状，红色，花径1～1.5cm。花期夏季。

白檀缀化

◀白檀缀化

（*Chamaecereus silvestrii* 'Cristata'）

又名白马、小仙人鞭冠，为白檀的缀化品种。多年生肉质植物。株高8～10cm，株幅30～40cm。茎细圆筒形，6～9棱，扁化呈扭曲螺旋状或山峦状，刺座密生周围刺10～15枚，白色，无中刺。花侧生，漏斗状，红色，长7cm。花期夏季。

（9）管花柱属（*Cleistocactus*）

本属约有50种，主要分布于秘鲁、阿根廷、玻利维亚、巴拉圭等国的高原地区。属圆柱状仙人掌。喜温暖、干燥和阳光充足环境。不耐寒，耐半阴和干旱，怕水湿和强光暴晒。生长适温18～25℃，冬季温度不低于5℃。宜肥沃、疏松、排水良好和石灰质的沙质壤土。春季至夏季，每周浇水1次，秋季浇水3～4次，冬季盆土保持干燥。生长期每月施肥1次，用腐熟饼肥水。春季播种，发芽适温21℃，播后10～12天发芽，苗株生长较快。初夏将成年植株截顶，促使基部萌生仔球作接穗，用量天尺作砧木，嫁接后2～3周愈合成活。盆栽点缀窗台、门厅或客厅，显得活泼新颖。

黄刺柱

◀黄刺柱
（*Cleistocactus ferrarii*）

又名笛吹雪。多年生肉质植物。原产于阿根廷、巴拉圭。株高1.5～2m，冠幅80～100cm。茎圆柱状，基部分枝，茎面绿色，有12～16低棱，刺座间距较短，着生周围刺15～20枚，细针状，浅黄色，中刺1枚，黄褐色，长2～2.5cm。花侧生，长管状，深红色，长5～6cm。花期夏季。为夏型种。

白芒柱

◀白芒柱
（*Cleistocactus strausii*）

又名银火炬、吹雪柱。多年生肉质植物。原产于玻利维亚。株高80～100cm，冠幅60～80cm。茎圆柱状，基部分枝，茎面浅绿色，有22～25低棱，密被白色羊毛状细刺。花侧生，长管状，红色，长7～9cm。花期夏季。为夏型种。

（10）菠萝球属（*Coryphantha*）

又有人称凤梨球属，本属有45种。原产于美国、墨西哥、加拿大。多数植株为球形，长大后也会呈圆筒形。球体被疣突包围，疣突较硬，表面有纵向浅沟，并具毛。花顶生，钟状，黄、白或粉红色。喜温暖、干燥和阳光充足环境。不耐寒，耐半阴和干旱，怕水湿和强光。生长适温20～25℃，冬季温度不低于10℃。宜肥沃、疏松和排水良好的沙质壤土。春季至初秋，每周浇水1次，其他时间盆土保持干燥。生长期每月施肥1次。春季或初夏播种，发芽适温19～24℃，斑锦品种采用嫁接方式繁殖，接穗用切顶的象牙球、疣状突起或仔球。盆栽摆放于窗台、阳台或书桌，其丰厚的疣状突起十分起眼，显得活泼可爱。

象牙球▶

（*Coryphantha elephantidens*）

又名象牙仙人球、象牙丸。多年生肉质植物。原产于墨西哥西南部。株高12～15cm，冠幅15～20cm。植株球形，茎部疣状突起明显。茎面中绿色，光滑，刺座着生黄褐色形似象牙的硬刺6～8枚。花漏斗状，深粉红色，中下部有红色条纹，花径8～10cm。花期夏季。为夏型种。

象牙球

象牙球锦

◀象牙球锦

（*Coryphantha elephantidens* 'Variegata'）

为象牙球的斑锦品种。多年生肉质植物。株高12～15cm，冠幅15～20cm。植株球形，茎部疣状突起明显。茎面中绿色，光滑，镶嵌浅黄色斑块。刺座着生黄褐色形似象牙的硬刺6～8枚。花漏斗状，深粉红色，中下部有红色条纹，花径8～10cm。花期夏季。为夏型种。

大疣象牙球锦

◀ 大疣象牙球锦

（*Coryphantha elephantidens* 'Ooibo Kabuto Variegata'）

为象牙球的斑锦品种。多年生肉质植物。株高12～15cm，冠幅15～20cm。植株球形，茎部疣状突起少而大，更凸出。茎面中绿色，光滑，镶嵌浅黄色斑块。刺座着生黄褐色形似象牙的硬刺6～8枚。花漏斗状，深粉红色，中下部有红色条纹，花径8～10cm。花期夏季。为夏型种。

短刺象牙球 ▶

（*Coryphantha elephantidens* var.tanshi）

为象牙球的变种。多年生肉质植物。原产于墨西哥西南部。株高12～15cm，冠幅15～20cm。植株球形，茎部疣状突起明显。茎面中绿色，光滑，刺座着生黄褐色形似象牙的硬刺6～8枚，刺极短。花漏斗状，深粉红色，中下部有红色条纹，花径8～10cm。花期夏季。为夏型种。

短刺象牙球

短刺象牙球锦

◀ 短刺象牙球锦

（*Coryphantha elephantidens* var.tanshi 'Variegata'）

为短刺象牙球的斑锦品种。多年生肉质植物。株高12～15cm，冠幅15～20cm。植株球形，茎部疣状突起明显。茎面中绿色，光滑，镶嵌浅黄色斑块，刺座着生黄褐色形似象牙的硬刺6～8枚，刺极短。花漏斗状，深粉红色，中下部有红色条纹，花径8～10cm。花期夏季。为夏型种。

（11）隐柱昙花属（*Cryptocereus*）

　　本属有近20种，大多数为攀援或半下垂附生或岩生植物。主要分布于美国南部、墨西哥、中美洲、哥伦比亚和西印度群岛。它们具有气生根、叶状茎和大的喇叭状花朵，并在夜间开放。喜温暖、空气湿度高和半阴环境。不耐寒，生长适温20～25℃，冬季温度不低于5℃。生长期每周浇水1次，空气干燥时，每2～3天向叶状茎喷雾1次。冬季每2周浇水1次。生长期每月施肥1次，用稀释饼肥水施肥。种子成熟后即播，发芽温度16～19℃，春、夏季用扦插繁殖。适合盆栽或吊盆栽培，点缀于窗前、走廊或花架，青翠光亮，披垂飘逸，给人们带来无穷乐趣。

隐柱昙花

▲隐柱昙花
（*Cryptocereus anthonyanus*）

　　又名齿状昙花、锯齿昙花、角状蛇鞭柱。多年生肉质植物。原产于墨西哥。株高50～75cm，冠幅不限定。植株由叶状茎组成，开展，半下垂。叶状茎边缘具缺刻，深3～4.5cm，形成圆裂，似齿条状，亮绿色。刺座着生2～4枚短刺，淡褐色。花顶生，花朵大，花径12cm，淡黄色或米白色，外瓣红色，夜间开放，花芳香。花期夏季。

（12）圆柱仙人掌属（*Cylindropuntia*）

又称圆柱掌属，本属有40多种。主要分布于美国南部、墨西哥。现在本属植物已并入仙人掌属（*Opuntia*），圆柱仙人掌属植物其茎部为圆柱形，刺座上的刺有一个能脱离的纸质鞘，称之膜被，有些种类已退化。本属与南美的圆筒仙人掌属（*Austrocylindropuntia*）关系较为接近，但后者没有上述的特征。喜温暖、干燥和阳光充足环境。不耐寒，耐半阴和干旱，怕水湿和强光。生长适温18～25℃，冬季温度不低于5℃。宜肥沃、疏松和排水良好的沙质壤土。春季至秋季，每月浇水1次，盆土保持稍湿润，冬季不需浇水，盆土保持干燥。生长期施肥3～4次，用腐熟饼肥水施肥。常用扦插和嫁接繁殖。株形生长不规则，可以说"奇形怪状"，盆栽时株体要居中稳当，摆放于窗台、茶几或地柜，非常引人注目，具有新鲜感。

松岚

◀ 松岚
（*Cylindropuntia bigelovii*）

又称泰迪熊仙人掌，多年生肉质植物。原产于墨西哥、美国。株高80～100cm，冠幅50～60cm，植株灌木状，茎节圆筒状，表面绿色，具不规则疣突。刺座上有芒刺和针状刺6～10枚。花漏斗状，淡黄色。花期夏季。

拳骨缀化

◀ 拳骨缀化
（*Cylindropuntia fulgida* var. *mamillata* 'Cristata'）

为拳骨柱的缀化品种。多年生肉质植物。株高20～40cm，冠幅20～25cm。植株扁化成拳套状。茎生长不规则，顶部加粗呈拳状，表面青绿色，刺座排列错乱，着生淡黄色细刺。花侧生，漏斗状，粉红色。花期夏季。

奇特球

▲奇特球
（*Discocactus horstii*）

又称红刺圆盘玉，多年生肉质植物。原产于巴西东部，是本属中比较小型的种类。株高3～5cm，冠幅5～6cm。植株单生，扁球形。具15～22棱，棱高而直，表皮淡褐绿色，刺座排列紧密，着生周围刺8～10枚，灰白色至褐色，球体顶部有1～2cm高的花座。花大，漏斗状，白色，花径8cm，夜间开花，有香味。花期夏季。

（13）圆盘玉属（*Discocactus*）

本属有5～7种。具有棱的球形仙人掌，主要分布于巴西、玻利维亚和巴拉圭的丘陵低地，堪称是巴西的国宝级仙人掌。植株初为球状，后期越长越扁平如盘。成熟的植株顶部长出由垫状毛和刚毛组成的花座，花座越长越大，从中开出白色或粉红色钟状或筒状花。夏季夜间开花，花带清香。不耐寒，生长适温18～25℃，冬季温度不低于7℃。喜温暖、稍湿润和阳光充足环境。生长季节每3周施氮、磷肥1次，秋季至早春保持干燥。春季或初夏播种，发芽温度21～24℃；也可用嫁接繁殖。

（14）长疣球属（*Dolichothele*）

本属有5～6种，与乳突球属（*Mammillaria*）亲缘关系较近，有人把长疣球属并入乳突球属。原产于美国得克萨斯州至墨西哥北部和中部。植株圆形或椭圆形，其疣状突起较长，十分典型。花漏斗状，黄色。喜温暖、干燥和半阴环境。不耐寒，生长适温15～25℃，冬季温度不低于7℃，耐阴和干旱，怕积水和强光。宜肥沃、疏松和排水良好的沙质壤土。春季播种，发芽适温19～24℃。春季至秋季，每2周浇水1次，盆土保持一定湿度。冬季停止浇水，盆土保持干燥。生长期每月施肥1次。初夏取仔球扦插或嫁接。盆栽摆放于书桌、案头或茶几，婀娜多姿，还带有几分娇媚，为居室环境增添情趣。

琴丝

▲琴丝
（*Dolichothele camptotricha*）

又名琴丝球。多年生肉质植物。原产于墨西哥中部。株高8～10cm，株幅15～20cm。植株常群生，茎圆筒形，深绿色，疣突细长呈圆锥形，长2cm，刺座着生周围刺2～8枚，细而弯曲，淡黄色，无中刺。花漏斗状，白色，花瓣上有1条绿色中线，长2cm。花期夏季至秋季。

金星

金星
（*Dolichothele longimamma*）

又名长疣八卦掌。多年生肉质植物。原产于墨西哥中部。株高8～10cm，冠幅15～30cm。植株易群生。茎圆球形，疣突长3～7cm，肉质柔软，多汁，淡绿色，刺座生于疣突顶端，周围刺9～10，灰褐色；中刺1枚，针状，黄白色，先端黑色。花侧生，漏斗状，黄色，花径5～6cm。花期春末夏初。

（15）金琥属（*Echinocactus*）

本属约15种，是一种生长慢的球形或圆筒形仙人掌。主要分布于美国南部和墨西哥。刺棱明显，棱直、刺硬。刺座上生有垫状毡毛，顶部毡毛更密集。花顶生，钟状，黄色、粉色或红色，成年植株夏季开花。昼开夜闭。喜温暖、干燥和阳光充足环境。不耐寒，耐半阴和干旱，怕水湿和强光。生长适温13～24℃，冬季温度不低于8℃。宜肥沃、疏松和排水良好的沙质壤土。生长期每周浇水1次，春季每2周浇水1次，冬季停止浇水，空气干燥时，向其周围喷水。盆栽每年必须换土、剪根一次，换上含石灰质和干牛粪的栽培基质。每4周施1次肥。春季播种，发芽温度19～21℃，也可用嫁接繁殖。球体大，浑圆，布满金黄色硬刺，盆栽点缀台阶、门厅、客厅，显得金碧辉煌，十分珍奇迷人。小球盆栽摆放于窗台、书房或餐室，活泼自然，别有意趣。

金琥
（*Echinocactus grusonii*）

又名象牙球、无极球。多年生肉质植物。原产于墨西哥中部。株高60～130cm，冠幅80～100cm，植株单生，球形。茎亮绿色，有20～40棱，刺座上着生周围刺8～10枚，中刺3～5枚，均为金黄色。花钟形，亮黄色，长4～6cm。花期夏季。为夏型种。

金琥

◀狂刺金琥
（*Echinocactus grusonii* var. *intertextus*）

又名曲刺金琥，为金琥的变种。多年生肉质植物。株高12～15cm，冠幅15～30cm。植株球形，肉质坚硬，深绿色，刺座上的周围刺和中刺呈不规则的弯曲，金黄色，其中刺比金琥稍宽。花钟状，黄色，花径3～4cm。花期春季至秋季。为夏型种。

狂刺金琥

无刺金琥▶
（*Echinocactus grusonii* var. *inermis*）

又名裸琥，为金琥的变种。多年生肉质植物。株高10～12cm，冠幅12～15cm。植株球形，肉质坚硬，茎深绿色，有20～40棱，刺极短，被刺座上的绒毛所掩盖。花钟状，黄色。花期夏季。为夏型种。

无刺金琥

金琥锦缀化

◀金琥锦缀化
（*Echinocactus grusonii* 'Variegata Cristata'）

为金琥锦的缀化品种。多年生肉质植物。株高10～15cm，冠幅15～20cm。植株冠状。由茎扁化呈鸡冠状或山峦状，表皮淡灰绿色，镶嵌黄色斑纹，刺座排列稀，刺为象牙色。花钟状，黄色。花期春至秋季。为夏型种。

（16）鹿角柱属（Echinocereus）

本属约有45种。单生或丛生，原产于美国南部、西南部及墨西哥的低地沙漠和干燥高原地区。茎球状或短柱状，茎直立或横卧，刺密集，少数种在不同季节刺色有变化。花大，位于茎的上侧部，漏斗状或钟状，花径在5～15cm，花萼有刺，柱头裂片粗大呈绿色，花色丰富，有黄色、玫红色、红色和橙色，昼开夜闭。喜温暖、干燥和阳光充足环境。不耐寒，耐半阴和干旱，怕水湿。宜肥沃、疏松、排水良好和富含石灰质的沙质壤土。生长适温20～25℃，冬季温度不低于7℃。春季至初秋，每旬浇水1次，每月施肥1次，冬季每月浇水1次。早春播种，发芽温度18～21℃，春季或夏季用茎干上部扦插繁殖。盆栽摆放窗台、茶几或地柜，花时娇艳倩影，异常热闹，给居室带来喜庆的气氛。

玄武

▲玄武
（Echinocerus blanckii）

多年生肉质植物。原产于美国、墨西哥。株高15～20cm，冠幅15～25cm。植株细柱状，开始直立，后匍匐生长。具5～7个棱缘具疣突的棱，周围刺6～9枚，灰褐色，中刺1枚，深褐色。花侧生，漏斗状，紫红色。花期春季。为夏型种。

弁庆虾缀化

◀弁庆虾缀化
（Echinocerus grandis 'Cristata'）

又名弁庆鹿角柱冠，为弁庆虾的缀化品种。多年生肉质植物。株高20～30cm，冠幅15～20cm。植株圆筒形，扁化呈鸡冠状，开始茎体为冠状，后长成山峦层叠状。刺座和周围刺密集，被白色细刺。花漏斗状，紫红色。花期夏季。为夏型种。

太阳▶

（*Echinocereus pectinatus* var. *rigidissimus*）

为三光球的变种。多年生肉质植物。原产于美国西南部和墨西哥北部。株高8～35cm，冠幅10～20cm。植株单生，幼株球形，老株圆筒形。茎具12～23低浅的棱，中绿色，粗8～12cm。刺座中绿色，密生节齿状淡粉白刺，刺尖红色，有周围刺16～25枚，无中刺，刺覆盖球体，几乎看不到茎部，特别是球体顶部的刺几乎全红色。花侧生，漏斗状，浅粉红色，花径7～12cm。花期春末至初夏。为夏型种。

太阳缀化

太阳

▲太阳缀化

（*Echinocereus pectinatus* var. *rigidissimus* 'Cristata'）

又名吾妻镜，为太阳的缀化品种。多年生肉质植物。株高10～15cm，冠幅15～18cm。植株茎部扁化呈鸡冠状，刺座密生的周围刺覆盖整个鸡冠状体，刺红色。花漏斗状，浅粉红色，花径7～12cm。花期春末夏初。为夏型种。

宇宙殿

◀宇宙殿

（*Echinocereus knippelianus*）

又名极花殿。多年生肉质植物。原产于墨西哥东北部。株高15～20cm，冠幅12～15cm。植株球形至圆筒形。茎具5～6个直棱，深绿色，刺座上着生刚毛状刺1～3枚，黄白色。花侧生，漏斗状，紫红色，长4cm。花期春季至初夏。为夏型种。

（17）多棱球属（*Echinofossulocactus*）

　　本属约10种。有的资料已将本属改用 *Stenocactus* 属名。单生或簇生于株顶，球形或圆筒形。原产于墨西哥的平原或低海拔的沙漠地区。棱多而薄，呈波浪状。刺座排列稀，刺多少不一，变化大。花顶生，较大，钟状或漏斗状，花色有白色、黄色、玫红色和红色，单色或双色，花期早春。喜温暖、干燥和阳光充足环境。不耐寒，生长适温22～26℃，冬季温度不低于5℃。耐半阴和干旱，怕水湿。宜肥沃、疏松和排水良好的沙质壤土。生长适温15～25℃，冬季温度不低于5℃。生长期每3～4周结合浇水、施低氮素肥1次，其余时间保持适度干燥，冬季休眠时要保持盆土充分干燥。早春播种，发芽温度21℃。初夏取仔球扦插或嫁接。盆栽点缀案头、书桌或窗台，四季青翠，体姿怡人，使厅堂更显清新和宁静。

千波万波▶
（*Echinofossulocactus multicostatus*）

　　多年生肉质植物。株高8～10cm，冠幅8～10cm。植株单生或群生，扁球形或球形。茎具80～100棱或更多，棱缘波状弯曲，极薄，淡绿色，每个棱上着生2个刺座，有周围刺6～8枚，白色细短，中刺1枚，较长，扁平状，黄色或灰色。花漏斗状，淡粉紫色或白色，每个花瓣中间有一条淡紫色条纹。花长2.5cm。花期春季。

千波万波

五刺玉锦

◀五刺玉锦
（*Echinofossulocactus pentacanthus* ‘Variegata’）

　　为五刺玉的斑锦品种。多年生肉质植物。株高7～8cm，冠幅7～8cm。植株单生，圆球形。茎具20～40棱，呈不规则波状，表皮青绿色，镶嵌着黄色斑块，刺座上着生灰褐色扁刺5枚，其中2枚粗壮向上。花顶生，漏斗状，淡紫色或白色，每个花瓣中间有一条淡紫色条纹。花径2.5～3cm。花期春季。

缩玉

◀缩玉
（*Echinofossulocactus zacatecasensis*）

多年生肉质植物。原产于墨西哥。株高8～10cm，冠幅8～10cm。植株单生，球形。茎具50～55薄棱，淡绿色，刺座有白色绒点，着生周围刺10～12枚，中刺1枚，下部灰白色，上部褐色，长3～4cm。花白色，每个花瓣中间有一条紫红色条纹。花期春季。

（18）仙人球属（*Echinopsis*）

本属有50～150种。有的称海胆球属，有些种类呈灌木状或树状。原产于南美洲阿根廷、巴西、智利、厄瓜多尔和秘鲁的低海拔沙漠地区至高海拔干燥灌丛中。球状或短圆筒状，分蘖多。直棱，棱脊较高。刺短而硬。花大，靠近下部侧生，喇叭状至钟状，花以白色为主，也有黄、红、紫和粉红等色，高海拔地区的种类白天开花，平原地区的种类晚间开花，花期春季至夏季。喜温暖、干燥和阳光充足环境。不耐寒，耐半阴和干旱，怕水湿和强光。生长适温15～25℃，冬季温度不低于5℃。宜肥沃、疏松、排水良好和含石灰质的沙质壤土。春季至秋季，每周浇水1次，盆土保持稍湿润；冬季浇水1～2次，盆土保持稍干燥。生长期每月施1次氮、磷肥，冬季保持干燥。春季播种，发芽温度19～21℃。春季或夏季分株繁殖。盆栽摆放于窗台、阳台或客厅，金光闪闪，十分醒目，若配上优质盆器，更加亮丽明快。

短毛球

▲短毛球
（*Echinopsis eyriesii*）

多年生肉质植物。原产于阿根廷、巴西。株高20～30cm，冠幅12～15cm，植株单生，老株丛生，球形至圆筒形。茎具11～18直棱，中绿色。刺座上着生淡褐色周围刺10枚，中刺4～6枚。花侧生，漏斗状，白色，花径8～10cm，花筒长17～25cm，花夜开昼闭。花期夏季。为夏型种。

◀世界图
（*Echinopsis eyriesii* 'Variegata'）

　　又名短毛球锦，为短毛球的斑锦品种。多年生肉质植物。株高10～12cm，冠幅8～10cm。植株易生仔球，初生为球形，长大后呈圆筒形。茎具11～12直棱，中绿色，镶嵌黄色斑块，有时几乎整个球体呈鲜黄色，仅棱沟或生长锥附近为绿色。刺座上着生淡褐色锥状短刺10～14枚。花侧生，漏斗状，白色，长17～25cm，傍晚开放。花期夏季。为夏型种。

世界图（短毛球锦）

▼短毛球锦缀化
（*Echinopsis eyriesii* 'Variegata Cristata'）

　　为短毛球锦的缀化品种。多年生肉质植物。株高8～10cm，冠幅10～12cm。植株由圆筒形扁化呈连体的鸡冠状。在绿色的茎面上嵌有黄色斑纹，茎棱排列密集肥厚，刺座间距缩小，细刺更加密生。花漏斗状，白色。花期夏季。为夏型种。

短毛球锦缀化

（19）昙花属（*Epiphyllum*）

本属植物约20种，大多数为附生类仙人掌。原产于墨西哥南部至阿根廷和西印度群岛的热带雨林地区。叶状茎直立或下垂，有气生根，茎鲜绿色，成熟植株分枝成二棱，边缘锯齿状或圆齿状，刺座小，通常无刺。花主要漏斗状，长8～30cm，夜间开花，花期极短。喜温暖、湿润和阳光充足环境。不耐寒，生长适温15～25℃，冬季温度不低于10℃，耐半阴和干旱，怕水湿和强光。宜肥沃、疏松、排水良好的腐叶土或泥炭土。春季至秋季每周浇水1～2次，盆土保持湿润；冬季每旬浇水1次，盆土保持稍干燥。生长期每半月施1次氮、磷肥，冬季切忌过湿。春季至初夏播种，发芽温度19～21℃。初夏剪取茎部扦插繁殖。适用于盆栽或篮式吊盆栽培。

▼昙花
（*Epiphyllum oxypetalum*）

多年生肉质植物。原产于墨西哥、危地马拉、委内瑞拉和巴西。株高2～3m，冠幅80～100cm。植株直立或半直立，多分枝。主茎圆筒形，中绿色；扁平而薄像叶的叶状茎，中间绿色，边缘波齿状。花漏斗状，白色，具长而弯曲花筒，长25～30cm，夜间开放。花期从春末至夏季。为夏型种。

▼卷叶昙花
（*Epiphyllum pumilum* 'Compacta'）

为矮昙花的栽培品种。多年生肉质植物。株高40～50m，冠幅40～50cm。植株直立或半直立，多分枝。具扁薄像叶的叶状茎，中绿色，从基部至顶端逐渐变窄并卷曲，边缘波齿状。花漏斗状，白色，具长而弯曲花筒，长15～20cm。花期从春末至夏季。为夏型种。

昙花

卷叶昙花

（20）月世界属（*Epithelantha*）

又称清影球属，本属有3种，与乳突球属（*Mammillaria*）关系密切，是一类非常有趣的小型仙人掌植物。原产于美国和墨西哥。主要生长在石灰质土壤中。体型小，球状或圆柱状，有时生有肉质根，疣突小，螺旋状排列，刺细小，密集，白色，紧贴茎体表面。花顶生，漏斗状，白色、橙色或粉红色。喜温暖、干燥和阳光充足环境。不耐寒，耐半阴和干旱，怕水湿和强光。生长适温18～25℃，冬季温度不低于5℃。宜富含石灰质、疏松和排水良好的沙质壤土。从春季至秋季适度浇水，每4～5周施1次低氮素肥，其余时间保持干燥。早春播种，发芽温度19～21℃。可以嫁接在天轮柱属（*Cereus*）植物上。盆栽点缀于案头、博古架或窗台，小巧玲珑，十分可爱。其缀化种形似帽子，盆栽摆放于儿童室或书桌上，很像一件"工艺品"，十分讨人喜欢。

▼月世界
（*Epithelantha micromeris*）

多年生肉质植物。原产于美国、墨西哥。株高3～4cm，冠幅4～8cm。植株单生或丛生，球形至倒卵球形。茎表面浅灰绿色，无棱，小疣突螺旋状排列，疣突顶端有刺座，球体密被毛状细刺。花漏斗状，有白色、粉红色或橙色。花期夏季。

▼小人帽子
（*Epithelantha micromeris* var. *fungifera*）

为月世界的变种。多年生肉质植物。原产于美国、墨西哥。株高4～8cm，冠幅4～8cm。植株丛生，球形，长大后圆筒形。茎无棱，疣状突起呈螺旋状排列，球体密被细小的软刺，白色或淡黄色，成熟植株顶部长出白色短绒毛。花顶生，钟状，很小，白色或淡红色，花径1cm。花期夏季。

月世界

小人帽子

小人帽子缀化 ▶

（*Epithelantha micromeris* var. *fungifera* 'Cristata'）

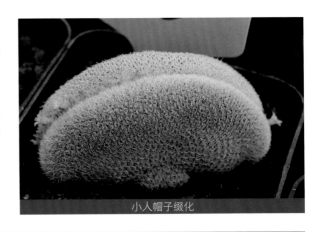

小人帽子缀化

又名小人帽子冠，为小人帽子的缀化品种。多年生肉质植物。株高3～4cm，冠幅5～7cm。植株冠状。茎扁化呈鸡冠状，顶部凹陷，全株密生细小白刺。花钟状，白色。花期夏季。

（21）松笠球属（*Escobaria*）

本属约有17种，是小型球形或圆筒形，单生或丛生的仙人掌植物。原产于加拿大南部、美国、墨西哥北部和古巴。茎不分棱，呈疣突状，刺座白色，周围刺密集。花顶生，钟状，夏季开花，昼开夜闭。不耐寒，生长适温18～25℃，冬季温度不低于5℃。喜温暖和阳光充足环境。生长期适度浇水，每4～5周施1次低氮液肥，其他时间保持干燥。春季播种，发芽温度19～24℃。夏季分株或嫁接繁殖。适合盆栽和制作瓶景观赏。

紫王子

▲紫王子

（*Escobaria minima*）

多年生肉质植物。原产于美国。株高4～5cm，冠幅10～15cm。植株群生，圆筒形。植株开始单生，后群生。茎球形，无棱，疣突小，刺细而密集，新刺象牙白色，老刺淡褐色。花顶生，钟状，粉红色至紫红色。花期夏季。属濒危种。

（22）壶花柱属（*Eulychnia*）

本属约有6种。原产于秘鲁南部和智利北部。为树状或灌木状仙人掌植物。茎圆柱状，多分枝，绿色或灰绿色，有厚的鳞片，刺座着生刚毛状刺和白色的绵毛或毡毛，长2～7cm。花着生在茎的顶端，花有短的花筒或没有花筒，花白色或浅粉色，花径3～7cm。花期春季。喜温暖、干燥和阳光充足环境。不耐寒，生长适温15～25℃，冬季温度不低于7℃。耐干旱，怕积水、耐半阴。宜肥沃、含石灰质丰富和排水良好的沙质壤土。生长期适度浇水，每月施1次液肥，冬季保持干燥。春季播种，发芽温度19～21℃，初夏剪取茎部扦插繁殖。盆栽点缀于窗台、地柜或茶几，给人以耳目一新的感觉。

绿竹▶

（*Eulychnia castanea* f. *varispiralis*）

又名翠竹、栗色壶花柱。多年生肉质植物。株高10～15cm，冠幅12～20cm。植株圆柱状，绿色，刺座螺旋状盘旋排列，形似翠竹，刺黄白色。花白色。花期春季。为夏型种。

绿竹缀化

绿竹

▲绿竹缀化

（*Eulychnia castanea* f. *varispiralis* 'Cristata'）

为绿竹的缀化品种。多年生肉质植物。株高10～15cm，冠幅12～20cm。植株圆柱状扁化呈鸡冠状或山峦状，绿色，刺密集，黄白色。花白色。花期春季。为夏型种。

（23）强刺球属（*Ferocactus*）

　　本属约有30种。球形至柱状。原产于美国南部和西南部、墨西哥以及危地马拉的低海拔地区和多雾、湿度大的山区。通常单生，但有些种类呈丛生状。棱非常明显，刺座大，通常为长条形，着生凶猛强壮的硬刺，色彩鲜艳，中刺常有环纹或有钩。花大顶生，漏斗状或钟状，夏季开花。喜温暖、干燥和阳光充足环境。较耐寒，耐干旱，怕积水和耐半阴。生长适温20～24℃，冬季温度不低于5℃。宜肥沃、含石灰质丰富和排水良好的沙质壤土。生长期适度浇水，每月施1次液肥，冬季保持干燥。春季播种，发芽温度15～24℃，初夏剥取小球采用嫁接繁殖。盆栽点缀于窗台、地柜或茶几，球、刺优美诱人，给人以耳目一新的感觉。其斑锦品种的黄绿间色球体、红褐色的针刺十分亮丽悦目。

半岛玉

▲半岛玉
（*Ferocactus peninsulae*）

　　又名火剑峰、巨鹫玉，多年生肉质植物。原产于墨西哥。株高70～80cm，冠幅30～40cm。植株球形至圆筒形，茎有13～15棱，棱沟深，刺座排列稀疏，周围刺9～11枚，黄白色，中刺5枚，红褐色，其中1枚宽扁，尖端具钩。花顶生，钟状，黄色，花径5～6cm。花期春季。

王冠龙

◀王冠龙
（*Ferocactus glaucescens*）

　　多年生肉质植物。原产于墨西哥。株高30～40cm，冠幅30～40cm。植株球形，茎有11～14棱，棱沟深，刺座密集，具白毛，周围刺6～8枚，黄色，中刺1枚。花大，黄色，径2～3cm。花期春季。

江守玉锦

◀江守玉锦
（*Ferocactus emoryi* 'Variegata'）

为江守玉的斑锦品种。多年生肉质植物。株高10～15cm，冠幅12～20cm。植株单生，球形至圆柱状。茎有22～32瘤棱，青绿色，镶嵌着不规则淡黄色斑块，刺座上着生周围刺8枚，针状，淡红褐色，中刺1枚，红色，先端下弯。花钟状，红色。花期春季。

春楼缀化▶
（*Ferocactus herrerae* 'Cristata'）

为春楼的缀化品种。多年生肉质植物。株高10～15cm，冠幅15～20cm。植株由圆筒形株体扁化成连体的鸡冠状株体。茎表面深绿色，刺座上密生红褐色针刺。花钟状，深黄色，花径2～3cm。花期春末夏初。

春楼缀化

（24）士童属（*Frailea*）

又称天惠球属，本属有10～15种，是一种矮小的球状或圆筒状仙人掌。原产于玻利维亚东部、巴西南部、巴拉圭、乌拉圭和阿根廷北部的丛林和草原。棱不明显，棱沟浅，有时棱分割成小瘤块，刺细小。花顶生，钟状或漏斗状，黄色，花苞不易开花，在充足阳光下才能开出，自花授粉，受精结果容易。不耐寒，生长适温20～24℃，冬季温度不低于5℃。喜温暖、湿润和阳光充足。春季至秋季的生长期保持适度湿润，每月施肥1次，冬季保持干燥。春季播种，发芽温度15～21℃；初夏用仔球嫁接繁殖。可作盆栽或盆景观赏。

士童

◀士童
（*Frailea castanea*）

多年生肉质植物。原产于阿根廷、巴西和乌拉圭。株高1～2cm，冠幅3～5cm。植株单生，小型，扁圆形。茎具10～15棱，表皮深红褐色或巧克力棕色，偶尔有淡蓝绿色，平滑饱满。刺座小，生有白色毡毛和8枚褐色刺，紧贴表皮。花漏斗状，淡黄色至金黄色，花径3～5cm，昼开夜闭。花期夏季。为夏型种。

黑枪球

（25）裸玉属（*Gymnocactus*）

又称仙境球属，本属有12～13种，又叫白狼玉属，是仙人掌植物中的小型种。原产于墨西哥。刺细弱，但刺色多样。株体球形至圆筒形，棱常分割成疣突。花顶生，紫红色或白色。不耐寒，生长适温15～24℃，冬季温度不低于5℃。喜温暖和阳光充足环境，生长期每4～5周施肥1次，夏季适当遮阳，冬季保持干燥。春季播种，发芽温度19～24℃；初夏用仔球嫁接繁殖。常作盆栽欣赏。

◀黑枪球（丸）
（*Gymnocactus gielsdorfianus*）

多年生肉质植物。原产于墨西哥。株高10～20cm，冠幅8～10cm。植株球形至圆筒形。茎具不规则圆锥状疣突的棱，表皮蓝灰绿色。刺座上着生细锥状刺6～8枚，深褐色。花钟状，白色或红色，长2.5cm。花期春季。属濒危种。

（26）裸萼球属（*Gymnocalycium*）

本属有50种。球形至圆筒形。原产于巴西、玻利维亚、巴拉圭、阿根廷和乌拉圭的岩石荒漠地带和草原上。棱清楚、平缓，有横沟分割成颚状突起。花顶生，杯状，花苞的表面平滑，初夏开花，昼开夜闭。喜温暖、干燥和阳光充足环境。不耐寒，耐半阴和干旱，怕水湿和强光。生长适温18～25℃，冬季温度不低于5℃。宜肥沃、疏松和排水良好的沙质壤土。春夏季需浇水，每4～5周施低氮素肥1次，光照过强需遮阳，冬季保持干燥。冬末或早春播种，发芽温度19～24℃；春季分株，初夏嫁接繁殖。本属植物栽培容易，也容易开花，除赏花之外，球体色泽缤纷多彩，形态变化多样，可以说是"常年不败的花朵"。适合盆栽和瓶景观赏，点缀于案头、书房或窗台，十分素雅别致。

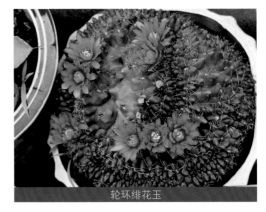

轮环绯花玉

▲轮环绯花玉
（*Gymnocalycium baldianum* var. *vanturianum* 'Cylivar'）

又名绯花玉石化，为绯花玉的栽培品种。多年生肉质植物。株高10～12cm，冠幅15～20cm。株体由球形变成扁球形，表面深绿色，棱瓣饱满整齐，尤其顶部凹槽的变化较大。棱肋错乱多变，形状各异，有圆形的、五角星形的、双球形的等。花漏斗状，红色。花期春末夏初。为夏型种。

圣王球锦

圣王球锦

（*Gymnocalycium buenekeri* 'Variegata'）

又名圣王锦，为圣王球的斑锦品种。多年生肉质植物。株高6～7cm，冠幅7～10cm。植株单生，基部易生仔球，球形。茎具5～7宽厚疣突直棱，表皮深绿色，无光泽，镶嵌不规则的黄色、浅红色斑块。刺座上着生周围刺4～5枚，黄色或淡褐色。花钟状，花筒长，白色至粉红色。花期春末夏初。为夏型种。

肋骨绯牡丹锦

（*Gymnocalycium mihanovichii* f 'Variegata'）

为瑞云的斑锦品种。多年生肉质植物。株高3～4cm，冠幅4～5cm。植株球形，茎表面灰绿色至紫褐色，间杂黄色斑块或通体黄色。刺座着生在棱脊上，周围刺5～6枚，浅褐色。每个疣突形成肋骨般的横向褶皱特别明显。花顶生，漏斗状，淡红色。花期春末夏初。为夏型种。

肋骨绯牡丹锦

绯牡丹锦

（*Gymnocalycium mihanovichii* var. *friedrichii* 'Hibotan Nishiki'）

又名锦云仙人球，为牡丹玉的斑锦品种。多年生肉质植物。株高3～4cm，冠幅3～5cm，植株扁球形至球形，茎具8棱，表皮青褐色，镶嵌有不规则的红色斑块。刺座上着生3～5枚粉红色周围刺。花顶生，漏斗状，淡红色。花期春末夏初。为夏型种。

绯牡丹锦

绯牡丹冠

（*Gymnocalycium mihanovichii* var. *friedrichii* 'Rubra Cristata'）

又名红球缀化，为绯牡丹的缀化品种。多年生肉质植物。株高5～7cm，冠幅8～10cm，植株冠状，茎扁化呈鸡冠状，表皮通体鲜红色。刺座着生3～5枚淡粉白色周围刺。花漏斗状，淡红色。花期春末夏初。为夏型种。

绯牡丹冠

白花瑞昌冠

◀白花瑞昌冠

（*Gymnocalycium baldianum* 'Albiflorum Cristata'）

　　为白花瑞昌玉的缀化品种。多年生肉质植物。株高 10 ～ 12cm，冠幅 15 ～ 20cm。球体由圆球形扁化成鸡冠状。茎面深绿色，圆疣状突起。刺座着生周围刺 5 ～ 7 枚。花顶生，漏斗状，白色。花期春末夏初。为夏型种。

（27）黄金纽属（*Hildewintera*）

　　本属仅 1 种。主要分布于玻利维亚的热带草原上。是匍匐的细柱状茎仙人掌，但本属在分类归属上比较混乱，曾用过花冠柱属（*Borzicactus*）、管花冠柱属（*Cleisto-cactus*）等属名。喜温暖、干燥和阳光充足环境。不耐严寒，生长适温 15 ～ 25℃，冬季温度不低于 5℃。耐半阴和干旱，怕水湿。宜肥沃、疏松和排水良好的沙质壤土。在我国栽培比较普遍，栽培和繁殖也比较容易，初夏取茎段扦插或嫁接，成活率高。盆栽摆放于客厅、书房或儿童房，金光闪闪的柱状细茎十分耀眼，使整个居室显得亮丽、有趣、可爱。

黄金纽▶

（*Hildewintera aureispina*）

　　多年生肉质植物。原产于玻利维亚。植株柱状，株高 1 ～ 1.5m，冠幅 3 ～ 5cm。茎细柱状，16 ～ 17 棱，刺座着生周围刺 30 枚，中刺 20 枚，均为金黄色。花侧生，外瓣橘黄色，有红色中条纹，内瓣淡粉色，花径 4 ～ 5cm。花期夏季。

黄金纽

黄金纽冠▶

（*Hildewintera aureispina* 'Cristata'）

又叫黄金纽缀化，为黄金纽的缀化品种。多年生肉质植物。植株冠状，茎扁化呈鸡冠状，刺座密集着生金黄色细刺。花单生，漏斗状，橘黄色，花径4～5cm。花期夏季。

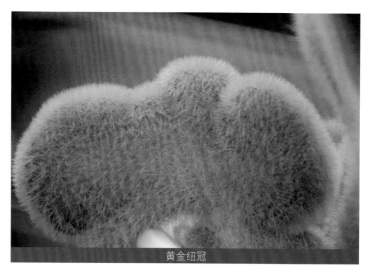
黄金纽冠

（28）龙凤牡丹属（*Hylocalycium*）

本属仅1种。是20世纪70年代由日本园艺学家用量天尺（*Hylocereus undatus*）和绯牡丹（*Gymnocalycium mihanovichii var. friedrichii* 'Vermilion Variegata'）属间嫁接培育出的嵌合体。喜温暖、干燥和阳光充足环境。不耐寒，耐半阴和干旱，怕水湿。宜肥沃、疏松和排水良好的沙质壤土。生长适温15～25℃，冬季温度不低于10℃。春、夏季生长期需充足阳光，使球体更加鲜艳夺目，每3～4周施肥1次，冬季保持干燥。初夏取部分扭曲茎嫁接繁殖。盆栽或组合成框景装饰室内环境，非常新颖有趣，具有较高的观赏性和趣味性。

龙凤牡丹

▲龙凤牡丹

（*Hylocalycium singulare*）

又名游龙戏珠。多年生肉质植物。植株有扭曲似游龙的量天尺状的茎，茎上长出大小不一的绯牡丹。龙凤牡丹色彩鲜艳、姿态优美，找不出同一式样。株高10～20cm，冠幅10～20cm。通常茎扭曲，具3棱，棱脊具刺座，有细刺5～7枚，灰白色。扭曲茎比量天尺细，但坚实，有气生根，表面深绿色，具不规则深红色和褐绿色条状或块状色斑。棱脊刺座上长出不规则的小球与绯牡丹一样，橙红色，基部深，顶部浅，密集丛生。在红球上开出花，为漏斗状的淡红色花。花期春末夏初。

（29）量天尺属（Hylocereus）

本属约有20种。原产于墨西哥南部、西印度群岛和中美、南美的热带雨林地区。属攀缘性肉质灌木。茎3棱，有气生根，长3～5m，茎上有刺座，着生短刺或刚毛。花大，漏斗状，夏季夜间开放。喜温暖、湿润和半阴环境。不耐寒，怕低温霜雪，怕强光。宜肥沃、疏松和排水良好的酸性沙质壤土。生长适温20～30℃，冬季温度不低于15℃。春季播种，发芽适温19～24℃。春、夏季取茎段扦插。在南方，布置在墙角、岩石间或篱笆旁，夏季夜间开花时，一片雪白，清香扑鼻，展示出热带雨林的绚丽景观。盆栽摆放于窗台、案头、书桌，彰显清新绿意。

火龙果

量天尺锦

▲火龙果

（*Hylocereus trigonus*）

又名三角量天尺。攀缘性肉质灌木。原产于墨西哥。株高2～4m，冠幅2～4m，植株肉质茎，三角状，有节，深绿色棱脊有稀疏刺座，生有短硬刺。花大，漏斗状，白色，花径20～25cm。花期夏、秋季。果实大，果皮红色，果肉白色和红色，散布似芝麻状黑色种子。

▲量天尺锦

（*Hylocereus undatus* 'Variegata'）

又名三角柱锦，为量天尺的斑锦品种。攀缘性肉质灌木。原产于西印度群岛、热带美洲。株高2～4m，冠幅2～4m。植株柱状，茎3棱，呈黄色或黄绿色。每节长30～50cm，薄棱翼状，棱缘波浪形。刺座着生3枚短刺，深褐色或灰褐色。花大，漏斗状，白色，有香气，花径25～30cm，外裂片淡黄绿色。花期夏季。

（30）碧塔柱属（*Isolatocereus*）

本属约有25种。有树状、灌木状和多年生肉质植物。原产于美国、墨西哥、中美洲、哥伦比亚、委内瑞拉和西印度群岛，主要生长于低山丘陵地区。植株的茎有棱和刺。花漏斗状或钟状，以白色为多，外瓣有红色。春、夏季晚间开放。喜温暖、干燥和阳光充足环境。不耐寒，生长适温15～25℃，冬季温度不低于10℃。耐半阴和干旱，怕水湿。宜肥沃、疏松和排水良好的沙质壤土。春季播种，发芽适温19～21℃。夏季取茎段扦插。初夏取茎段扦插繁殖成活率高。盆栽摆放在客厅、书房，碧绿的柱状茎十分养眼，使整个居室显得亮丽、有趣、可爱。

◀**碧塔**
（*Isolatocereus dumortieri*）

又名杜氏新绿柱。树状肉质植物。原产于墨西哥。株高8～10m，冠幅30～40cm。植株柱状，肉质。茎5～9棱，浅绿色至蓝绿色。棱脊上密生刺座，刺座生有周围刺9～20枚，长1cm左右，中刺1～4枚，长2～3cm，均为黄白色。花侧生，漏斗状，白色，外瓣红褐色，夜间开放。花期夏季。

碧塔

（31）光山玉属（*Leuchtenbergia*）

本属仅1种。具有肥厚分叉的块茎状根状茎，有时从基部分枝。原产于墨西哥北部和中部的丘陵地区。主茎圆柱状，顶端簇生棱锥状长疣突，疣突质硬。刺座位于疣突先端，刺座着生扁平、纸质和弯曲的刺。花着生在新生疣突顶端的刺座上，花大，漏斗状，黄色，夏、秋季开花。喜温暖、干燥和阳光充足环境。不耐寒，耐半阴和干旱，怕水湿和强光。生长适温16～28℃，冬季温度不低于5℃。宜肥沃、疏松、排水良好、含石灰质的沙质壤土。春末至初秋的生长期适当浇水，每6～8周施肥1次，秋冬至早春保持干燥。春季播种，发芽温度19～24℃；夏季嫁接，接穗用疣状突起或幼株成活率高。体形特别，形似龙舌兰，为稀少、珍贵种类。盆栽点缀博古架、窗台或书桌，十分别致有趣。

光山

▲光山

（*Leuchtenbergia principis*）

又名龙舌兰仙人掌。多年生肉质植物。原产于墨西哥北部和中部。株高30～60cm，冠幅25～30cm。植株单生或有分枝，根肥厚肉质，形似萝卜，圆柱形。茎具3棱，表面灰绿色，疣状突起长10～12cm，很像叶片，呈螺旋状排列。刺座大，灰色，着生周围刺8～14枚，中刺1～2枚，长达15cm，均为淡黄色。花漏斗状，淡黄色，长8cm。花期夏秋季。为夏型种。为一级保护植物。

光山锦

◀光山锦

（*Leuchtenbergia principis* 'Variegata'）

为光山的斑锦品种。多年生肉质植物。株高20～30cm，冠幅15～20cm。植株单生或有分枝，根肥厚肉质，形似萝卜，圆柱形。茎具3棱，表面灰绿色，镶嵌不规则的黄色斑纹。刺座灰色，着生周围刺8～14枚，中刺1～2枚。花漏斗状，淡黄色，长8cm。花期夏秋季。为夏型种。

（32）丽花球属（*Lobivia*）

本属约有200种。单生或丛生。原产于玻利维亚、秘鲁和阿根廷。植株球形或短圆筒形，棱具有斧状突起。刺有周围刺和中刺，褐色，老刺会变为灰白色或白色，有些种类的中刺可达10cm长。花漏斗状或钟状，有白色、红色、橙色、玫红色或黄色。不耐寒，生长适温15～25℃，冬季温度不低于5℃。喜温暖和阳光充足环境，生长期适度浇水，每月施肥1次，冬季保持干燥。春季播种，发芽温度18～20℃。春、夏季用仔球分株或嫁接繁殖。盆栽点缀于茶几、案头或书桌，嫩黄的球体明净雅致，令人赏心悦目，神清气爽。花色丰富，也适于制作组合盆栽。

光虹锦

▲光虹锦

（*Lobivia arachnacantha* 'Variegata'）

为光虹球的斑锦品种。多年生肉质植物。株高6～8cm，冠幅4～5cm。植株球形或圆筒形。茎具10～14个低疣突起的棱，表面通体黄色或嵌有不规则的黄色斑块。刺座着生周围刺13～15枚，短小细刺，黄褐色；中刺1枚，深褐色。花侧生，漏斗状，橙黄色，花径6～7cm。花期春季。为夏型种。

◀辉虹球

（*Lobivia arachnacantha* var. mairana）

为光虹球的变种。多年生肉质植物。株高6～8cm，冠幅4～6cm。植株球形或圆筒形。茎具14～16个低疣突起的棱，表面通体黄色。每个刺座着生周围刺10～12枚，短小细刺，黄褐色；中刺1枚，深褐色。花侧生，漏斗状，黄色，花径6～7cm。花期春季。为夏型种。

辉虹球

荷花球

◀ 荷花球
（*Lobivia* 'Lotus'）

为丽花球的栽培品种。多年生肉质植物。株高15～20cm，冠幅15～20cm。植株单生，易萌生仔球，仔球呈群生，球形至圆筒形。具14～16棱，表面深绿色，灰色刺座着生周围刺8～12枚，灰褐色至红褐色。花侧生，漏斗状，花筒长12～18cm，花紫红色、粉红色、玫红色，花径8～10cm。花期春末夏初。为夏型种。

（33）鸡冠柱属（*Lophocereus*）

本属有9种，也用摩天柱（*Pachycereus*）属名，是一些圆柱形树状仙人掌，主要分布在美国和墨西哥。有的自基部多分枝呈灌木状，直棱，棱数少，刺座排列稀，刺短小。花小，漏斗状，夜间开花。喜温暖、干燥和阳光充足环境。不耐寒，耐干旱和半阴，不耐水湿和强光暴晒。生长适温19～27℃，冬季温度不低于10℃。宜肥沃、疏松和排水良好的沙质壤土。春、夏季需浇水，每4～5周施低氮素肥1次，其他时间保持干燥。春季播种，发芽温度19～24℃；夏季取茎的顶部扦插繁殖。株形奇特，青翠光滑，形似"菩萨"，盆栽摆放在客厅、书桌或儿童室，会带来好心情。

福禄寿

◀ 福禄寿
（*Lophocereus schottii* 'Monstrosus'）

又名福乐寿，为上帝阁的石化品种。多年生肉质植物。株高1～3m，冠幅60～100cm。植株柱状，茎石化，棱肋错乱，表面灰绿色，光滑，呈乳状突起，刺座无或着生少量短针刺，褐红色。花漏斗状，有红色、粉红色或白色，花径3～4cm，外瓣绿色，夜间开花。花期夏季。为夏型种。

（34）乌羽玉属（*Lophophora*）

本属有2种。原产于美国南部的得克萨斯州、墨西哥北部及东部的干旱地区，是一种含生物碱、具有麻醉作用、易使人产生幻觉的仙人掌。有粗大的肉质根，扁平的球状茎，老株变成圆筒形。幼株在刺座着生少数软刺，之后长出少数白毛。花单生，顶生，钟状，昼开夜闭。喜温暖、干燥和阳光充足环境。不耐寒，耐半阴和干旱，怕水湿和强光。宜肥沃、疏松和排水良好的沙质壤土。生长适温18～25℃，冬季温度不低于7℃。从初春至夏末适度浇水，每6～8周施肥1次，其余时间保持干燥。春季播种，发芽温度19～24℃；初夏用仔球扦插或嫁接繁殖。盆栽点缀窗台、阳台或书桌，四季青翠，姿色光润，开花不断，让人感到亮丽明快。可制作瓶景观赏。

银冠玉

◤银冠玉
（*Lophophora fricii*）

又名黄花乌羽玉、疣银冠玉。多年生肉质植物。原产于美国、墨西哥。株高4～5cm，冠幅5～7cm。植株单生或群生，茎扁球形，表面蓝绿色或灰绿色，疣突圆形，刺座上着生黄色绒毛，顶部刺座密集，布满绒毛。花顶生，钟状，黄色。花期春至秋季。

大疣银冠玉

◤大疣银冠玉
（*Lophophora fricii* 'Ooibo Kabuto'）

为银冠玉的栽培品种。多年生肉质植物。株高4～5cm，冠幅5～7cm。植株单生或群生，茎扁球形，表面蓝绿色或灰绿色，疣突圆形，大而伸长下垂，特别明显，刺座上着生黄色绒毛。花顶生，钟状，黄色。花期春至秋季。

乌羽玉

◀乌羽玉
（*Lophophora williamsii*）

又名仙人蕈、僧冠掌。多年生肉质植物。原产于美国、墨西哥。株高4～5cm，冠幅10～30cm。植株扁圆状，肉质，柔软，有肥大的直根。茎扁圆形，深蓝绿色，4～14浅棱，刺座无刺，生有黄白色绒毛。花顶生，钟状，粉红至洋红色，花径2.5cm。花期春至秋季。

乌羽玉缀化▶
（*Lophophora williamsii* 'Cristata'）

为乌羽玉的缀化品种。多年生肉质植物。株高3～4cm，冠幅8～10cm。植株由扁圆形扁化呈鸡冠状或馒头状，表面深蓝绿色，株体上分布不规则的刺座，生有黄白色绒毛。花钟状，粉红至洋红色，花径2.5cm。花期春至秋季。

乌羽玉缀化

◀龟甲乌羽玉
（*Lophophora williamsii* 'Kitsukow'）

乌羽玉的栽培品种。多年生肉质植物。株高4～5cm，冠幅6～8cm。植株扁球形，肉质，柔软，有肥大的直根。茎上的疣状突起呈不规则凸起，表面深蓝绿色，刺座无刺，生有白色绒毛。花顶生，钟状，粉红至洋红色，花径2.5cm。花期春至秋季。

龟甲乌羽玉

乌羽玉锦▶
（*Lophophora williamsii* 'Variegata'）

为乌羽玉的斑锦品种。多年生肉质植物。株高3～4cm，冠幅4～5cm。植株扁圆形，质软，有肥大的直根，茎具5～8个圆瘤状的棱，表面灰绿色，镶嵌黄白色斑块。刺座无刺，生有黄白色绒毛。花顶生，钟状，粉红至洋红色，花径2～2.5cm。花期春至秋季。

乌羽玉锦

（35）乳突球属（*Mammillaria*）

本属有150～400种，是整个仙人掌族群中除仙人掌属（Opuntia）之外，种类最为繁多的一个仙人掌属种，茎有球状至圆筒状或柱状。单生或丛生，有的具肉质根。原产于墨西哥、美国南部、西印度群岛、中美洲、哥伦比亚和委内瑞拉的半沙漠地区。茎不具棱，全被排列规则的疣突包围，疣突圆锥状或圆柱状，很多种类含有白色乳汁。花漏斗状或钟状，花色丰富，有白、黄、橙、红、粉和紫色，昼开夜闭。大多数种类的花在球体顶端成圈状着生。喜温暖、干燥和阳光充足环境。不耐严寒，耐半阴和干旱，怕水湿。宜肥沃、疏松和排水良好的沙质壤土。生长适温18～20℃，冬季温度不低于7℃。春季至秋季的生长期适度浇水，春末至夏季每月施肥1次，冬季控制浇水。冬末或早春室内播种，发芽温度19～24℃。早春分株，初夏扦插或嫁接繁殖。盆栽点缀于案头、书桌、茶几，十分别致。如群生盆栽，好似山石盆景，自然雅致，非常耐观。

芳香球▶
（*Mammillaria baumii*）

又名香花球（丸）。多年生肉质植物。原产于墨西哥东北部。株高8～10cm，冠幅10～12cm。植株单生，常群生。茎球形至卵球形，中间绿色，刺座着生周围刺30～35枚，白色，像线团一样；中刺5～6枚，淡黄色。花钟状，黄色。花期夏季。

芳香球

红花高砂

◀红花高砂
（*Mammillaria bocasana* 'Roseiflora'）

又名红花棉花球。多年生肉质植物。原产于墨西哥中部。株高4～5cm，冠幅不限定。植株球形，常丛生。茎表皮蓝绿色，具8～13个细长锥形疣突螺旋排列的棱，刺座密集，着生周围刺25～30枚，发丝状，白色，软毛状；中刺1～3枚，有时达5枚，黄褐色，其中1枚有钩。花钟状，鲜红色，花径1.5cm。花期春季。

白玉兔缀化

◀白玉兔缀化
（*Mammillaria geminispina* 'Cristata'）

　　又名白神球缀化，为白玉兔的缀化品种。多年生肉质植物。株高20～25cm，冠幅20～25cm。植株茎体由球形或圆筒形扁化呈鸡冠状或山峦状，中间绿色，刺座具白色绵毛，着生周围刺16～20枚，白色；中刺2～4枚，白色，顶端褐色。花钟状，白色，长1.5cm，具红色条纹。花期夏、秋季。

白珠球缀化▶
（*Mammillaria geminispina* var. *nivea* 'Cristata'）

　　为白珠球的缀化品种。多年生肉质植物。株高10～12cm，冠幅12～15cm。植株冠状，由球形至圆筒形扁化呈鸡冠状或山峦状，茎表皮灰绿色，其棱变成锥状疣突，刺座着生白色的短刺和发丝状毛。花小，钟状，紫红色，花径1～1.5cm。花期春、夏季。

白珠球缀化

明日香姬

◀明日香姬
（*Mammillaria gracilis* 'Arizona'）

　　又名明香姬、可怜丸，为银毛球的栽培品种。多年生肉质植物。株高6～8cm，冠幅15～18cm。植株球形至圆筒形，肉质柔软，常群生，表皮墨绿色。刺座着生周围刺12～17枚、中刺3枚和绵毛，均为白色。花钟状，淡红色。花期春季至夏季。

丽光殿▶
（*Mammillaria guelzowiana*）

　　多年生肉质植物。原产于墨西哥。株高4～6cm，冠幅7～8cm。茎球形，绿色，肉质柔软。刺座着生周围刺60～80枚，白色发丝状；中刺1枚，黄色、红色或褐色，刺端有钩。花漏斗状，紫红色，花径5～6cm。花期夏季。

丽光殿

菊花球

◀菊花球
（*Mammillaria hemandezii*）

多年生肉质植物。株高6 ～ 7cm，冠幅12 ～ 15cm。植株球形至圆筒形，茎表皮灰绿色至褐绿色，其棱变成锥状疣突。刺座着生灰白色的短刺，呈菊花状。花钟状，粉红色至紫粉色，长2.5cm。花期春季。

白鸟▶
（*Mammillaria herrerae*）

多年生肉质植物。原产于墨西哥中部。植株单生或群生。株高3 ～ 4cm，冠幅3 ～ 4cm。茎球形，质软，表皮中绿色。刺座上密生白色周围刺，布满整个球体。花钟状，淡粉红至淡紫红色，长2.5cm。花期春夏季。

白鸟

白鸟缀化

◀白鸟缀化
（*Mammillaria herrerae* ‘Cristata’）

为白鸟的缀化品种。多年生肉质植物。株高3 ～ 4cm，冠幅8 ～ 10cm。植株由球形扁化成鸡冠状或山峦状。茎体肉质，质软，表皮中绿色。刺座上密生白色周围刺，布满整个株体。花钟状，淡粉红至淡紫红色，长2.5cm。花期春夏季。

白星▶
（*Mammillaria plumosa*）

多年生肉质植物。原产于墨西哥北部。株高10 ～ 12cm，冠幅20 ～ 30cm。植株群生，茎球形，表皮中绿色，具8 ～ 13长锥形疣突呈螺旋状排列的棱，腋间有白色绵毛，刺座着生周围刺40枚，白色羽毛状，无中刺。花钟状，黄色或绿白色，长1.5cm。花期夏末。

白星

春星

艳珠球

▲春星

（*Mammillaria humboldtii*）

多年生肉质植物。原产于墨西哥。株高
8～10cm，冠幅10～15cm。植株单生，偶尔分枝，
茎球形至长球形，表皮中绿色，具8～13长锥形疣
突呈螺旋状排列的棱，刺座着生白色羽毛状绵毛。
花钟状，黄色或绿白色，长1.5cm。花期夏末。

▲艳珠球

（*Mammillaria spinosissima* 'Pico'）

为猩猩球的栽培品种。多年生肉质植物。株高
10～12cm，冠幅10～12cm。植株球形至圆筒形，
茎表皮青绿色，其棱变成锥状疣突，顶端刺座着生1
枚特长的黄褐色中刺。花钟状，紫红色。花期夏季。

黛丝疣冠

佩雷

▲黛丝疣冠

（*Mammillaria theresae* 'Cristata'）

又名黛丝疣缀化，为黛丝疣球的缀化品种。多
年生肉质植物。株高4～6cm，冠幅8～12cm。植
株冠状，茎扁化呈鸡冠状，表皮红色，扭曲卷叠的
茎上生有羽毛状短毛刺。花筒状，洋红色，花径
3cm。花期夏季。

▲佩雷

（*Mammillaria perezdelarosae*）

又名帕莱兹红乳突球。多年生肉质植物。原产
于墨西哥。株高3～4cm，冠幅10～12cm。植株单
生，常群生，茎球形，疣突有绒毛，周围刺46～58
枚，白色。中刺1～3枚，有钩，褐色或黑色。花钟
状，白色或粉红色，长1.5cm。花期春、夏季。

奇仙玉

（36）白仙玉属（*Matucana*）

本属有15种。为中小型植株，球形至圆柱状。单生或丛生。主要分布于秘鲁。刺密集，细而硬。花顶生，花筒细长，花小，色彩艳丽。喜温暖、干燥和阳光充足环境。不耐寒，耐半阴和干旱，怕水湿。生长适温15～25℃，冬季温度不低于10℃。宜肥沃、疏松、排水良好和富含石灰质的沙壤土。早春播种，发芽适温21～24℃；初夏切顶嫁接。幼年刺美，成年花美，盆栽摆放于写字台、窗台、地柜、茶几、镜前等处十分新鲜有趣。也可装饰商场橱窗或精品柜，具有独特的观赏品位。有些种类已归入刺翁柱属（*Oreocereus*）。

▲奇仙玉
（*Matucana madisoniorum*）

又名麦迪逊白仙玉。多年生肉质植物。原产于秘鲁。株高10～12cm，冠幅7～8cm。植株单生或群生。茎球形至圆筒形，灰绿色，具12～18低矮的棱，刺座小，排列稀，刺1～3枚，黑褐色至灰色，基部黄色。花顶生，长管喇叭状，鲜红色，花径5cm。花期初夏。

（37）花座球属（*Melocactus*）

本属有20多种。球形或长球形，偶有分枝。原产于美洲的中部和南部、古巴及西印度群岛的海岸地区。具明显的刺棱。成年植株都会在球体顶部长出一个由刚毛和绒毛组成的台状花座，有些种类逐渐伸长可超过1m。花着生在花座上。花漏斗状，昼开夜闭，花期夏季。喜温暖、干燥和阳光充足环境。不耐寒，耐干旱，怕水湿。宜肥沃、疏松和排水良好的酸性沙质壤土。生长适温15～25℃，冬季温度不低于12℃，但可耐5℃短暂低温。生长期适度浇水，切忌向花座上浇水，每月施肥1次，冬季控制浇水，在湿冷情况下易引起根部腐烂。春季播种，发芽温度19～24℃；初夏取旁生仔球嫁接。盆栽摆放于客厅、窗台或书房，灰蓝色的球体让人眼前一亮，使居室变得高雅、温馨、充满生机。

翠云

▲翠云
（*Melocactus violaceus*）

多年生肉质植物。原产于巴西。株高15～20cm，冠幅15～20cm。株形较大，单生，球形，茎具10～12棱，棱缘有时弯曲，表面蓝绿色，刺座着生刺10～15枚，红褐色，其中1枚长而粗。花座与球体基本一样大，密生褐红色刚毛。花漏斗状，紫红色，花径1.0～1.2cm。花期夏季。为夏型种。

紫云

▲紫云
（*Melocactus disciformis*）

多年生肉质植物。原产于巴西。株高12～15cm，冠幅12～15cm。植株单生，球形，茎具11～13棱，表面深绿色，刺座着生刚刺9～11枚，褐色或灰褐色。花座低，白色。花漏斗状，桃红色，花径1～2cm。花期夏季。为夏型种。

蓝云锦

▲蓝云锦
（*Melocactus azureus* 'Variegata'）

为蓝云的斑锦品种。多年生肉质植物。株高14～20cm，冠幅10～15cm。植株单生，球形，茎具9～12直棱，表皮镶嵌黄色斑纹或通体黄色，顶部生长锥附近为蓝绿色，刺座着生周围刺7～9枚，中刺1枚，均为灰白色，尖端深褐色。花漏斗状，粉红色。花期夏季。为夏型种。

（38）残雪柱属（*Monvillea*）

本属有20种。茎细长，圆柱形，直立，匍匐或攀援的仙人掌类植物。原产于南美洲的热带地区。棱少，刺座密集。花钟状至漏斗状，花筒长7～19cm，夜间开放，仅开一个晚上。喜温暖、干燥和阳光充足环境。较耐寒，耐半阴和干旱，怕水湿和强光。生长适温18～22℃，冬季温度不低于5℃。以肥沃、疏松和排水良好的沙质壤土为宜。生长期充足浇水，每4～5周施肥1次，夏季高温、强光时适当遮阳。春季播种，发芽温度19～24℃；还可扦插和嫁接繁殖。其茎面的颜色受温度影响而变化，有时灰绿色，有时蓝绿或褐红色，非常特殊，具有较高趣味性与欣赏性。

残雪之峰

◀残雪之峰
（*Monvillea spegazzinii* 'Cristata'）

为残雪柱的缀化品种。多年生肉质植物。株高20～40cm，冠幅20～30cm。植株冠状，茎扁化呈鸡冠状，表皮蓝灰色，由于分枝性能强，其形状千变万化，形成高低错落的山峰。其表皮颜色受温度影响而变化，有时出现灰绿色或褐红色，顶端刺座密生之处着生棕褐色细短刺。花漏斗状，白色，夜开昼闭。花期夏季。

（39）龙神柱属（*Myrtillocactus*）

本属有4种。原产于墨西哥和危地马拉的半干旱地区。树状或灌木状仙人掌。茎具5～9棱，表皮淡蓝绿色至深蓝绿色，刺座稀，刺少。花漏斗状，花筒短，上有鳞片和少许的绒毛，白天开花。花期夏季。喜温暖、干燥和阳光充足环境。不耐寒，耐半阴和干旱，怕水湿和强光。宜肥沃、疏松和排水良好的沙质壤土。生长适温15～25℃，冬季温度不低于10℃。中春至初秋的生长期适度浇水，并每月施低氮素肥1次，其他时间保持适当湿度。春季播种，发芽温度19～24℃，也可取茎部扦插和嫁接繁殖。幼株盆栽点缀窗台、阳台或客厅，素雅新奇；大株盆栽摆放于宾馆大堂、商厦橱窗或仙人掌专类园，显得蓝绿光润，雄伟壮丽。

龙神木

▲龙神木

（*Myrtillocactus geometrizans*）

树状仙人掌植物。原产于墨西哥。株高3～4m，冠幅1～2m。茎干柱状，从基部分枝，茎粗10cm，具5～6棱，表面浅蓝绿色。棱脊刺座稀疏，刺细而短，有周围刺5～9枚；中刺1枚，褐色至黑色。花漏斗状，绿白色，花径2.5～3.5cm。花期夏季。为夏型种。

龙神木缀化

◄龙神木缀化

（*Myrtillocactus geometrizans* 'Cristata'）

又名龙神冠，为龙神木的缀化品种。多年生肉质植物。株高20～40m，冠幅10～20m。植株冠状，茎扁化呈鸡冠状或山峦状，表皮蓝绿色，被白霜。刺座稀疏，有周围刺5～9枚，红褐色；中刺1枚，稍长，黑色。花漏斗状，绿白色。花期夏季。为夏型种。

（40）智利球属（*Neoporteria*）

本属有20～30种。植株单生，有时群生。原产于智利的海岸地区，少数种类原产于秘鲁南部和阿根廷西部。肉质根粗大，茎球形至短圆筒形，茎上有棱、刺，表皮深褐色至黑色，常被各种形状的瘤块分割。花通常单生，漏斗状或钟状。喜温暖、干燥和阳光充足环境。不耐寒，耐干旱和半阴，怕高温和水湿。宜肥沃、疏松和排水良好的沙质壤土。生长适温15～25℃，冬季温度不低于10℃。中春至初秋的生长期正常浇水，每月施肥1次，其余时间保持干燥。春季或夏季播种，发芽温度19～24℃；初夏取顶茎扦插或嫁接。盆栽点缀于窗台、书桌或茶几，极像一个工艺小鸟窝，栩栩如生，非常有趣，给居室环境带来浓厚的生活乐趣。

白翁玉

▲白翁玉
（*Neoporteria gerocephala*）

多年生肉质植物。原产于智利。株高10～15cm，冠幅7～8cm。茎球状或圆筒形，茎粗7～8cm，灰绿色，有18～25棱，刺座灰白色，密生短绵毛，周围刺25～30枚，灰白色；中间5～8枚刺，黄褐色。花顶生，筒状漏斗形，桃红色，花径3.5～4cm。花期早春。

粉花秋仙玉

◀粉花秋仙玉
（*Neoporteria hankeana* 'Roseiflora'）

为秋仙玉的栽培品种。多年生肉质植物。株高10～15cm，冠幅10～15cm。植株短圆筒形，茎具13～15个疣突的棱，表皮深绿色，刺座上着生灰白色的周围刺和黄色的中刺。花漏斗状，淡粉红色。花期秋季。

（41）令箭荷花属（*Nopalxochia*）

本属植物有4种，为分枝的附生类仙人掌，与昙花属关系非常密切。原产于墨西哥南部和中美洲的热带雨林中。茎舌状，具节和无刺，基部常圆筒形，具缺刻的边缘。春末至夏季开花，花漏斗状、钟状或杯状，昼开夜闭，每花开3～4天。果实卵圆形，红色。喜温暖、湿润和半阴环境。不耐寒，怕强光。生长适温20～28℃，冬季温度不低于10℃。宜肥沃、疏松和排水良好的微酸性腐叶土。春季播种，发芽适温19～24℃；或花后取茎段扦插。盆栽摆放在客室或厅堂，花叶色彩艳丽，可带来迎客的气氛。若用多种花色的令箭荷花布置展览，非常别致惊艳。

令箭荷花

▲令箭荷花
（*Nopalxochia ackermannii*）

又名孔雀仙人掌。多年生肉质植物。原产于墨西哥。株高30～45cm，冠幅30～40cm。株体由叶状茎代替，茎扁平，披针形似令箭，鲜绿色，边缘略带红色。有粗锯齿，中脉有明显突起。花大，着生于茎先端两侧，花色有深红、白、黄、粉红、红和橙红等色，花径15～20cm。花期春、夏季。

金晃

▲金晃
（*Notocactus leninghausii*）

多年生肉质植物。原产于巴西南部。株高40～60cm，冠幅15～20cm。植株单生或群生。球形至柱状，茎中绿色，粗5～10cm，有30～35棱，在每个棱脊的刺座上着生白色绵毛和淡黄色、深黄色或淡褐色刺，其中周围刺15～20枚或更多，中刺3～4枚。花漏斗状，亮黄色或柠檬黄色，花径4～5cm。花期夏季。为夏型种。

（42）南国玉属（*Notocactus*）

本属有20多种。植株单生。原产于巴西、乌拉圭和阿根廷的草原地带。球状至长球状，少数种圆柱状，最高可达1m。棱数不一，直棱或螺旋状排列，刺座多绵毛、针状刺或刚毛状刺。花顶生，漏斗状，黄色、紫红色或玫瑰红色。有的已将本属归入锦绣玉属（*Parodia*）中。喜温暖、干燥和阳光充足环境。不耐寒，耐半阴和干旱，怕水湿和强光。生长适温15～24℃，冬季温度不低于7℃。宜肥沃、疏松和排水良好的沙质壤土。中春至夏末适度浇水，每6～8周施用低氮素肥1次，其余时间保持稍湿润。春季或夏季播种，发芽温度19～24℃；也可用仔球扦插和嫁接繁殖。盆栽点缀窗台、案头或书桌，奇特的球形显得格外活泼有趣。

金晃冠

▲金晃冠

（*Notocactus leninghausii* 'Cristata'）

又名金晃缀化，为金晃的缀化品种。多年生肉质植物。株高6～8cm，冠幅8～12cm。植株冠状，茎扁化呈鸡冠状或山峦状，表皮中绿色。刺座排列紧密，着生周围刺15枚，刚毛状，黄白色；中刺3～4枚，细针状，黄色。花漏斗状，黄色，花径4～5cm。花期夏季。为夏型种。

英冠玉锦

▲英冠玉锦

（*Notocactus magnifica* 'Variegata'）

又名莺冠锦，为英冠玉的斑锦品种。多年生肉质植物。株高7～15cm，冠幅20～40cm。植株球形至圆筒形，茎具10～15个直棱，表皮镶嵌黄色斑纹或通体黄色，稍带绿晕，刺座上密生黄白色绒毛状周围刺12～15枚和中刺8～12枚。花漏斗状，黄色，花径5cm。花期夏季。为夏型种。

红小町

◀红小町

（*Notocactus scopa* var. *ruberrimus*）

为小町的变种。多年生肉质植物。株高10～25cm，冠幅15～20cm。植株单生或群生。球形至圆筒形，表皮绿色，有30～35棱，疣突细小，刺座着生中刺3～4枚，周围刺40枚，洋红色。花顶生，漏斗状，黄色，花径3～4cm。花期春夏季。为夏型种。

◀雪光
（*Notocactus haselbergii*）

　　又名白雪光。多年生肉质植物。原产于巴西南部。株高4～15cm，冠幅12～18cm。植株单生，球形，有时从基部萌生仔球。茎具30～60棱，表皮灰绿色，具呈螺旋状排列的小疣状突起。刺座具白色绵毛，着生周围刺25～60枚、中刺3～5枚，稍长，均为淡黄色至黄色。花漏斗状，橙红色或橙黄色，花径1.5cm。花期冬季。为夏型种。

雪光

▼雪光冠
（*Notocactus haselbergii* 'Cristata'）

　　为雪光的缀化品种。多年生肉质植物。株高6～8cm，冠幅10～12cm。植株冠状，茎扁化呈鸡冠状，表皮深绿色，整个冠状茎上长有白色和褐色混杂的刚毛状刺。花漏斗状，黄色，花径1.5cm。花期夏季。为夏型种。

雪光冠

（43）帝冠属（*Obregonia*）

本属仅1种，是一种生长慢的仙人掌，植株单生，有时群生。本属与岩牡丹属（*Ario-carpus*）关系密切。原产于墨西哥东北部的干燥石砾丘陵地带。具粗大肉质根。茎覆盖似叶的疣状突起，排列成莲座状，顶端中心着生白色绵毛。花顶生，漏斗状，白色或粉红色。花期夏季。喜温暖、干燥和阳光充足环境。较耐寒，耐半阴和干旱，怕水湿，也耐强光。生长适温15～25℃，冬季温度不低于7℃。以肥沃、疏松、排水良好和含石灰质的沙质壤土为宜。高温强光时适当遮阳，春末至夏末生长期适度浇水，每4～5周施低素氮肥1次，秋季减少浇水，冬季至早春保持干燥。春季或夏季播种，发芽温度19～21℃，夏季也可嫁接繁殖。盆栽适于室内书桌、案头和茶几上摆设，株形很像僧帽，使居室显得自然活泼。也适宜与其他仙人掌或多肉植物制作组合盆栽和玻璃箱，塑造自然景观欣赏。

帝冠▶
（*Obregonia denegrii*）

又名帝冠牡丹。多年生肉质植物。原产于墨西哥东北部。株高7～10cm，冠幅10～12cm。植株单生，根块状，肉质肥大。变态茎扁球形，似皇冠。茎被菱形疣突包围，疣突三角形，呈螺旋状排列，表皮淡灰绿色或淡褐绿色，刺座生于疣突顶端，着生绵毛和细弱稍弯的白色软刺2～4枚。花单生，漏斗状，花瓣窄，白色或淡粉红色，花径2～2.5cm，花心黄色。花期夏季。为夏型种。

帝冠

帝冠缀化

◀帝冠缀化
（*Obregonia denegrii* f. *cristata*）

为帝冠的缀化品种。多年生肉质植物。株高7～10cm，冠幅10～15cm。植株冠状。茎扁化呈鸡冠状，表皮深绿色，冠状茎上的菱形疣突生有白色绵毛和细小白色弯刺2～4枚。花单生，漏斗状，白色，花心黄色。花期夏季。为夏型种。

◀ 小叶白帝冠缀化
（*Obregonia denegrii* f. *cristata* 'Variegata'）

　　为小叶白帝冠的缀化品种。多年生肉质植物。植株冠状。株高3～4cm，冠幅6～8cm。茎扁化呈鸡冠状，表皮通体白色，冠状茎上的长三角形疣突小巧密集，中间生长点连成线状，并生有白色绵毛和白色细小弯刺。花单生，漏斗状，白色。花期夏季。为夏型种。

小叶白帝冠缀化

帝冠锦 ▶
（*Obregonia denegrii* 'Variegata'）

　　为帝冠的斑锦品种。多年生肉质植物。株高3～4cm，冠幅4～5cm。植株单生，扁球形。茎被菱形疣突包围，疣突三角形，呈螺旋状排列，表皮镶嵌黄色斑纹或通体黄色，稍带绿晕，疣突顶端的刺座生有白色绵毛和黄色弯刺。花单生，漏斗状，白色。花期夏季。为夏型种。

帝冠锦

旋疣帝冠

◀ 旋疣帝冠
（*Obregonia denegrii* 'Spriale Tubercle'）

　　为帝冠的栽培品种。多年生肉质植物。株高7～10cm。冠幅10～12cm。植株单生，根块状，肉质肥大。茎被菱形疣突包围，疣突三角形，呈螺旋状排列，表皮淡灰绿色或淡褐绿色，刺座生于疣突顶端，着生绵毛和细弱稍弯的白色软刺2～4枚。花单生，漏斗状，白色，花径2～2.5cm。花期夏季。为夏型种。

（44）仙人掌属（Opuntia）

本属约有200种。植株大小相差悬殊，有高山植物和地被植物、灌木和乔木状种类。原产于美洲北部、中部和南部以及西印度群岛，分布极广。仙人掌属植物通常扁平状，有时圆筒状、棍棒状或球状，部分分枝，刺座着生刺和钩毛，少数种类有似叶的鳞片，但不久脱落。成年植株在顶端或侧生刺座上单生漏斗状或碗状花。花期春季或夏季。白天开花。大多数种类生长适温10～25℃，冬季温度不低于7℃，少数种类可耐0℃以下低温。喜温暖、干燥和阳光充足环境。早春至秋季生长期应适度浇水，每3～4周施肥1次，其余时间保持干燥。春季播种，发芽温度19～21℃；初夏可扦插或嫁接繁殖。盆栽点缀窗台、客厅或儿童房，幼嫩植株的浅绿茎节和红色新芽十分清新宜人，使居室活泼可爱、充满生机。

昼之弥撒

▲昼之弥撒
（*Opuntia articulata* var. *papyracantha*）

又名纸刺。多年生肉质植物。原产于阿根廷。株高8～10cm，冠幅2～4cm。植株球节状，卵圆形，不分枝。茎表皮灰绿色，刺座上具灰白色钩毛，有刺1～3枚，纸质，白色，长3～10cm。花漏斗状，白色。花期夏季。

黄毛掌▶
（*Opuntia microdasys*）

又名金鸟帽子。多年生肉质植物。原产于墨西哥北部和中部。株高40～60cm，冠幅40～60cm。植株灌木状，茎扁平，长圆形、倒卵形或几乎圆形。茎节淡绿色至中绿色，长6～15cm。刺座白色，着生细小、黄色钩毛，通常无刺。花碗状，浅黄色，花径4～5cm。外瓣常有红晕。花期夏季。

黄毛掌

白毛掌

◀白毛掌

（*Opuntia microdasys* var. *albispina*）

为黄毛掌的变种。多年生肉质植物。株高
30～50cm，冠幅30～50cm。植株比黄毛掌稍矮，
茎节略小，刺座稍稀，钩毛密生，白色。花蕾红
色，花碗状，黄白色。花期夏季。

红毛掌▶

（*Opuntia microdasys* var. *rufida*）

又名红褐钩刺仙人掌，为黄毛掌的栽培品
种。多年生肉质植物。株高30～50cm，冠幅
30～50cm。植株与白毛掌接近，茎节宽而厚，
灰绿色。刺座略稀，钩毛红褐色。花碗状，黄色。
花期夏季。

红毛掌

白妙

◀白妙

（*Opuntia orbiculata*）

又名毛团扇。多年生肉质植物。原产于墨西
哥北部。株高50～60cm，冠幅60～100cm。植
株茎节圆形至椭圆形，长15～20cm，青绿色，
刺座着生5～6枚黄白色细针状刺，还密生绢丝状
的银白色绵毛。花漏斗状，黄色，花径7～8cm。
花期夏季。

（45）彩髯玉属（Oroya）

本属有2～3种。原产于秘鲁4000m的高海拔地区。植株单生，球形或扁球形。具肉质根，棱直，分成颚状瘤突。刺呈栉状排列。花漏斗状或钟状。喜温暖、干燥和阳光充足环境。不耐寒，耐半阴和干旱，怕水湿。生长适温20～28℃，冬季温度不低于13℃。宜肥沃、疏松和排水良好的沙质壤土。春季播种，发芽适温18～21℃。盆栽摆放在窗台、阳台或书房，褐黄色的密刺闪闪耀眼，使居室环境高雅迷人，充满魅力。

丽髯玉▶
（Oroya neoperuviana）

又名秘鲁髯玉。多年生肉质植物。原产于秘鲁。株高15～20cm，冠幅10～15cm。植株单生，茎球形，深绿色或淡蓝绿色，有35棱。刺座长，着生周围刺10～30枚，中刺6枚，淡黄褐色。花钟状，淡红色，基部黄色，长1.5～3cm。花期夏季。

丽髯玉

▼丽髯玉缀化
（Oroya neoperuviana 'Cristata'）

为丽髯玉的缀化品种。多年生肉质植物。株高15～20cm，冠幅15～20cm。植株单生，茎扁化呈鸡冠状，深绿色或淡蓝绿色。刺座长而密集，着生众多周围刺和中刺，淡褐黄色。花钟状，淡红色，基部黄色。花期夏季。

丽髯玉缀化

（46）矮疣属（*Ortegocactus*）

本属仅有1种。原产于墨西哥，是一种矮小的带有疣状突起的仙人掌。疣突上有深浅不同的沟痕。花着生在刺座上，长2～3cm。喜温暖、干燥和阳光充足环境。不耐寒，耐半阴和干旱，怕水湿。生长适温20～28℃，冬季温度不低于12～15℃。

帝王龙

◀**帝王龙**
（*Ortegocactus macdougallii*）

又名帝王球（丸）、马氏矮瘤。多年生肉质植物。原产于墨西哥。株高15～20cm，冠幅15～20cm。植株单生或群生，有发达的根部。茎球形，肉质，表皮浅灰绿色，有网状分布的瘤块突起。刺座着生周围刺7～8枚，中刺1枚，刺尖黑色。花漏斗状，黄色，外部红色，花径2～2.5cm。花期春秋季。为夏型种。

（47）锦绣玉属（*Parodia*）

本属有35～50种。原产于哥伦比亚、巴西、玻利维亚、巴拉圭、阿根廷和乌拉圭。植株单生或基生，仔球呈群生状，茎球形，有时变成柱状，基部分枝。棱呈螺旋状排列，新刺座有毛，中刺直或具钩。花顶生，钟状或漏斗状，昼开夜闭。不耐寒，生长适温15～25℃，冬季温度不低于5℃。喜温暖和阳光充足环境。春末至夏末适度浇水，每6～8周施用低氮素肥1次，其余时间保持稍湿润。春季或夏季播种，发芽温度19～21℃；也可用仔球扦插和嫁接繁殖。盆栽适于装饰居室窗台。

魔神之红冠▶
（*Parodia maasii* var. *brunispina* 'Cristata'）

又名红魔之冠，为魔神球的缀化品种。多年生肉质植物。株高10～15cm，冠幅15～20cm。植株冠状，茎扁化呈鸡冠状，表皮中绿色或灰绿色，冠状茎的刺座上着生黄褐色周围刺和中刺，其中1枚向下弯的中刺较长，尖端弯曲。花顶生，漏斗状，橙黄色，花径3～4cm。花期春季。

魔神之红冠

（48）飞鸟属（*Pediocactus*）

本属约6种，又称月华玉属，单生或丛生，小型圆筒形仙人掌。原产于美国西部和南部的沙砾地区。肉质柔软，由小疣突组成的棱呈螺旋状排列。刺质软，长短不一。花钟状，有白、黄绿、粉红等色。较耐寒，生长适温15～25℃，冬季温度不低于2℃。喜温暖和阳光充足环境。春季至夏季适度浇水，每6～8周施用低氮素肥1次，其余时间保持干燥。春季播种，发芽温度19～21℃。初夏时嫁接繁殖。珍稀品种，适用于盆栽观赏。

斑鸠▶
（*Pediocactus peeblesianus* var. *fickeisenii*）

为飞鸟的变种。多年生肉质植物。原产于美国。株高4～6cm，冠幅3～4cm。植株单生，成年后群生，球形或卵圆形。茎肉质柔软，由小疣状突起组成，表皮淡绿色，疣突顶端的刺座上着生浅褐色周围刺3～7枚，中刺1枚，特长，刺柔软呈羊角状。花钟状，白色或乳黄色，具红粉色中肋。花期春季。

斑鸠

（49）斧突球属（*Pelecyphora*）

本属有3种，是濒危保护的小型仙人掌植物。原产于墨西哥中部的含石灰质高原地区。肉质根，茎球形，球体被斧状或菱叶状疣突覆盖，疣突呈螺旋状排列，刺座长栉形。花单生或簇生顶端，钟状或漏斗状，洋红或紫红色。花期春季。不耐寒，生长适温15～25℃，冬季温度不低于8℃。喜温暖和阳光充足环境。春、夏季适度浇水，每5～6周施用低氮素肥1次，其余时间保持干燥。春季播种，发芽温度19～21℃；初夏取仔球嫁接繁殖。盆栽适用于点缀书桌和博古架。全属种类均为濒危种，为一级保护的珍稀多肉植物。

精巧殿

◀**精巧殿**
（*Pelecyphora pseudopectinata*）

又名仙人斧。多年生肉质植物。原产于墨西哥。株高6～7cm，冠幅4～5cm。植株圆球形至长卵形。茎肉质较坚硬，棱不明显，疣突斧头形，呈螺旋状排列，表皮深绿色，刺座细长形，着生灰白色短刺，排列成篦齿状。花顶生，钟状，淡粉红色，中脉红色，花径2.5～3cm。花期早春。

精巧殿缀化▶
（*Pelecyphora pseudopectinata* 'Cristata'）

为精巧殿的缀化品种。多年生肉质植物。株高6～7cm，冠幅8～10cm。植株冠状，茎扁化呈鸡冠状或山峦状，肉质较坚硬，棱不明显，疣突斧头形呈不规则排列，表皮灰绿色，有的刺座连接凹陷呈沟状，其他刺座着生灰白色细刺，排列成篦齿状。花顶生，钟状，紫红色，中脉红色，花径3cm。花期早春。

精巧殿缀化

精巧球

◀**精巧球**
（*Pelecyphora aselliformis*）

又名青红球。多年生肉质植物。原产于墨西哥。株高5～10cm，冠幅4～5cm。植株小型，圆球形，丛生。茎肉质较坚硬，棱不明显，疣突斧头形，呈螺旋状排列，表皮灰绿色，刺座细长形，着生细刺8～60枚，灰白色，排列成篦齿状。花顶生，钟状，紫红色，中脉红色，花径3～4cm。花期早春。

精巧球缀化▶
（*Pelecyphora aselliformis* 'Cristata'）

　　为精巧球的缀化品种。多年生肉质植物。株高8～10cm，冠幅8～10cm。植株冠状，茎扁化呈鸡冠状或山峦状，肉质较坚硬，棱不明显，疣突斧头形，呈不规则排列，表皮灰绿色，有的刺座连接凹陷呈沟状，其他刺座着生灰白色细刺，排列成篦齿状。花顶生，钟状，紫红色，中脉红色，花径3cm。花期早春。

精巧球缀化

（50）叶仙人掌属（*Pereskia*）

　　又称木麒麟属，本属有16种。乔木状、攀援或灌木状仙人掌。原产于美国、墨西哥、中美洲、南美洲热带至阿根廷北部和西印度群岛的丘陵地区。本属植物有刺，分枝，成年植株木质化。有些种类有块状根。叶片肉质，通常常绿，披针形至圆形或长圆形，有的种类休眠期落叶。花单生或腋生，碗状，有白色、粉色和红色。花期春、夏季。不耐寒，生长适温16～24℃，冬季温度不低于10℃。喜温暖、湿润和阳光充足环境。高温强光时应适当遮阳。春季至夏季应充分浇水，每5～6周施低氮素肥1次，冬季适度浇水。春季播种，发芽温度19～21℃；春末至夏季取茎扦插。盆栽点缀窗台、阳台或门庭，亮绿色的叶片青翠宜人，使居室显得高雅简洁。在南方常用于绿篱、墙垣、花架，开花时非常艳丽迷人。

叶仙人掌

◀叶仙人掌
（*Pereskia aculeata*）

　　又名木麒麟。多年生肉质植物。原产于美国佛罗里达州、西印度群岛、巴拉圭至巴西南部。株高8～10m，冠幅无限制，植株灌木状，茎具攀援性，具刺。叶片披针形或椭圆形至卵圆形，柔软，深绿色，长11cm。刺座褐色，着生1～3枚淡黄褐色刺。花单生或簇生，杯状，白色或玫红色，花径4～5cm。花期夏秋季。为夏型种。

美叶麒麟 ▶

（*Pereskia aculeata* 'Godseffliana'）

又名金烂锦，为叶仙人掌的栽培品种。多年生肉质植物。株高2～3m，冠幅70～100cm。植株为落叶蔓性灌木。茎具刺座，着生1～3枚淡黄褐色刺。叶披针形或长椭圆形，叶面绿色带红，具金黄色斑晕。圆锥花序，花杯状，紫红色，花径5cm。花期夏秋季。为夏型种。

美叶麒麟

（51）子孙球属（*Rebutia*）

本属约有40种，又名宝山属，大多数为矮生小型仙人掌，单生或群生。原产于玻利维亚、阿根廷北部和西北部的海拔4000m的高山地区。本属植物具有美丽的花色和容易栽培的特点，有橘黄、黄、红等花色。茎球形至圆筒形，有些种类棱分裂成无数疣状突起，刺座有许多短刺毛。夏季，靠近茎的基部着生许多喇叭状花，昼开夜闭。喜温暖、干燥和阳光充足环境。不耐寒，耐半阴和干旱，怕水湿和强光。生长适温18～25℃，冬季温度不低于5℃。宜肥沃、疏松和排水良好的沙质壤土。怕高温，春季至夏季适度浇水，每3～4周施肥1次，其余时间保持完全干燥。早春播种，发芽温度19～21℃；春夏季分株或嫁接繁殖。盆栽适用于点缀窗台、客厅茶几或书桌。

黑丽球

◀ 黑丽球

（*Rebutia rauschii*）

又名青蛙王、紫丽丸。多年生肉质植物。原产于玻利维亚。株高4～5cm，冠幅8～10cm。植株单生，易群生，卵球形。单茎粗3cm，具16个以上呈螺旋状排列的矮疣突，表皮黑绿色至紫色，白毡状刺座上着生黄色或黑色周围刺。花喇叭状，洋红色，花径3cm。花期夏季。为夏型种。

绿丽球

绿丽球
（*Rebutia rauschii* var. green）

为黑丽球的变种。多年生肉质植物。原产于玻利维亚。植株单生，易群生，卵球形。株高4～5cm，冠幅8～10cm。单茎粗3cm，具16个以上呈螺旋状排列的矮疣突，表皮绿色，白毡状刺座上着生黄色或黑色周围刺。花喇叭状，洋红色，花径3cm。花期夏季。为夏型种。

（52）假昙花属（*Rhipsalidopsis*）

本属约有6种，现已并入念珠掌属（*Hatiora*）。为附生类或陆生类，多分枝仙人掌。原产于巴西热带雨林或石砾地区。茎细长，一般分叉，直立或下垂。茎节2～4棱，棱缘有少量刺座，着生细小刚毛。花喇叭状或漏斗状，昼开夜闭。喜温暖、稍湿润和阳光充足环境。不耐寒，耐半阴，怕积水和强光。生长适温16～24℃，冬季温度不低于12℃。宜腐殖质丰富、疏松和排水良好的酸性沙质壤土。生长期充分浇水，每月施低氮素肥1次，冬季保持适当湿度，直到芽发育期可增加浇水量。春季播种，发芽温度21～24℃；春、夏季可用扦插或嫁接繁殖。盆栽或篮式栽培，装饰居室中的窗台、阳台或客厅，优美大方，呈现出喜气洋洋的欢乐气氛，也能衬托出迎客的氛围。

假昙花
（*Rhipsalidopsis gaertneri*）

又名复活节仙人掌。多年生肉质植物。原产于巴西。株高12～15cm，冠幅20～25cm。植株灌木状，半下垂。茎叶状，扁平，肉质，长圆形，中绿色，长4～7cm。每个叶状茎有3～5个疣状突起，每个刺座着生1～2枚黄褐色刚毛。花着生在新的叶状茎上，漏斗状，鲜红色，长4～8cm。花期春季。为春秋型种。

假昙花

落花之舞▶
（*Rhipsalidopsis rosea*）

多年生肉质植物。原产于巴西东南部。株高20～25cm，冠幅25～30cm。植株灌木状，分枝稠密。茎叶状，扁平，长2～4cm，具3～5棱或仅2棱，棱面中间绿色，具薄的红色边缘。刺座极小，着生少量淡褐色短绵毛和刚毛。花喇叭状，玫瑰红色，长3～4cm。花期早春。为春秋型种。

落花之舞

丝苇

（53）丝苇属（*Rhipsalis*）

本属植物约有50种，大多数为附生或岩生多年生仙人掌。原产于美洲中部和南部以及西印度群岛的热带雨林地区，其中有1种原产于热带非洲的马达加斯加和斯里兰卡。茎上常具气生根和分枝，茎节形状从圆筒形至翅状，或扁平似叶，还可分棱或角，有些种类有刺或毛。从刺座着生单个或小的群生花，花小，漏斗状，昼开夜闭。喜温暖、干燥和阳光充足环境。不耐寒，耐半阴和干旱，怕水湿。生长适温16～24℃，冬季温度不低于7℃。宜肥沃、疏松、排水良好和富含石灰质的沙壤土。春季播种，发芽适温21～24℃；春季或夏季扦插。盆栽或吊盆栽培摆放在客室、窗台、阳台或门庭，清新优美，给人以宁静祥和的气氛。

◀丝苇
（*Rhipsalis cassutha*）

又名槲寄生仙人掌。多年生肉质植物。原产于马达加斯加、斯里兰卡、热带美洲。株高3～4m，冠幅50～60cm。附生类仙人掌。变态茎柔软分节，中间绿色，光滑，无刺，每节长10～20cm。花单生，漏斗状，白色，长5～10mm。花期冬季至春季。为夏型种。

青柳▶
（*Rhipsalis cereuscula*）

多年生肉质植物。原产于巴西、阿根廷、巴拉圭。株高20～30cm，冠幅20～30cm。附生类仙人掌，主茎下垂，分枝横卧。植株无叶也无刺，刺座上着生短绵毛。花钟状，白色，长1～1.5cm。花期春末。为夏型种。

青柳

猿恋苇

◀猿恋苇
（*Rhipsalis salicornioides*）

又名念珠掌。多年生肉质植物。原产于巴西东部。附生类仙人掌。株高30～40cm，冠幅20～30cm。主茎直立，分枝横卧或悬垂。植株无叶也无刺，刺座上着生绵毛。花钟状，黄色，花径1cm。花期春末。为夏型种。

（54）仙人指属（*Schlumbergera*）

本属约有6种。灌木状，附生类或岩生类仙人掌。原产于巴西东南部的热带雨林中。植株直立后转悬垂。肉质茎分裂成扁平状、长圆形或倒卵形，截形，叶状裂片，有些种类叶状茎边缘有深浅不一的缺刻，几乎呈锯齿状。末端茎节的先端刺座上着生少量毛，并能开花和萌生茎节。花喇叭状，红色。花期冬末春初，少数种类在夏、秋开花。喜温暖、湿润和半阴环境。不耐寒，怕强光和雨淋。宜肥沃、疏松的沙质壤土。生长适温16～25℃，冬季温度不低于10℃。生长期需充足水分和较高的空气湿度，每4周施1次高磷肥，花后保持适当湿度，每3～4年在春季换盆1次。春季播种，发芽温度21～24℃；春季或初夏取叶状茎扦插或嫁接繁殖。盆栽或吊盆栽培点缀门庭、客厅或走廊，开花时密集下垂的紫红色的花朵十分诱人，使居室环境呈现出浓厚的圣诞节日气氛。

仙人指

蟹爪兰

▲蟹爪兰
（*Schlumbergera truncata*）

又名锦上添花。多年生肉质植物。原产于巴西东南部。株高20～30cm，冠幅20～30cm。植株为附生类仙人掌。茎节长圆形，肉质，鲜绿色，长4～6cm，先端截形，边缘具4～8个锯齿状缺刻。花着生于叶状茎顶端，花被片开张反卷，花色有深粉红色、红、橙、白等，长8cm。花期秋末至冬季。

◀仙人指
（*Schlumbergera* x *buckleyi*）

又名圣诞节仙人掌、圆齿蟹爪兰。多年生肉质植物。株高20～35cm，株幅60～100cm。附生类仙人掌。茎叶状，长圆形或倒卵形，中脉明显，中间绿色，边缘浅波状，长2～5cm。花紫红色，两侧对称，长7cm。花期冬末。

（55）白斜子属（*Solisia*）

本属仅1种，有的已并入乳突球属（*Mammillaria*）。是一种矮生含白色乳汁的仙人掌。原产于墨西哥。茎球形至倒卵圆形，成年植株常群生，球体顶部中心凹陷，疣状突起密集，刺座长形，着生白刺呈梳状排列。花侧生，钟状，黄色或粉红色。不耐寒，生长适温15～25℃，冬季温度不低于10℃。喜温暖、稍湿润和阳光充足环境。春季至秋季适度浇水，每4周施1次低氮素肥，其余时间保持干燥。春季播种，发芽温度21～24℃，初夏取仔球嫁接繁殖。盆栽适宜点缀书桌或博古架。

芙蓉峰

▲芙蓉峰
（*Solisia pectinata* 'Cristata'）

为白斜子的缀化品种。多年生肉质植物。株高3～4cm，冠幅6～7cm。茎扁化呈鸡冠状或骆驼峰状，表皮绿色，球体被密集的疣突，疣突顶端的刺座上密生梳状短刺。花钟状，黄或粉红色，花径2～2.5cm。花期春夏季。为夏型种。

白斜子

◀白斜子
（*Solisia pectinata*）

多年生肉质植物。原产于墨西哥中部。株高5～6cm，冠幅3～5cm。植株群生，茎球形至倒卵圆形。含白色乳汁，表皮绿色，球体由密集的疣状突起组成，刺座长形，着生白刺呈梳状排列。花侧生，钟状，黄色或粉红色，花径2～2.5cm。花期春夏季。为夏型种。

（56）菊水属（*Strombocactus*）

又称独乐玉属，本属仅1种。是一种小型球形的濒危仙人掌。原产于墨西哥中部的岩石裂缝中。茎具8～13个棱，被扁平的菱形疣突，疣突呈螺旋状排列，刺座上着生3～5枚灰白色纸刺，常脱落。花顶生，漏斗状，白色或淡黄色，花径2～4cm。花期春夏季。不耐寒，生长适温15～25℃，冬季温度不低于10℃。喜温暖、干燥和阳光充足环境。春夏季可正常浇水，每3～4周施肥1次，其余时间保持干燥。春季播种，发芽温度21℃；春季或初夏分株或嫁接繁殖。盆栽宜摆放于案头、书桌或博古架，有着很高的收藏价值。

菊水

▲菊水
（*Strombocactus disciformis*）

多年生肉质植物。原产于墨西哥中部。株高12～15cm，冠幅12～15cm。植株单生，具萝卜状的肉质根。茎球形，肉质坚硬，表皮灰绿色，12～18棱，被菱状疣突，每个疣突的中心有一个白色刺座，着生1～5枚白色毛状周围刺，没有中刺。花漏斗状，白色或淡黄色，花径3cm。花期夏季。

（57）达摩团扇属（*Tephrocactus*）

又称武士掌属，本属有79种。主要原产于秘鲁、玻利维亚、阿根廷和智利。多年生肉质植物。茎球形或短柱形，茎灰绿色或深绿色，有的种类在阳光充足的情况下会变色。有刺或无刺，有的刺纸质或很细。花碗状或杯状，有黄色、粉色或白色。花期春夏季。不耐寒，生长适温15～24℃，冬季温度不低于10℃。喜温暖、低湿和阳光充足环境。春季至初秋生长期充分浇水，每4～6周施肥1次，其余时间保持干燥。春季播种，发芽温度19～21℃；春季或初夏分株、扦插或嫁接繁殖。盆栽适于摆放在窗台、书桌或地柜观赏，还可制作瓶景或框景欣赏。

习志野

◀习志野
（*Tephrocactus geometricus*）

多年生肉质植物。原产于南美洲中部。株高8～12cm，冠幅8～12cm。植株小型，茎球形，呈球节状生长，表皮灰绿色或蓝绿色，在阳光下渐变为红紫色。刺座密生绒毛状细刺，其中常有1～2枚灰白色长刺贴球而生。花碗状，白色或黄色。花期夏季。

（58）瘤玉属（*Thelocactus*）

又称天晃玉属，本属约有11种。原产于美国西南部和墨西哥中部、东部及北部。多年生肉质植物。茎球形至短圆筒形，具棱或疣状突起，中间的沟棱较短，刺座上着生花，花大，顶生，漏斗状或钟状，昼开夜闭。花期春夏季。不耐寒，生长适温16～24℃，冬季温度不低于7℃。喜温暖、低湿和阳光充足环境。中春至初秋生长期充分浇水，每2～3周施肥1次，其余时间保持干燥。春季播种，发芽温度21℃，春季或初夏分株或嫁接繁殖。盆栽摆放于窗台或落地窗旁，美丽的坚刺和硕大的花朵十分艳丽悦目。还可制作瓶景或框景观赏。

大统领

▲大统领
（*Thelocactus bicolor*）

又名五彩大统领。多年生肉质植物。原产于美国、墨西哥。株高15～20cm，冠幅10～15cm。植株单生，有时群生。茎球形，具8～13个疣状突起明显的棱，疣状突起呈螺旋状排列，表皮淡蓝绿色。刺座着生周围刺8～18枚，中刺4枚，有红色、黄色或白色。花漏斗状，深紫红色，花径4～8cm。花期夏季。为夏型种。

◀多色玉
（*Thelocactus heterochromus*）

又名大红鹰。多年生肉质植物。原产于墨西哥。株高13～15cm，冠幅13～15cm。植株单生，茎扁球形至圆球形，表皮蓝灰绿色。具8～11个疣状突起构成的棱，棱被分隔成大的圆瘤块。刺座着生针状细刺，红褐色或黄褐色，周围刺9～12枚，中刺4枚，基部紫红色，顶端黄色。花钟状，紫色，花径5～6cm，喉部色深。花期夏季。为夏型种。

多色玉

（59）姣丽球属（*Turbinicarpus*）

又称升龙球属，本属有7～8种，为墨西哥特有的小型珍贵仙人掌，许多种类被列为濒危种。原产于墨西哥东北部的亚热带地区。扁球形、球形或长柱形，单生或群生。茎不分棱，球体上布满低疣突，疣突顶端的刺座上着生卷曲的扁平刺，刺色通常较深。花单生或簇生于顶端，漏斗状，有黄色、白色或粉红色。喜温暖、干燥和阳光充足环境。不耐寒，耐半阴和干旱，怕水湿和强光。生长适温18～25℃，冬季温度不低于12℃。宜肥沃、疏松、排水良好和富含石灰质的沙质壤土。中春至初秋的生长期适度浇水，每月施肥1次，其余时间保持干燥。春季播种，发芽温度18～21℃，初夏取仔球嫁接繁殖。本属仙人掌是多肉爱好者乐意收集和欣赏的名品之一。

蔷薇球

◀蔷薇球
（*Turbinicarpus valdezianus*）

又名蔷薇丸、姬斜子。多年生肉质植物。原产于墨西哥。株高2～4cm，冠幅1.5～3.5cm。植株有粗大的块状根。茎球形或长球形，表皮蓝绿色，棱被四角形的疣突，疣突呈螺旋状排列，疣突顶端刺座着生周围刺30枚，白色细发状软刺呈放射状排列，十分美丽，几乎覆盖整个球体。花顶生，漏斗状，深粉红色或白色，花径2cm。花期春季。

蔷薇球缀化

◀蔷薇球缀化
（*Turbinicarpus valdezianus* 'Cristata'）

为蔷薇球的缀化品种。多年生肉质植物。株高2～4cm，冠幅4～6cm。植株有粗大的块状根。株体冠状，茎扁化呈鸡冠状或山峦状，表皮蓝绿色，棱被四角形的疣突分割，疣突呈螺旋状排列，疣突顶端刺座着生白色细发状软刺，几乎覆盖整个株体。花顶生，漏斗状，深粉红色或白色，花径2cm。花期春季。

（60）尤伯球属（*Uebelmannia*）

又称乳胶球属，本属有3～5种，植株单生。原产于巴西东部山区的潮湿地带。大多数为球形或圆筒形，棱多，棱脊薄，多为直棱，也有分割成瘤突的，刺座密集，呈栉齿状排列。花单生，昼开夜闭，漏斗状，黄色。花期夏季。喜温暖、干燥和阳光充足环境。不耐寒，耐半阴和干旱，怕水湿和强光。生长适温18～25℃，冬季温度不低于12℃。宜肥沃、疏松和排水良好的酸性沙质壤土。中春至初秋生长期充分浇水，每6～8周施低氮素肥1次，冬季保持干燥，但暖和天气应适当补充水分。春季播种，发芽温度24℃，夏季用嫁接繁殖。盆栽点缀于客厅、门厅或走廊，能展示出很高的艺术品位。全属种类均为濒危种，为一级保护植物，也是巴西的国宝级仙人掌。

栉刺尤伯球

◀栉刺尤伯球

（*Uebelmannia pectinifera*）

又名篦形尤伯球、节栉尤伯球。多年生肉质植物。原产于巴西东部。株高50～80cm，冠幅12～15cm。植株体型大，球形至圆筒形，茎具15～20棱，表皮淡红绿色至淡红褐色，刺座密集具白毛，深褐色刺栉齿状排列，刺几乎等长，只有中刺，无周围刺。花顶生，漏斗状，黄色，花径2cm。花期夏季。为夏型种。

类栉球

◀类栉球

（*Uebelmannia pectinifera* var. *pseudopectinifera*）

又名假栉刺尤伯球，为栉刺尤伯球的变种。多年生肉质植物。原产于巴西东部。株高30～50cm，冠幅10～15cm。茎球形至圆筒形，具12～18棱，表皮绿色，刺座密集具白毛，刺黄褐色至红褐色，较散乱，侧射，互相交叉而且长短不一。花漏斗状，黄色，花径2cm。花期夏季。为夏型种。

6. 菊科（Compositae）

本科约有1000属30000种，广布于全球，为种子植物中最大的一科。一年生或多年生草本，很少为乔木，有时为藤本，有些种类有乳汁。我国有200余属2000余种。多肉植物仅占一部分，常见栽培的有厚敦菊属（*Othonna*）和千里光属（*Senecio*）。主要分布在非洲。多年生草本或矮灌木，具肉质茎或肉质叶，叶和少数种类的茎被白粉。头状花序。

（1）厚敦菊属（*Othonna*）

本属植物约有150种，有常绿和落叶的灌木、小灌木以及多肉植物。它们主要分布在突尼斯、安哥拉、纳米比亚和南非的干燥丘陵地区。喜温暖和光照明亮的环境。不耐寒，生长适温为18～24℃，冬季温度不低于10℃。生长季节适度浇水，夏、秋季施肥3～4次，冬季保持稍湿润。春季播种，发芽适温18～21℃；初夏剪取嫩枝扦插；夏末取基部半成熟枝扦插。适合盆栽观赏。

紫弦月

◀紫弦月
（*Othonna capensis*）

又名紫佛珠、黄花新月。多年生肉质草本。原产于南非。株高15～20cm，冠幅80～100cm。茎肉质，细长，下垂。叶片圆筒形或圆筒状倒卵球形，绿色，长2～2.5cm，着生在紫红色的茎上。伞房花序，顶生黄色头状花，花径1cm。花期夏季。为冬型种。

棒叶厚敦菊▶
（*Othonna clavifolia*）

又名非洲千里光。灌木状多肉植物。原产于安哥拉、南非、纳米比亚。株高20～40cm，冠幅15～25cm。茎肉质，呈低矮不规则分枝状，表皮灰绿色，茎粗1～2cm。茎部有多处圆疣状生长点，每个生长点上生有棍棒状肉质叶，灰绿色，长3～4cm。顶生头状花序，花雏菊状，柠檬黄色。花期夏季。为冬型种。

棒叶厚敦菊

（2）千里光属（*Senecio*）

本属有1000余种，有一二年草本、多年生草本、藤本、灌木和小乔木等。原产于南非、非洲北部、印度中部和墨西哥。直立或匍匐的草本，大多数种类株高不足30cm，茎几乎都有些肉质。叶形状很多，大多肉质。头状花序，花色以黄、白、红、紫占多数。大多数种类夏季休眠。喜温暖、干燥和阳光充足环境。不耐寒，耐半阴和干旱，忌水湿和高温。宜肥沃、疏松和排水良好的沙质壤土。冬季温度不低于7℃。生长期充分浇水，每月施肥1次。夏季休眠期保持干燥，冬季低温时保持适当湿度。春季播种，发芽温度19～24℃；初夏取软枝扦插或分株；夏末用半成熟枝扦插。盆栽摆放于窗台、阳台或茶几，茎叶舒展优美，洋溢出一股自然野趣。

仙人笔

▲仙人笔
（*Senecio articulatus*）

又名七宝树。多年生肉质草本。株高40～60cm，冠幅不限定。茎圆筒形，具节，直立，分枝，灰绿色或粉蓝色，表皮有深色V字形花纹。叶片轮生于茎顶端，卵圆形，3～5裂，似提琴形，肉质，蓝绿色，长5cm。头状花，花小，黄色，花径1cm。花期春季至秋季。

仙人笔锦

◀仙人笔锦
（*Senecio articulatus* 'Variegata'）

又名七宝树锦。多年生肉质草本。株高20～25cm，冠幅15～20cm。茎圆筒形，直立，分枝，灰绿色，表皮镶嵌有乳白色纵向条纹。叶片卵圆形，3～5裂，肉质，浅绿色或灰绿色，镶嵌有乳白色或粉红色斑纹，长5cm。头状花序，花小，黄色，花径1cm。花期春季至秋季。

紫章

银月

▲紫章

（*Senecio crassissimus*）

又名紫龙、鱼尾冠、鱼尾菊。多年生肉质草本。原产于马达加斯加。株高50～80cm，冠幅20～30cm。茎丛生，绿色。叶片倒卵形，肉质，青绿色，叶缘紫色，稍被白粉，长5～10cm。头状花序，花小，红色。花期春季。为夏型种。

▲银月

（*Senecio haworthii*）

又名银锤掌。多年生肉质草本。原产于南非。株高10～20cm，冠幅10～15cm。植株茎短，常群生。基生叶呈松散的莲座状排列，肉质叶中间粗两头尖，呈纺锤形，长6～8cm。被银白色细柔毛，成熟叶绿色，光滑。头状花序，花小，黄色。花期冬季至春季。为冬型种。

京童子

◀京童子

（*Senecio herreanus*）

又名西瓜草。多年生肉质草本。原产于非洲南部。株高8～10cm，冠幅15～30cm。植株匍匐生长，茎纤细，浅绿色。叶片卵圆形，肉质，下垂，绿色，长1.5cm，叶表有多条透明纵线，形似西瓜的纹路。头状花序，花灰白色。花期春季。

天龙

普西莉菊

▲天龙

（*Senecio kleinia*）

　　肉质灌木。原产于南非。株高20～30cm，冠幅20～30cm。茎细长，直立，呈4棱状，棱上具齿状突起，深蓝绿色。叶片灰绿色，长5cm，后变成棘刺。头状花序，长4cm，花红色或橙红色，花柄长。花期夏季。

▲普西莉菊

（*Senecio saginata*）

　　肉质亚灌木。原产于南非。株高15～20cm，冠幅8～10cm。茎柱形，节段状，肉质，灰绿色，间嵌深绿色条纹，强光下茎皮转深紫色。叶片披针形，肥厚，数枚生于茎端。头状花序，花小，红色。花期夏季。为夏型种。

绿之铃

◀绿之铃

（*Senecio rowleyanus*）

　　又名念珠掌、翡翠（珍）珠、情人泪。原产于非洲西南部。株高40～60cm，冠幅不限定。茎细长，匍匐或悬垂生长。叶片圆球形，肉质，中绿色，有叶尖和一条半透明的纵线，长1cm。头状花序，花小，白色，长1cm。花期夏季。为夏型种。

绿之铃锦

◄绿之铃锦
（*Senecio rowleyanus* 'Variegata'）

为绿之铃的斑锦品种。多年生肉质草本。株高40～60cm，冠幅不限定。茎细长，蔓状，黄绿色，匍匐或下垂。叶片圆球形，肉质，中绿色，有一条半透明的纵线，部分球叶呈白色或表面带粉红晕，径1cm。头状花序，花小，白色，长1cm。花期夏季。为夏型种。

新月

铁锡杖

▲新月
（*Senecio scaposus*）

又名银棒菊、筒叶菊。多年生肉质草本。原产于南非。株高8～10cm，冠幅8～10cm。植株茎短，易群生。基生叶呈莲座状，细圆筒形，长7～9cm。新叶银白色，被蜘蛛丝状柔毛；成熟叶绿色，光滑。头状花序，花小，黄色。花期夏季。

▲铁锡杖
（*Senecio stapeliaeformis*）

多年生肉质草本。原产于南非东部。株高20～30cm，冠幅20～30cm。茎细长棒状，基部分枝，初时直立，后渐倾斜至匍匐，具5～7棱，灰绿色带紫色横向缩纹。叶退化为细小突起，后渐干缩为针状，早脱落或宿存。头状花序，长4cm，花柄长，花红色或橙红色。花期夏季。为冬型种。

7. 景天科（Crassulaceae）

本科有34属1500余种植物，以及大量的品种间、种间、属间杂交的栽培品种。其多肉植物为多年生草本或低矮亚灌木，有时为藤本，是多肉质植物中一个重要的科，也是近期深受花卉爱好者青睐的一个科。原产于温暖干燥地区。叶片互生、对生或轮生，高度肉质化，其形状和色彩的变化是观赏的重点。目前主要栽培的有天锦章属、莲花掌属、银波锦属、青锁龙属、仙女杯属、石莲花属、风车草属、伽蓝菜属、瓦松属、厚叶草属、景天属和长生草属等。由于它们的名字优雅好听，又像宠物，加上好养好活，特别容易被女性爱好者接受。

（1）天锦木属（Adromischus）

本属有30余种，为无茎或短茎的多年生肉质植物。原产于非洲南部的半干旱地区。叶片肉质，厚实，簇生或旋生排列。穗状的聚伞花序，花小，管状，花期夏季。喜温暖、干燥和阳光充足环境。不耐严寒，耐干旱和半阴，怕强光和水湿。宜肥沃、疏松和排水良好的沙质壤土。生长适温15～24℃，冬季温度不低于7℃。夏季，土壤干燥时浇水，其余时间保持干燥。生长期每2～3周施低氮素肥1次。春季播种，发芽温度19～24℃；夏季取茎或叶片扦插。盆栽点缀窗台、博古架或隔断，美丽肉质的叶片形似优雅的工艺品，十分引人注目，令人有新奇感、亲近感。

斑点黄鱼

◀斑点黄鱼
（Adromischus 'Bandianhuangyu'）

为天锦章的栽培品种。多年生肉质植物。株高4～6cm，冠幅6～8cm。植株有较粗的茎，易分枝。叶片对生，梭形，有凹陷，长2～4cm，无叶柄，基部狭窄，先端扁尖，叶面有细密的疣突，密布成片褐红色大斑点。聚伞花序，花小，管状，白色或红色。花期夏季。为春秋型种。

草莓蛋糕▶
（Adromischus 'Caomeidangao'）

为天锦章的栽培品种。多年生肉质植物。株高4～6cm，冠幅8～10cm。叶片扁形，下部一段扁圆形，中部微宽、稍扁平，有叶尖，叶长3～5cm，宽1～2cm，绿色至红色，叶缘常年红色，叶片表皮被白粉。聚伞花序，花小，管状，白色。花期夏季。为春秋型种。

草莓蛋糕

天章▶

（*Adromischus cristatus*）

多年生肉质植物。原产于南非。株高8～10cm，冠幅不限定。茎半直立，具许多气生根。叶对生，椭圆形至扇形，肉质，上缘波状，表面灰绿色，密被细白毛，无斑点，长4cm。聚伞花序，花筒状，淡绿红色，长1.5cm。花期夏季。为夏型种。

天章

海豹水泡

▲海豹水泡

（*Adromischus cooperi* 'Silver Tube'）

为库珀天锦章的栽培品种。多年生肉质植物。株高8～10cm，冠幅10～15cm。茎短，灰褐色。叶片肉质，大而圆润，基部较厚，似圆柱形，上部稍细，卵圆形，灰绿色，具紫红色至褐红色斑点，形似海豹。聚伞花序，花筒状，上部绿色，下部紫红色。花期夏季。为夏型种。

库珀天锦章

◀库珀天锦章

（*Adromischus cooperi*）

又名绣边圆瓶草、锦铃殿。多年生肉质植物。原产于南非。株高8～10cm，冠幅12～15cm。茎短，灰褐色。叶片肉质，圆筒形，上部扁平，末端波状，具紫色斑点，长4～5cm。聚伞花序，花筒状，绿色或红色，长1.5cm。花期夏季。为夏型种。

神想曲

◀神想曲
（*Adromischus cristatus* var. *clavifolius*）

多年生肉质植物。株高10～12cm，冠幅不限定。茎部粗短，伸出许多毛状气生根。叶片斧形，叶缘圆钝呈波浪形，叶片绿色或带有浅褐色斑纹。植株个体外形变化大，有叶缘较白、斑纹较明显或茎部气生根不发达的植株。聚伞花序，花筒状，淡绿红色。花期夏季。为夏型种。

鼓槌水泡▶
（*Adromischus cristatus* var.*schonlandii*）

又名企鹅水泡，为天锦章的栽培品种。多年生肉质植物。株高3～5cm，冠幅3～7cm。叶片肉质，卵圆形，形似小鼓槌，顶端稍尖，叶面有细小疣突，绿色，在强光和低温条件下叶色呈紫红色至咖啡色。聚伞花序，花筒状，淡绿红色。花期夏季。为春秋型种。

鼓槌水泡

◀松虫
（*Adromischus hemisphaericus*）

又名小雀、金钱章。多年生肉质植物。株高4～6cm，冠幅8～10cm。植株茎部易长侧枝。叶片肉质，排列紧密，叶面绿色，有深绿色或褐色斑点。聚伞花序，花筒状，淡绿红色，花瓣5枚，花期夏季。为春秋型种。

松虫

朱唇石▶
（*Adromischus herrei*）

又名太平乐。多年生肉质植物。原产于纳米比亚、南非。株高7～10cm，冠幅8～12cm。叶片肉质，纺锤形，呈放射状生长，表面橄榄绿色，非常粗糙，表皮密布小疣突，形似苦瓜，有光泽。聚伞花序，花钟形，绿色。花期夏季。为春秋型种。

朱唇石

圆叶翠绿石

◀ 圆叶翠绿石
（*Adromischus herrei* 'Rotundifolia'）

又名圆叶朱唇石，为朱唇石的栽培品种。多年生肉质植物。株高7～8cm，冠幅8～10cm。叶片肉质，圆形，呈放射状生长，表面青绿色，非常皱缩粗糙，表皮密布小疣突，有光泽。聚伞花序，花筒形，绿色。花期夏季。为春秋型种。

白叶天锦章 ▶
（*Adromischus leucophyllus*）

多年生肉质植物。原产于南非。株高8～10cm，冠幅12～15cm。茎半直立，具气生根。叶对生，卵圆形至扇形，肉质，叶面平坦稍凹，叶背稍拱起，表面浅绿色，密被白粉，无斑点，长3～4cm。聚伞花序，花筒状，淡绿红色。花期夏季。为夏型种。

白叶天锦章

御所锦

◀ 御所锦
（*Adromischus maculatus*）

又名褐斑天锦章。多年生肉质植物。原产于南非。株高5～10cm，冠幅10～12cm。植株矮小，茎短褐色。叶肉质，互生，圆形或倒卵形，较为扁平，表面绿色，密布褐红色斑点，叶缘较薄。聚伞花序，花筒状，白色，先端红色。花期夏季。为夏型种。

玛丽安水泡 ▶
（*Adromischus marianae*）

又名水泡、玛丽安天锦木。多年生肉质植物。原产于南非。株高6～8cm，冠幅8～10cm。植株有分枝。叶片梭形，先端尖，部分有凹陷，叶面粗糙，布满细密的疣突，长2～4cm，叶无柄，灰绿色，密布紫红色大斑点。聚伞花序，花小，筒状，绿褐红色。花期夏季。为春秋型种。

玛丽安水泡

绿卵▶

（*Adromischus mammilaris*）

多年生肉质植物。原产于南非。株高5～10cm，冠幅10～12cm。茎匍匐，稍斜，分枝，茎上具气生根。叶长2cm，宽1cm。聚伞花序，花小，筒状，绿褐色。花期夏季。为春秋型种。

赤水玉

绿卵

▲赤水玉

（*Adromischus marianae* 'Chishuiyu'）

多年生肉质植物。株高8～10cm，冠幅10～15cm。植株茎短。叶片卵形至长卵形，先端尖，灰绿色至黄绿色，有褐红色至暗红色斑点，长4～5cm，宽1～1.2cm。聚伞花序，花小，筒状，褐红色。花期夏季。为春秋型种。

红蛋

◀红蛋

（*Adromischus marianiae* 'Hallii'）

多年生肉质植物。株高4～6cm，冠幅8～10cm。植株茎短。叶片肉质，扁豆形，长2～4cm，宽2～4cm，叶无柄，叶面粗糙，密布紫红色斑点。聚伞花序，花小，筒状，褐红色。花期夏季。为春秋型种。

哈密瓜水泡

◀哈密瓜水泡
（*Adromischus marianae* 'Hamigua'）

　　多年生肉质植物。株高6～8cm，冠幅8～10cm。叶片卵形，顶端部有不规则凹陷，形似哈密瓜，表面青绿色，密被红褐色细斑点。聚伞花序，花小，筒状，褐红色。花期夏季。为春秋型种。

梅花鹿水泡▶
（*Adromischus marianiae* 'Meihualu'）

　　多年生肉质植物。株高8～10cm，冠幅10～15cm。植株茎短，成年植株匍匐生长。叶片肉质，卵形至长卵形，先端尖，灰绿色至黄绿色，有暗红色斑点，长3～5cm，宽1～1.2cm。聚伞花序，花小，筒状，褐红色。花期夏季。为春秋型种。

赤兔

梅花鹿水泡

◀赤兔
（*Adromischus trigynus*）

　　又名扁天章、花叶扁天章。多年生肉质植物。株高6～8cm，冠幅8～10cm。植株茎短。叶片匙形至宽菱形，顶端微尖，灰绿色至灰白色，密被浅红色细斑点，叶缘浅红色，新生叶红色。聚伞花序，花小，筒状，绿白色。花期夏季。为春秋型种。

印第安人棍棒▶
（*Adromischus trigynus* 'Indian Clubs'）

　　多年生肉质植物。株高5～7cm，冠幅8～10cm。叶匙形或扇形，肉质肥厚，叶缘波状，叶面平整稍下凹，叶背拱起，浅绿色，有紫红色斑点。聚伞花序，花小，筒状，绿白色。花期夏季。为夏型种。

印第安人棍棒

战争俱乐部

▲战争俱乐部
（*Adromischus* 'Zhanzhengjulebu'）

　　为天锦章的栽培品种。多年生肉质植物。株高 3 ～ 5cm，冠幅 3 ～ 5cm。叶片卵圆形，形似小鼓槌，绿色，光线充足时叶片生长紧凑，叶色变深。聚伞花序，花小，筒状，绿褐红色。花期夏季。为夏型种。

银御所锦

◀银御所锦
（*Adromischus* 'Yinyusuojin'）

　　御所锦的斑锦品种。多年生肉质植物。株高 5 ～ 10cm，冠幅 10 ～ 12cm。叶片圆形或倒卵形，表面绿色，被白霜。聚伞花序，花小，筒状，绿白色。花期夏季。为夏型种。

（2）莲花掌属（*Aeonium*）

本属约30种，为常绿多年生肉质植物，少数为二年生或亚灌木。原产于加那利群岛、非洲、北美和地中海地区。叶片肉质在茎的顶端排列成莲座状，顶生聚伞花序、圆锥花序或总状花序，花星状，花径8～15mm。有些种类开花结实后植株死亡。花期春季至夏季。喜温暖、干燥和阳光充足环境。不耐寒，耐干旱和半阴，怕高温和多湿，忌强光。生长适温5～24℃，冬季温度不低于7℃。宜肥沃、疏松和排水良好的沙质壤土。生长期适度浇水，两次浇水中间必须待土壤干燥再浇水，以每月浇水1～3次为宜，夏季原产地植株（因为莲花掌属的多肉植物原产地复杂，地区不同，引种到中国后，各地气候又不一样，因此，根据原产地植株引种栽培后，必须先观察夏季是否有休眠现象，才能决定是浇水还是保持干燥）处于休眠期，不用浇水，保持干燥。每2～3周施肥1次。春季播种，发芽温度19～24℃；初夏取莲座状体扦插。盆栽摆放在客厅茶几、窗台或镜前，高低错落的株形四季常青，显得格外典雅优美。还可配植瓶景、框景成为"迷你花园"。

法师▶
（*Aeonium arboreum*）

又称莲花掌，直立的肉质亚灌木。株高1～2m，冠幅1～2m。茎圆筒形，浅褐色，呈不规则分枝。叶片倒卵形，有30～40片，排列成莲座状，绿色至黄绿色，叶缘细齿状，在光照不足时中心叶呈深绿色，长6～7cm，直径可达12～15cm。圆锥花序，长15cm，小花星状，黄色。花期春末。为冬型种。

法师

黑法师

◀黑法师
（*Aeonium arboreum* var. *atropurpureum*）

又名紫叶莲花掌。直立的肉质亚灌木。原产于摩洛哥。株高1～2m，冠幅1～2m。茎圆筒形，浅褐色，呈不规则分枝。叶倒卵形，紫黑色，叶缘细齿状，在光照不足时中心叶呈深绿色，长6～7cm，排列紧密呈莲座状，直径可达12～15cm。圆锥花序，长15cm，小花黄色。花期春末。为冬型种。

黑法师缀化

◀黑法师缀化
（*Aeonium arboreum* var. *atropurpureum* 'Cristata'）

黑法师的缀化品种。直立的肉质亚灌木。株高20～30cm，冠幅20～30cm。茎扁化呈扇形，浅褐色。叶倒卵形，紫黑色，密集呈扇形生长。圆锥花序，长15cm，花黄色。花期春末。为冬型种。

黑法师锦▶
（*Aeonium arboreum* var. *atropurpureum* 'Variegata'）

黑法师的斑锦品种。直立的肉质亚灌木。株高1～2m，冠幅1～2m。茎圆筒形，浅褐色，呈不规则分枝。叶倒卵形，中心叶片紫黑色，外围叶片黄绿色，长6～7cm，排列紧密呈莲座状，直径可达12～15cm。圆锥花序，长15cm，花黄色。花期春末。为冬型种。

黑法师锦

艳日伞

◀艳日伞
（*Aeonium arboreum* 'Variegata'）

莲花掌的斑锦品种。株高60～80cm，冠幅60～80cm。茎具有少许分枝。茎端着生莲座状叶片。叶片匙形，浅绿色，叶面具淡黄色斑纹。圆锥花序，花亮黄色。花期春季。为春秋型种。

山地玫瑰▶
（*Aeonium aureum*）

又名高山玫瑰、山玫瑰。多年生肉质植物。株高10～15cm，冠幅15～20cm。植株不高，茎圆筒形，多分枝。叶片互生，肉质，长卵圆形至短匙形，呈莲座状紧密排列，浅绿色至深绿色。总状花序，花黄色。花期春、夏季。

山地玫瑰

百合莉莉

百合莉莉
（*Aeonium* 'lilypad'）

　　多年生肉质植物。株高10～15cm，冠幅20～25cm。茎部分枝多。叶片近圆形，叶背拱起，肉质，生于茎端，紧密排列呈莲座状，黄绿色至绿色。圆锥花序，花星状，淡黄色。花期春季。

圣诞节▶
（*Aeonium* 'Christmas Day'）

　　多年生肉质植物。株高20～25cm，冠幅20～30cm。茎部有分枝。叶盘小，有叶80～100片，长匙形，肉质，生于茎端，紧密排列呈莲座状，外围叶紫褐色，中心叶绿色。圆锥花序，花星状，淡黄色。花期春季。为春秋型种。

圣诞节

清盛锦

清盛锦
（*Aeonium decorum* f. 'Variegata'）

　　又名夕映、花叶雅宴曲。多年生肉质植物。株高10～15cm，冠幅10～15cm。叶片倒卵圆形，呈莲座状排列，新叶杏黄色，后转为黄绿至绿色，叶缘红色。总状花序，生于莲座叶丛中心，花白色。花期初夏。

爱染锦▶
（*Aeonium domesticum* f 'Variegata'）

　　为莲花掌的斑锦品种。多年生肉质植物。株高40～50cm，冠幅40～50cm。茎直立，分枝。叶片匙形，浅绿色，镶嵌白色斑纹，长8～10cm。圆锥花序，花星状，黄色。花期春季。

爱染锦

火凤凰

◀火凤凰
（*Aeonium* 'Fire Phoenix'）

又名美杜莎。多年生肉质植物。株高
10～15cm，冠幅15～20cm。茎部有分枝。叶盘
小，有叶50～60片，长匙形，肉质，生于茎端，
紧密排列呈莲座状，绿色，边缘白色，外围叶片
带红晕，叶缘部分色更深。圆锥花序，花星状，
黄色。花期春季。为春秋型种。

红缘莲花掌▶
（*Aeonium haworthii*）

又名红缘长生草。肉质亚灌木。原产于加那利
群岛。株高50～60cm，冠幅50～60cm。茎圆筒形，
分枝。叶片匙形组成莲座状，径6～15cm，淡蓝
绿色，边缘红色，锯齿状，长8cm。圆锥花序，长
10～15cm，花淡黄色至淡粉白色。花期春季。

红缘莲花掌

翡翠冰

◀翡翠冰
（*Aeonium* 'Jadeite Ice'）

又名嘉年华。多年生肉质植物。株高
10～15cm，冠幅15～20cm。茎部有分枝。叶盘
小，有叶60～80片，长匙形，肉质，生于茎端，
紧密排列呈莲座状，黄绿色至绿色，边缘白色。
圆锥花序，花星状，淡黄色。花期春季。为春秋
型种。

翡翠冰缀化▶
（*Aeonium* 'Jadeite Ice Cristata'）

多年生肉质植物。株高10～15cm，冠幅
15～20cm。植株具分枝，叶片长匙形，有叶
100～200片，草绿色至灰绿色，边缘白色，排
列紧密呈扇状生长。圆锥花序，花星状，淡黄色。
花期春季。为春秋型种。

翡翠冰缀化

拉丝锦

◀拉丝锦
（*Aeonium* 'Lasijin'）

多年生肉质植物。株高20～25cm，冠幅20～30cm。茎部有分枝。叶片长匙形，上翘向内凹，有叶40～50片组成莲座状，叶面绿色至浅绿色，叶顶端边缘浅红色。圆锥花序，花星状，淡黄色。花期春季。为春秋型种。

假明镜▶
（*Aeonium pseudotabulaeforme*）

多年生肉质植物。株高60～80cm，冠幅20～30cm。植株易分枝。茎端叶盘排列紧密，叶片匙形，叶片和叶缘光滑，亮绿色。顶生圆锥花序，花星状，黄色。花期春季。为冬型种。

假明镜

小人祭

◀小人祭
（*Aeonium sedifolium*）

又名日本小松、镜背妹。肉质亚灌木。株高15～40cm，冠幅不限定。茎直立，分枝至下垂。叶片肉质，倒卵形，绿色，在阳光充足的情况下叶面有褐色斑纹。总状花序。

毛叶莲花掌▶
（*Aeonium simsii*）

多年生肉质植物。原产于加那利群岛。常绿亚灌木。株高40～50cm，冠幅30～40cm。叶片匙形，肉质，呈莲座状，浅绿色，叶缘浅红有白毛。圆锥花序顶生，花金黄色。花期夏季。

毛叶莲花掌

毛叶莲花掌缀化

◀毛叶莲花掌缀化
（*Aeonium simsii* 'Cristata'）

　　为毛叶莲花掌的缀化品种。多年生肉质植物。常绿亚灌木。株高20～30cm，冠幅25～40cm。叶片匙形，肉质，密集呈扇状生长，浅绿色，叶缘浅红有白毛。圆锥花序顶生，花金黄色。花期夏季。

花叶寒月夜▶
（*Aeonium subplanum* 'Variegata'）

　　为莲花掌的斑锦品种。多年生常绿草本。株高20cm，冠幅20～25cm。叶片舌状，肉质，呈莲座状，叶盘径15～20cm，新叶绿色，中间镶嵌黄白色，成熟叶先端和叶缘有红晕。叶缘有细锯齿。圆锥花序，长10～12cm，花淡黄色。花期春季。为春秋型种。

花叶寒月夜

花叶寒月夜缀化

◀花叶寒月夜缀化
（*Aeonium subplanum* 'Variegata Cristata'）

　　为莲花掌的斑锦缀化品种。多年生常绿草本。株高20cm，冠幅20～25cm。茎有分枝。叶片细长倒卵形，密集呈扇状生长，叶面浅绿色，叶缘粉红色，锯齿状。圆锥花序，花亮黄色。花期春季。为春秋型种。

明镜▶
（*Aeonium tabuliforme*）

　　又名盘叶莲花掌。多年生肉质植物。株高8～10cm，冠幅40～50cm。植株具分枝，叶盘大，有叶100～200片，匙形，草绿色至灰绿色，排列紧密，扁平如盘。光照充足时叶盘形成快；光线不足会使叶盘松散，叶片变长。圆锥花序，花星状，淡黄色。花期春季。为冬型种。

明镜

◀明镜缀化
（*Aeonium tabuliforme* 'Cristata'）

又名明镜冠。多年生肉质植物。株高10～15cm，冠幅20～30cm。叶盘紧缩呈扇状生长，叶片小而狭窄，聚生在一起，叶色浅绿至灰绿色。圆锥花序，花星状，淡黄色。花期春季。为冬型种。

明镜缀化

铜壶法师▶
（*Aeonium* 'Tonghu'）

又名红玫瑰法师，是明镜与法师的杂交种。多年生肉质植物。株高10～15cm，冠幅20～30cm。叶片较薄，有40～50片，呈莲座状排列，叶面暗紫褐色。圆锥花序，花星状，淡黄色。花期春季。为冬型种。

铜壶法师

◀中斑莲花掌
（*Aeonium urbicum* 'Moonburst'）

又称大叶莲花掌，多年生肉质植物。株高15～20cm，冠幅20～25cm。茎圆筒形。叶片匙形，组成莲座状，叶面淡蓝绿色，边缘红色，叶缘锯齿状，叶顶有小尖，叶面中央有黄白色纵条斑。圆锥花序，花淡黄色至淡粉白色。花期春季。为春秋型种。

中斑莲花掌

紫羊绒▶
（*Aeonium* 'Ziyangrong'）

多年生肉质植物。株高1～1.5m，冠幅1～1.5m。植株分枝多。叶片生于茎的顶端，呈莲座状排列，有叶30～40片，倒卵形，初生叶浅绿色，渐变为浅红色至紫红色，叶缘有睫毛状纤毛。聚伞花序，花星状，浅黄色。花期春末。为冬型种。

紫羊绒

（3）银波锦属（*Cotyledon*）

本属有9种，常呈群生状，多年生肉质草本和常绿亚灌木。原产于非洲东部、阿拉伯半岛和非洲南部的沙漠或阴地。常作为观叶和观花栽培。叶肉质丛生或交互对生，大多数种类被白粉。顶生圆锥花序，花管状或钟状，通常下垂，有红、黄或橙色。花期夏末。喜温暖、干燥和阳光充足环境。不耐寒，夏季需凉爽，耐干旱，怕水湿和强光暴晒。宜肥沃、疏松和排水良好的沙质壤土。生长适温15～24℃，冬季温度不低于7℃。生长季节每周浇水1次，浇水时切忌浇到叶片上，易引起腐烂。每半月施低氮素肥1次，冬季保持干燥。春季播种，发芽温度19～24℃；或取顶茎扦插繁殖。盆栽点缀窗台、书桌或儿童室，翠绿可爱，新奇别致，使整个居室环境充满亲近感。

▼福娘

（*Cotyledon orbiculata* var. *dinteri*）

又名丁氏轮回。多年生肉质植物。原产于安哥拉、纳米比亚和南非。株高60～100cm，冠幅50cm。茎圆筒形，灰绿色。叶片扁棒状，对生，肉质，灰绿色，表面被白粉，叶尖和边缘紫红色，长4～4.5cm，宽2cm。花管状，红色或淡黄红色，长1.5～2cm。花期夏末至秋季。为夏型种。

粘粘虫

▲粘粘虫

（*Cotyledon eliseale*）

多年生肉质植物。株高15～20cm，冠幅15～25cm。茎短，浅绿色。叶片卵圆形，对生，肥厚，肉质，浅绿色至绿色。花管状，红色。花期夏末至秋季。为冬型种。

▼棒叶福娘

（*Cotyledon orbiculata* 'Fire Sticks'）

又名引火棍。多年生肉质植物。株高15～20cm，冠幅15～20cm。茎圆筒形，分枝，绿色。叶片近似棒状，肉质，灰绿色，表面被白粉，叶尖红褐色。花管状，红色或淡黄红色。花期夏末至秋季。为夏型种。

福娘

棒叶福娘

乒乓福娘

乒乓福娘▶
（*Cotyledon orbiculata* var. *dinteri* 'Pingpang'）

多年生肉质植物。株高50～60cm，冠幅50～60cm。叶片对生，卵圆形至宽的扁棒形，形似乒乓球拍，肉质，灰绿色，叶面被白粉，叶边缘具紫色。花红色或淡红黄色。花期夏末至秋季。为夏型种。

鹿角福娘

◀鹿角福娘
（*Cotyledon orbiculata* 'Elk Horns'）

又名细叶福娘，福娘的栽培品种。多年生肉质植物。株高15～20cm，冠幅20～25cm。茎圆筒形，分枝，绿色。叶片丛生，形似鹿角，肉质，灰绿色，表面被白粉，叶尖红色。花管状，红色。花期夏末至秋季。为夏型种。

达摩福娘▶
（*Cotyledon* 'Pendens'）

又名丸叶福娘，福娘的栽培品种。多年生肉质植物。株高20～30cm，冠幅20～30cm。茎干纤细，有时会匍匐生长。叶片对生，卵圆形或椭圆形，肉质肥厚，绿色，叶面被白粉，叶缘的前段和叶尖呈红色。花管状，红色或浅黄色。花期夏末至秋季。为夏型种。

达摩福娘

熊童子

◀熊童子
（*Cotyledon tomentosa*）

多年生肉质草本。原产于南非。植株多分枝。株高30cm，冠幅12cm。叶交互对生，肥厚肉质，倒卵球形，灰绿色，长5cm，密生细短白毛，顶端叶缘具缺刻，似爪样齿。圆锥花序，花筒状，下垂，红色。花期夏末至秋季。为冬型种。

熊童子锦

◀熊童子锦
（*Cotyledon tomentosa* f. *variegata*）

为熊童子的斑锦品种。多年生肉质植物。株高15～30cm，冠幅12～15cm。茎圆柱形，基部木质化。叶厚，倒卵球形，灰绿色，镶嵌黄色或白色斑块，长4～5cm，密生细短白毛，顶端叶缘具缺刻。圆锥花序，花管状，红色，长1.5cm。花期夏末至秋季。为冬型种。

旭波之光

旭波之光▶
（*Cotyledon undulata* 'Hybrid'）

为银波锦与其他种类的杂交品种。常绿亚灌木。株高30cm，冠幅25cm。茎直立，粗壮。叶卵形，中央绿色，周边间杂纵向白色斑纹，被白粉。花筒状，橙色。花期秋季。为冬型种。

银波锦

◀银波锦
（*Cotyledon undulata*）

常绿亚灌木。原产于安哥拉、纳米比亚、南非。株高50cm，冠幅50cm。茎直立，粗壮。叶卵形，绿色，密被白色蜡质，顶端扁平，波状。花筒状，橙色或淡红黄色。花期秋季。为冬型种。

银波锦缀化▶
（*Cotyledon undulata* 'Cristata'）

为银波锦的缀化品种。常绿亚灌木。株高20～25cm，冠幅20～25cm。叶卵形，绿色，密被白色蜡质，顶端扁平，波状。植株密集扁化生长，呈鸡冠状。花筒状，橙色或淡红黄色，花期秋季。为冬型种。

银波锦缀化

（4）青锁龙属（*Crassula*）

本属约有150种，包括一年生、多年生肉质植物和常绿肉质灌木和亚灌木。原产于非洲、马达加斯加、亚洲，干旱地区至湿地、高山至低地均有分布，但大多数分布在南非。通常叶片肉质，呈莲座状，它们的形状、大小和质地变化较大。聚伞花序，花有筒状、星状或钟状。花期夏末至冬季。喜温暖、干燥和半阴环境。不耐寒，耐干旱，怕积水，忌强光。生长适温15～24℃，冬季温度不低于5℃。宜肥沃、疏松和排水良好的沙质壤土。从春季至秋季每周浇水1次，每半月施肥1次，冬季控制浇水。早春播种，发芽温度15～18℃，春季或夏季取茎或叶片扦插繁殖。盆栽点缀窗台、书桌或茶几，青翠典雅，十分诱人。

玉椿

▲玉椿
（*Crassula barklyi*）

多年生肉质草本。原产于南非。株高4～5cm，冠幅1～2cm。叶片圆头形或碗状，肉质，交互对生，上下层层紧密排列，看不到茎，形似四方形的肉质柱，灰绿色，边缘灰白色。花小，白色，有芳香。花期春季。为冬型种。

三色花月锦

◀三色花月锦
（*Crassula ovata* 'Tricolor Jade'）

又名落日之雁，为花月的斑锦品种。小型肉质亚灌木。株高50～60cm，冠幅40～50cm。茎粗壮，圆柱形，灰褐色，易分枝。叶卵圆形，肉质，深绿色，嵌有红、黄、白三色叶斑。花星状，白色。花期秋季。为冬型种。

奥尔巴

◀奥尔巴
（*Crassula alba*）

又称白花青锁龙，多年生肉质草本。株高10～12cm，冠幅12～15cm。叶片交互对生，披针形，呈莲座状排列，叶面绿白色，具密集的紫红色斑点，有的几乎连成片。花星状，白色。花期春、夏季。为夏型种。

花月锦▶
（*Crassula argentea* 'Variegata'）

为花月的斑锦品种。小型肉质亚灌木。株高40～50cm，冠幅40～50cm。茎粗壮，圆柱形，灰褐色，易分枝。叶片卵圆形，肉质，深绿色，嵌有黄色斑块。花星状，白色。花期秋季。为夏型种。

花月锦

◀月光
（*Crassula barbata*）

多年生肉质草本。原产于南非。株高2～3cm，冠幅5～8cm。叶片半圆形，呈十字形叠生，浅绿色，叶缘着生稀疏白色绵毛。春、秋季温差增大时叶色会由绿变红。花白色。花期春季。属多肉植物中的精品。为冬型种。

月光

火祭▶
（*Crassula capitella* 'Campfire'）

又名秋火莲，为头状青锁龙的栽培品种。多年生匍匐性肉质草本。株高20cm，冠幅15cm。茎圆柱形，淡红色。叶片对生，卵圆形至线状披针形，排列紧密，灰绿色，夏季在冷凉、强光下叶片转红色，长3～7cm。花星状，白色。花期秋季。为春秋型种。

火祭

火祭锦

半球星乙女

◀火祭锦

（*Crassula capitella* 'Campfire Variegata'）

多年生匍匐性肉质草本。株高20cm，冠幅15cm。茎圆柱形，浅绿色。叶片对生，卵圆形至线状披针形，排列紧密，灰绿色，有白边，在冷凉、强光下叶片转红色。花星状，白色，花期秋季。为春秋型种。

▲半球星乙女

（*Crassula brevifolia*）

又称短叶景天，多年生肉质植物。原产于南非。株高20～30cm，冠幅10～12cm。叶片卵圆状三角形，肉质，交互对生，叶面平展，背面似半球形，灰绿色，无叶柄，幼叶上下叠生。花小，筒状，白色或黄色。为冬型种。

◀筒叶花月

（*Crassula obliqua* 'Gollum'）

又叫马蹄红、玉树卷，为花月的栽培品种。小型肉质亚灌木。株高1～2m，冠幅50～100cm。茎粗壮，圆柱形，灰褐色，易分枝。叶片圆筒形，簇生枝顶，长2～5cm，粗6～8mm，绿色，有光泽，叶缘有时具红晕。花星状，白色至淡粉色。花期秋季。为夏型种。

筒叶花月

绿珠玉

◀绿珠玉
（*Crassula* 'Buddhas Temple'）

为绿塔和神刀的杂交种。多年生肉质植物。株高10～12cm，冠幅4～6cm。叶片广三角形，内弯，交互对生，紧密排列如塔形，灰绿色，密被白色小绒毛。花小，白色，具香味。花期春季。为冬型种。

丛珊瑚

丛珊瑚▶
（*Crassula* 'Congshanhu'）

多年生肉质植物。株高5～7cm，冠幅10～15cm。叶片互生，半圆形至卵圆形，肉质，灰绿色，表面被细茸毛。花小，筒状，红色。花期春季。为冬型种。

星王子

◀星王子
（*Crassula conjuncta*）

多年生肉质植物。株高20～30cm，冠幅10～12cm。叶片基部大，逐渐变小，类似宝塔。生长期光照不足或光线过弱都会使叶片间距变大，需及时移至阳光充足处恢复。为冬型种。

星王子锦

◄ 星王子锦
（*Crassula conjuncta* 'Variegata'）

　　为星王子的斑锦品种。多年生肉质植物。株高20～30cm，冠幅10～12cm。叶片基部大，逐渐变小，类似宝塔，两边有黄色或红色的斑锦。生长期光照不足或光线过弱都会使叶片间距变大。为冬型种。

稚儿姿 ►
（*Crassula deceptor*）

　　又称尖叶稚儿姿，多年生肉质草本。株高8～10cm，冠幅8～10cm。基部分枝，群生。叶肉质肥厚，三角形，交互对生，呈4列，柱状，浅灰绿色，密布舌苔状小疣突。花漏斗状，白色至淡黄或粉红色，花期春季。为冬型种。

稚儿姿

◄ 白鹭
（*Crassula deltoidea*）

　　多年生肉质草本。叶片对生，叶片肉质，长三角形，叶表面密生白色小颗粒，看起来就像撒上白色的粉，还具不规则的凹点，很像是用针扎出来的一个个小孔。花五角形，纯白色。花期春季。为冬型种。

白鹭

花椿 ►
（*Crassula* 'Emerald'）

　　多年生肉质草本。株高5～8cm，冠幅8～10cm。叶片卵圆形，向内合抱，青绿色，叶片密被白色小疣点，叶背的疣点更密，叶缘有白色细茸毛。花小，白色，花期春季。为冬型种。

花椿

神刀▶

（*Crassula falcata*）

又名尖刀。多年生肉质草本。原产于南非。株高80～100cm，冠幅50～75cm。叶片互生，镰刀状，肉质，灰绿色，被淡淡的白粉，长10cm。聚伞花序，花橘红色。花期夏末。为冬型种。

神刀

神刀锦

▲神刀锦

（*Crassula falcate* 'Variegata'）

为神刀的斑锦品种。多年生肉质草本。株高60～80cm，冠幅40～60cm。叶片互生，镰刀状，肉质，灰绿色，镶嵌黄白色斑纹，长10cm。聚伞花序，花橘红色。花期夏末。为冬型种。

赤鬼城

◀赤鬼城

（*Crassula fusca*）

多年生肉质草本。株高15～30cm，冠幅20～30cm。叶片纺锤形，初时青绿色，生长一段时间后叶尖呈粉绿色或黄白色。聚伞花序，花星状，黄色。花期春、夏季。为冬型种。

红数珠▶
（*Crassula hottentota*）

多年生肉质草本。株高5～10cm，冠幅15～20cm。叶片长圆形至披针形，呈鸡冠状排列，深绿色，密被白色小疣点。总状花序，花钟状，橙红色，顶端蓝色。花期春季。为冬型种。

红数珠

海菠

▲海菠
（*Crassula* 'Haibo'）

多年生肉质草本。株高15～20cm，冠幅20～25cm。叶片较大，肉质，卵圆形，扁平，交互对生，边缘有齿，粉红色，上有不规则绿色小疣点和白色斑块。聚伞花序，小花橙红色。花期夏季。为冬型种。

巴

◀巴
（*Crassula hemisphaerica*）

多年生肉质草本。原产于南非。株高5～15cm，冠幅18cm。植株具短茎。叶片肉质，半圆形，末端渐尖如桃形，灰绿色至绿色，交互对生，长1.5～2cm，宽1.5～2.5cm，上下叠接呈十字形排列，全缘，具白色纤毛。聚伞花序，花管状，白色。为冬型种。

星芒

龙宫城

▲星芒
（*Crassula* 'Justus Corder'）

多年生肉质草本。茎直立。株高30cm，冠幅25cm。叶肉质，卵圆形，密被白色短茸毛。花筒状，橙色，花期秋季。为冬型种。

◀龙宫城
（*Crassula* 'Ivory Pagoda'）

又名象牙塔，为小夜衣和稚儿姿的杂交种。多年生肉质草本。株高10～12cm，冠幅6～8cm。叶片卵圆三角形，交互对生，呈十字排列，两侧边缘稍内卷，深灰绿色，表面密生白色细小疣点，叶背茸毛更密。花小，筒状，白色或粉红色。花期春季。为冬型种。

青锁龙▶

（*Crassula lycopodioides* var. *pseudolycopo-dioides*）

又名鼠尾景天。多年生肉质草本。原产于南非。株高10～30cm，冠幅15～20cm。叶片鳞片状，小而紧密排成4列，三角状卵形，中间绿色，具黄色、灰色或棕色晕。花小，着生于叶腋部，筒状，淡黄绿色。花期春季。为冬型种。

大卫

青锁龙

▲大卫

（*Crassula lanuginose* var. *pachystemon*）

多年生肉质草本。原产于南非。株高3～5cm，冠幅3～5cm。株型小巧。叶片宽卵圆形，叶缘密集着生白毛，睫毛状。春、秋季在充足光照下，叶片紧凑，叶缘会变成橙红或红色。花期春季。为冬型种。

◀绒针

（*Crassula mesembryan-thoides*）

又名银剑。多年生肉质草本。株高15～25cm，冠幅15～25cm。植株丛生，叶肉质，长卵圆形，头尖，绿色，密被白色茸毛。聚伞花序，花小，白色。花期春季。为冬型种。

绒针

纪之川

◀纪之川

（*Crassula* 'Moonglow'）

为神力和稚儿姿的杂交种。多年生肉质草本。株高8～10cm，冠幅2～4cm。叶片三角形，交互对生，肉质，呈方塔形，灰绿色，被稠密绒毛。花筒状，淡黄或粉红色。花期春季。为冬型种。

小天狗▶

（*Crassula nudicaulis* var. *herrei*）

多年生肉质草本。株高15～25cm，冠幅15～25cm。多年生肉质植物。植株丛生。茎直立，浅红色。叶肉质，长卵圆形，稍扁平，绿色，边缘红色。聚伞花序，花白色。花期春季。为冬型种。

小天狗

◀吕千绘

（*Crassula* 'Morgan Beauty'）

为青锁龙属中神力（*Crassula falcata*）与都星（*Crassula mesembryanthemopsis*）的杂交种。多年生肉质草本。株高10～15cm，冠幅10～15cm。叶片圆形，肉质，灰绿色，紧密交互对生呈十字形，表面被白粉。花小，筒状，红色。花期春季。为冬型种。

吕千绘

绿塔▶

（*Crassula pyramidalis*）

多年生肉质草本。植株呈塔形，株高3～10cm，冠幅8～10cm。茎有分枝。叶片肉质，4棱，排列紧密，中间绿色。花白色。花期秋季。为冬型种。

绿塔

星乙女▶

（*Crassula perforata*）

　　又名串钱景天、星之王子。多年生肉质草本。原产于南非。株高20～30cm，冠幅10～12cm。叶片卵圆状三角形，肉质，交互对生，浅绿色，叶缘具红色，无叶柄，幼叶上下叠生，成年植株叶间稍有空隙。花筒状，白色至柠檬黄色，花蕊粉红色，花期春季。为冬型种。

圆刀

星乙女

▲圆刀

（*Crassula dubia*）

　　多年生肉质草本。株高10～12cm，冠幅15～20cm。叶片肉质，卵圆形，新叶直生，成年叶平展，灰绿色，叶面被细茸毛，叶缘密生毫毛。聚伞花序，花穗红色，花期夏季。为冬型种。

若歌诗

◀若歌诗

（*Crassula rogersii*）

　　多年生肉质草本。株高15～25cm，冠幅15～25cm。茎直立，红色。叶肉质，对生，扁平，卵圆形，绿色，有小茸毛，春、秋季叶片会变成浅红色。聚伞花序，花白色，花期春季。为春秋型种。

小米星

小米星
（*Crassula rupestris* 'Tom thumb'）

为舞乙女和爱星的杂交种。多年生肉质草本。植株丛生，茎直立，多分枝，逐渐半木质化。叶片较小，肉质，交互对生，卵圆状三角形，叶缘稍具红色，十字形上下交叠，成叶上下有少许间隔。花小，星状，白色，花开成簇。花期春季。为冬型种。

神童
（*Crassula* 'Shindou'）

又名新娘捧花。多年生肉质草本。植株呈塔形，株高8～10cm，冠幅5～7cm。叶片肉质，交互对生，三角形，全缘，深绿色。花筒状，粉红色，花期春季。为冬型种。

神童

苏珊乃
（*Crassula susannae*）

又名漂流岛。多年生肉质草本。原产于南非。株高10～15cm，冠幅8～12cm。叶片无柄，交互对生，淡绿色，叶片顶端似被刀切过一样，呈现平整的"V"字形，顶端被有很细的白色小突起。聚伞花序，长15～20cm，花小，白色。花期春季。为冬型种。

苏珊乃

茜之塔
（*Crassula tabularis*）

又名千层塔、绿塔。多年生肉质草本。原产于南非。株高5～8cm，冠幅8～12cm。植株丛生，多分枝。叶片无柄，肉质，对生，长三角形，叶密排成4列，整齐，由基部向上渐趋变小，堆砌呈塔形，深绿色，冬季在阳光下呈橙红色。聚伞花序，长30cm，花小，白色。花期秋季。为冬型种。

茜之塔

茜之塔锦

◄ 茜之塔锦
（*Crassula tabularis* 'Variegata'）

　　为茜之塔的斑锦品种。多年生肉质草本。株高5～8cm，冠幅8～12cm。叶片肉质，无柄，对生，长三角形，叶密排成4列，整齐，由基部向上渐趋变小，堆砌呈塔形，深绿色，新叶呈粉红色至红色。聚伞花序，长30cm，花小，白色。花期秋季。为冬型种。

小夜衣 ►
（*Crassula tecta*）

　　又称盖膜青锁龙，多年生肉质草本。基部分枝，茎直立。叶肉质，椭圆形，对生，排列紧密，叶面平整，叶背微凹，叶缘钝形，长3cm，宽1.5cm，灰绿色。聚伞花序，小花粉红色或白色，花期夏季。为冬型种。

小夜衣

月晕

◄ 月晕
（*Crassula tomentosa*）

　　多年生肉质草本。株高10cm，冠幅10cm。叶片肉质，卵圆形，叶面有细小茸毛，叶缘有细长的茸毛。花淡粉色。花期春季。为冬型种。

雨心 ►
（*Crassula volkensii*）

　　多年生肉质草本。株高3～4cm，冠幅3～4cm。植株多分枝，易群生。叶片肉质，梭形，对生，绿色叶面上有浅褐色或紫色细密斑点。叶片排列紧密。是较易开花的品种，为冬型种。

雨心

（5）仙女杯属（*Dudleya*）

　　本属植物有40种，多为多年生肉质植物，主要分布在美国的南部和西南部以及墨西哥的北部和西北部，常生长在低山丘陵地带。叶片卵圆形或线形，被白粉。春季至初夏开花，圆锥花序，花小，管状、钟状或星状，花色有黄色、白色和红色。喜温暖、干燥、阳光充足和土壤疏松的环境。生长适温15～24℃，冬季温度不低于7℃。每月施1次液肥。繁殖常用播种和扦插，早春播种，发芽适温16～19℃，扦插从春季至夏季都可进行。冬季温度不低于-5℃。

仙女杯▶
（*Dudleya brittonii*）

　　多年生肉质植物。植株中大型。株高20～30cm，冠幅30～50cm。叶片剑形，银白色，无毛、无花纹，呈莲座状排列，远看如银白的圣杯，表面有白粉，粉易掉，较难重新长出。圆锥花序，花星状，黄色。花期春季至初夏。为冬型种。

宽叶仙女杯

白菊

◀白菊
（*Dudleya greenei*）

　　又名格诺玛，为仙女杯中的小型种，常群生。多年生肉质草本。株高10～15cm，冠幅8～25cm。叶片三角卵形，呈莲座状排列，叶端绿色或粉色，被白粉。聚伞花序，小花浅黄色，花期春末。

雪山仙女杯▶
（*Dudleya pulverulenta*）

　　多年生肉质植物。植株大中型。原产于美国、墨西哥。株高20～30cm，冠幅30～50cm。茎粗壮矮小，逐渐伸长。叶片三角剑形，叶较尖，呈密集的莲座状排列，叶面有不太明显的凸痕沿着叶尖到基部，蓝绿色，被白粉。圆锥花序，花星状，黄色。花期春季至初夏。为冬型种。

雪山仙女杯

◀千羽
（*Dudleya* 'Qianyu'）

多年生肉质植物。株高15～20cm，冠幅20～25cm。茎短直立，叶片绿色或蓝绿色，表面有蜡质覆盖，被白霜。圆锥花序，花星状，黄色。花期春季至初夏。为冬型种。

千羽

（6）石莲花属（*Echeveria*）

本属约有150种，常绿多年生肉质植物，偶有落叶亚灌木。原产于美国、墨西哥、中美洲和安第斯山地区。叶片肉质多彩，呈莲座状排列，叶面有毛或白粉。夏末秋初抽出总状花序、聚伞花序或圆锥花序。喜温暖、干燥和阳光充足环境。不耐寒，耐干旱和半阴，忌积水。宜肥沃、疏松和排水良好的沙质壤土。生长适温15～24℃，冬季温度不低于7℃。生长期适度浇水，每月施肥1次，冬季保持适度湿润。种子成熟即播种，发芽温度16～19℃，春末取茎或叶片扦插，或春季分株繁殖。盆栽点缀窗台、书桌或案头，非常可爱、有趣。也适用于瓶景、框景或作为插花装饰。

晚霞

◀晚霞
（*Echeveria* 'Afterglow'）

为广寒宫和祇园之舞的杂交种。多年生肉质草本。株高15～20cm，冠幅15～20cm。叶片紧密环形排列，叶面光滑有白粉，叶尖到叶心可以看到有轻微的折痕，叶缘非常薄，微微向叶面翻转，叶缘会发红，叶片微蓝粉色或浅紫粉色。花期春季。为春秋型种。

玛瑙玫瑰▶
（*Echeveria* 'Agate Rose'）

多年生肉质草本。株高5～10cm，冠幅12～15cm。植株茎短。叶片椭圆形或匙形，呈莲座状排列，尖顶，叶缘和叶尖红色，叶面亮绿色。聚伞花序，花粉红色或浅橙色。花期春季。为春秋型种。

玛瑙玫瑰

东云

◀东云
（*Echeveria agavoides*）

多年生肉质草本。株高12～15cm，冠幅20～25cm。叶卵圆形或卵圆状三角形，肉质，浅绿色，长3～9cm，叶尖红色，呈莲座状排列。聚伞花序，花红色，顶端黄色，花期春、夏季。为春秋型种。

圣诞东云▶
（*Echeveria agavoides* 'Christmas'）

为东云的栽培品种。多年生肉质草本。株高10～15cm，冠幅20～25cm。叶片翠绿色，较大温差下叶缘会变成红色，甚至整株转为艳丽的红色。花期春、夏季。为春秋型种。

圣诞东云

卷叶东云

◀卷叶东云
（*Echeveria agavoides* 'Rubella'）

又叫如贝拉。多年生肉质植物。株高5～10cm，冠幅20～25cm。叶长楔形，肉质，微向内卷曲，呈莲座状，褐绿色，密被褐色小疣点，叶末端有黄色小尖。花钟形，红色，花期春末至夏季。为春秋型种。

虎鲸▶
（*Echeveria agavoides* 'Maria Cristata'）

为黄金玛利亚的缀化品种。多年生肉质草本。植株小型，匍匐生长。株高8～10cm，冠幅15～20cm。叶片匙形或卵形，先端急尖，叶背凸起，密集聚生，呈鸡冠状或山峦状，青绿色或黄绿色，叶尖红褐色。花钟形，红色，花期春末至夏季。为春秋型种。

虎鲸

东云缀化

东云缀化
（*Echeveria agavoides* 'Cristata'）

又名琥，东云的缀化品种。多年生肉质草本。株高4～5cm，冠幅20～25cm。叶三角形，密集聚生呈鸡冠状或山峦状，青绿色，稍被有白霜，先端急尖，叶尖红色，较尖锐。花钟形，红色，花期春末至夏季。为春秋型种。

地毯东云▶
（*Echeveria agavoides* 'Ditan'）

为东云的栽培品种。多年生肉质草本。株高12～15cm，冠幅20～25cm。叶卵圆形或卵圆状三角形，肉质，深绿色，叶尖褐色，呈莲座状排列。花红色，顶端黄色，长1.5cm，花期春、夏季。为春秋型种。

地毯东云

乌木
（*Echeveria agavoides* 'Ebony'）

又名黑檀汁，为东云的栽培品种。多年生肉质植物。植株大型。株高10～15cm，冠幅15～25cm。叶片宽大，广卵形至三角卵形，先端尖锐，肉质，叶面平整，叶背稍拱起呈龙骨状，莲座状排列，叶面灰绿色至绿白色，入秋后温差大时叶缘和叶尖渐变成淡紫色或紫红色。叶面粉红色。聚伞花序，花小，钟形，黄色，先端红色。花期春末至初夏。为春秋型种。

乌木

玉杯▶
（*Echeveria agavoides* 'Gilva'）

又名冰莓东云，为东云的栽培品种。多年生肉质草本。株高10～15cm，冠幅20～25cm。叶片卵圆形，肉质，呈莲座状排列，叶面绿色，先端渐尖，在充足光照和较大温差时叶顶端泛红色。聚伞花序，花小，钟形，黄色，先端红色。花期春、夏季。为春秋型种。

玉杯

红蜡东云

◀红蜡东云
（*Echeveria agavoides* 'HongLa'）

　　为东云的栽培品种。多年生肉质植物。株高8～10cm，冠幅12～15cm。植株常群生。叶卵圆形，排列成莲座状，叶面黄绿色，末端有粉红晕，叶尖为红色。花小，红黄色。花期夏季。为春秋型种。

女士手指▶
（*Echeveria agavoides* 'Lady's Finger'）

　　又名淑女玉指，为东云的栽培品种。多年生肉质植物。株高10～15cm，冠幅20～25cm。叶片广卵形至广三角形，先端渐尖，叶面向内凹，有小叶尖，呈紧密的莲座状排列，叶面翠绿色，较大温差下叶缘和叶尖渐变成红色。聚伞花序，花小，红色，顶端黄色。花期春末至初夏。为春秋型种。

女士手指

◀魅惑之宵
（*Echeveria agavoides* 'Corderoyi'）

　　为东云的栽培品种。多年生肉质草本。株高6～10cm，冠幅15～20cm。叶广卵形至散生三角形，叶面光滑，叶背稍隆起，先端急尖，浅绿色，呈莲座状排列，阳光充足时叶缘至叶尖渐变成红色。花钟形，黄色，先端黄色。花期春末至夏季。为春秋型种。

魅惑之宵

相府莲▶
（*Echeveria agavoides* var. *prolifera*）

　　为东云的变种。多年生肉质草本。株高12～15cm，冠幅20～25cm。叶片长三角形，呈莲座状排列，绿色，先端尖，红色。花期春、秋季。为春秋型种。

相府莲

罗密欧

◀罗密欧

（*Echeveria agavoides* ‘Romeo’）

为东云的栽培品种。多年生肉质草本。株高12～15cm，冠幅20～25cm。叶片长三角形，肥厚，叶尖，叶面光滑，有光泽。新叶绿色，后渐变为浅紫色，温差大时转为深紫红色。聚伞花序，花小，钟形，红色，顶端黄色。花期春、夏季。为春秋型种。

天箭座▶

（*Echeveria agavoides* ‘Sagita’）

又名天剑座，为东云的栽培品种。多年生肉质植物。植株中小型，茎短，红色。株高8～12cm，冠幅15～20cm。叶广卵形，先端尖，肉质，叶面内凹，叶背拱起有龙骨，呈紧密的莲座状排列，叶面灰绿色或蓝绿色，被白霜，温差大时叶缘和叶尖渐变成红色或紫红色。聚伞花序，花小，钟形，红色，顶端黄色。花期春季至初夏。为春秋型种。

天箭座

银东云

◀银东云

（*Echeveria agavoides* ‘Silver’）

东云的栽培品种。多年生肉质草本。常群生。株高8～10cm，冠幅12～15cm。叶卵圆形，排列成莲座状，叶面黄绿色，末端有红晕，叶尖为红色。聚伞花序，花小，红黄色，花期夏季。为春秋型种。

天狼星▶

（*Echeveria agavoides* ‘Sirius’）

又名思悦，是东云的栽培品种。多年生肉质植物。株高8～10cm，冠幅15～20cm。植株中、小型，茎短。叶广卵形，先端尖，有小叶尖，叶面内凹，叶背拱起有龙骨，呈紧密的莲座状排列，叶面灰绿色或绿白色，被白霜，温差大时叶缘和叶尖渐变红色或紫红色。聚伞花序，花小，钟形，红色，顶端黄色。花期春季至初夏。为春秋型种。

天狼星

胜者骑兵

◀胜者骑兵
（*Echeveria agavoides* 'Victor Reiter'）

又名新圣骑兵，是东云的栽培品种。多年生肉质植物。植株中型，常群生。株高8～12cm，冠幅15～20cm。叶片倒卵形，较狭长，叶端长而尖锐，肉质，叶面稍内凹，叶背拱起有龙骨，均向中心紧靠，呈紧密的莲座状排列，叶面粉红色。聚伞花序，花小，钟形，黄色。花期春季。为春秋型种。

白蜡东云▶
（*Echeveria agavoides* 'Wax'）

为东云的栽培品种。多年生肉质草本。常群生。株高8～10cm，冠幅12～15cm。叶卵圆形，排列成莲座状，叶表黄绿色，末端有红晕，叶尖为红色。聚伞花序，花小，红黄色，花期夏季。为春秋型种。

白蜡东云

艾格尼斯玫瑰

◀艾格尼斯玫瑰
（*Echeveria* 'Agnes Rose'）

多年生肉质植物。植株小型，常群生。株高6～8cm，冠幅6～10cm。叶匙形至卵圆形，先端圆润，肉质饱满，有小叶尖，呈莲座状排列，叶面绿白色，入秋后温差大时整叶渐变成浅红色，叶缘深红色。聚伞花序，花小，钟形，黄色。花期春季。为春秋型种。

阿尔巴佳人▶
（*Echeveria* 'Alba Beauty'）

又名白美人。多年生肉质植物。株高5～6cm，冠幅10～15cm，植株中型。叶片匙形，叶面向内凹，叶背稍拱起，有小叶尖，呈紧密的莲座状排列，叶浅蓝绿色，气温变化大时叶缘和叶尖渐变成浅红褐色。聚伞花序，花小，钟形，红色。花期春、夏季。为春秋型种。

阿尔巴佳人

花乃井

◀花乃井
（*Echeveria amoena*）

又名雨村。多年生肉质植物。植株小型，常群生。株高6～8cm，冠幅6～10cm。叶片匙形，叶面向内稍凹，肉质饱满，有小叶尖，呈莲座状排列，叶面绿色至蓝绿色，被白霜，入秋后出状态时整叶渐变粉红色至粉白色。聚伞花序，花小，钟形，黄色。花期春末至初夏。为春秋型种。

雨燕座▶
（*Echeveria* 'Apus'）

多年生肉质草本。株高5～10cm，冠幅20～25cm。植株较大，具有短茎，叶片长匙形，肉质，先端渐窄有叶尖，排列成莲座状，绿底红边，但底色偏蓝，叶面被白粉，叶边偏桃红色。聚伞花序，花钟形，黄色。花期春季。为春秋型种。

雨燕座

奶油黄桃

◀奶油黄桃
（*Echeveria* 'Atlantis'）

又名亚特兰蒂斯。多年生肉质草本。植株中小型。株高8～12cm，冠幅15～20cm。叶片匙形，对生，肉质，先端渐窄，叶背拱起，有小叶尖，呈莲座状排列，叶面亮绿色，被白霜，叶缘和叶尖浅红色。聚伞花序，花小，钟形，黄色。花期春季。为春秋型种。

白凤▶
（*Echeveria* 'Hakuhou'）

多年生肉质草本。株高6～10cm，冠幅10～15cm。叶片卵圆形至近圆形，扁平，肉质，青绿色，被白粉，叶片前端有粉红色溅点。聚伞花序，花浅红色。花期夏季。为春秋型种。

白凤

红唇

◄红唇
（*Echeveria* 'Bella'）

多年生肉质植物。株高8～10cm，冠幅15～25cm。叶倒卵形，肉质，先端宽，基部窄，叶稍向内弯，绿色，先端红褐色，叶面密被白色绢毛，呈松散的莲座状排列。聚伞花序，高20～25cm，花坛状，黄红色。花期秋季。为春秋型种。

笨巴蒂斯►
（*Echeveria* 'Ben Badis'）

大和锦和静夜的杂交种。多年生肉质草本。植株小型。株高6～8cm，冠幅10～15cm。叶片短匙形，先端三角形，叶背龙骨明显，有小叶尖，肉质肥厚，淡绿色，被白霜，秋季叶尖、叶缘和叶背龙骨处渐变红色。聚伞花序，花浅红色。花期春末至初夏。为春秋型种。

笨巴蒂斯

红鹤

◄红鹤
（*Echeveria* 'Beninoturu'）

多年生肉质草本。株高8～10cm，冠幅12～15cm。植株小型，常群生。叶片匙形，向内稍弯曲，先端渐尖，肉质，有小叶尖，呈莲花状排列，叶面亮绿色，出状态后叶缘渐变紫红色或浅粉色。聚伞花序，花小，钟形，黄色。花期春季。为春秋型种。

贝瑞►
（*Echeveria* 'Berry'）

多年生肉质植物。株高8～10cm，冠幅15～20cm。植株中型，有短茎。叶片匙形或倒卵形，肉质，叶面稍内凹，有小叶尖，呈紧密的莲座状排列，叶浅绿色至蓝绿色，气温变化大时叶缘和叶背渐变成浅红色。聚伞花序，花小，钟形，红黄色。花期春末至初夏。为春秋型种。

贝瑞

大红

◀大红
（*Echeveria* 'Big Red'）

　　多年生肉质草本。株高5～10cm，冠高15～20cm。叶片卵圆形，肥厚，蓝绿色，呈莲座状排列，有红褐色的斑块，叶缘和叶尖均为粉色。总状花序，花钟形，淡红白色，内面黄色，花期初夏至秋季。为春秋型种。

黑王子

黑王子▶
（*Echeveria* 'Black Prince'）

　　为石莲花的栽培品种。多年生肉质草本。株高10～12cm，冠幅20～25cm。叶片匙形，排列成莲座状，先端急尖，表皮紫黑色，在光线不足或生长旺盛时中心叶片呈深绿色。聚伞花序，花小，钟形，紫色。花期夏季。为春秋型种。

黑王子锦

◀黑王子锦
（*Echeveria* 'Black Prince Variegata'）

　　为黑王子的斑锦品种。多年生肉质草本。株高10～12cm，冠幅20～25cm。叶片匙形，排列成莲座状，先端急尖，叶面红色。聚伞花序，花钟形，紫色。花期夏季。为春秋型种。

蓝苹果▶
（*Echeveria* 'Blue Apple'）

　　又名蓝精灵。多年生肉质草本。株高4～5cm，冠幅20～25cm。植株茎长，易生新枝。叶长卵形或匙形，肉质，排列成莲座状，嫩绿色或浅蓝绿色，被白霜，叶末端红色。聚伞花序，花星形，黄色或红色。花期春末至夏季。为春秋型种。

蓝苹果

蓝鸟

◀**蓝鸟**
（*Echeveria* 'Blue Bird'）

　　多年生肉质草本。株高5～8cm，冠幅8～10cm。叶片宽匙形，排列成莲座状，蓝色或蓝绿色，被白霜，先端有一小尖，红色。聚伞花序，花钟形，红色，花期春、夏季。为春秋型种。

蓝色苍鹭▶
（*Echeveria* 'Blue Heron'）

　　多年生肉质草本。株高5～8cm，冠幅12～15cm。叶片宽匙形，先端有一小尖，蓝绿色，叶缘和小尖红色，呈莲座状排列。总状花序，花浅红色。花期夏、秋季。为春秋型种。

蓝色苍鹭

◀**蓝光**
（*Echeveria* 'Blue Light'）

　　多年生肉质草本。株高20～25cm，冠幅20～25cm。叶片宽匙形，叶端有小尖，叶中间下凹，青绿色至蓝绿色，呈莲座状排列。聚伞花序，花浅红色。花期春、夏季。为春秋型种。

蓝光

蓝色惊喜▶
（*Echeveria* 'Blue Surprise'）

　　多年生肉质植物。株高8～12cm，冠幅15～20cm。植株中型。叶片广卵形，先端圆润，肉质，叶面稍内凹，有小叶尖，呈莲座状排列，叶面淡蓝色或灰蓝色，白霜不明显，入秋后温差大时整叶渐变粉紫或果冻色。聚伞花序，花小，钟形，红黄色。花期春末至初夏。为春秋型种。

蓝色惊喜

白闪星

◀白闪星

（*Echeveria* 'Bombycina'）

多年生肉质草本。株高20～30cm。冠幅30～40cm。全株被满棕褐色绒毛。叶片匙形或倒卵圆形，肥厚，中绿色，具白色茸毛，边缘及顶端呈红色。圆锥花序，小花坛状，黄或红黄色，花期冬季。

红糖▶

（*Echeveria* 'Bromn Sugar'）

多年生肉质草本。株高5～10cm，冠幅15～20cm。叶互生，匙形，全缘，先端急尖，呈莲座状，叶面前端布满绿色的痕，较粗糙，叶片靠近茎的部分浅绿色。总状花序，花小，红色，花期春、夏季。为春秋型种。

红糖

◀棕玫瑰

（*Echeveria* 'Brown Rose'）

多年生肉质草本。株高6～8cm，冠幅6～10cm。植株中型，常群生。叶片匙形，先端渐窄，肉质饱满，叶面稍内凹，有小叶尖，呈紧密的莲座状排列，叶面浅褐色，被细绒毛，阳光充足时叶片渐变金黄色并带红晕。聚伞花序，花小，钟形，黄色。花期春末至初夏。为春秋型种。

棕玫瑰

加州冰球▶

（*Echeveria* 'California Ice Hockey'）

多年生肉质草本。株高4～5cm，冠幅20～25cm。叶片长匙形，排列成莲座状，蓝绿色，被白霜，先端急尖，叶缘和叶尖红色。花钟形，红色。花期春末至初夏。为春秋型种。

加州冰球

卡梅奥▶

（*Echeveria* 'Cameo'）

　　多年生肉质草本。株高10～15cm，冠幅15～20cm。叶片匙形，宽厚，扁平，叶缘波状，青绿色，叶面上常长出不同形状的肉突。聚伞花序，花钟形，浅红色，花期夏、冬季。为春秋型种。

卡梅奥

加州女皇

▲加州女皇

（*Echeveria* 'California Queen'）

　　又叫织锦。多年生肉质草本。株高4～5cm，冠幅8～12cm。叶圆卵形，肉质，排列成莲座状，蓝绿色，被白霜，先端急尖，叶缘和叶尖红色。花钟形，红色。花期春末至夏季。为春秋型种。

广寒宫

◀广寒宫

（*Echeveria cante*）

　　多年生肉质草本。株高10～15cm，冠幅10～25cm。叶片较大，匙形，肉质，呈松散莲座状排列，中绿色，密布白霜，叶缘和叶尖粉色。花浅红色。花期春、夏季。为夏型种。

香槟

◀**香槟**

（*Echeveria* 'Champagne'）

多年生肉质植物。株高10～15cm，冠幅15～20cm。植株大型。叶广卵形，先端渐窄，肉质肥厚，叶面稍内凹，叶背拱起有龙骨，有叶尖，呈莲座状排列，叶面绿色，有白色纹路，白霜不明显，入秋后温差大时叶片渐变橙黄色或果冻色。聚伞花序，花小，钟形，黄色。花期春末至初夏。为春秋型种。

吉娃莲▶

（*Echeveria chihuahuaensis*）

又名吉娃娃。多年生肉质草本。株高4～5cm，冠幅20～25cm。叶片匙形，排列成莲座状，蓝绿色，被白霜，先端急尖，叶缘和叶尖红色。聚伞花序，长25cm，花钟形，红色。花期春末至夏季。为春秋型种。

吉娃莲

◀**克拉拉**

（*Echeveria* 'Clara'）

多年生肉质植物。株高5～10cm，冠幅20～25cm。叶片宽匙形，排列成莲座状，蓝绿色，被白霜，先端急尖，叶缘和叶尖红色。聚伞花序，花钟形，红色。花期春末至夏季。为春秋型种。

卡罗拉▶

（*Echeveria colorata*）

多年生肉质草本。株高8～10cm，冠幅12～15cm。叶片宽匙形，排列成莲座状，蓝绿色，被白霜，先端有一小尖，紫色。聚伞花序，花钟形，红色。花期春、夏季。为春秋型种。

卡罗拉

丘比特

◄丘比特
（*Echeveria* 'Cupid'）

多年生肉质草本。株高8 ～ 12cm，冠幅10 ～ 15cm。植株中型，茎短。叶片圆筒形，肉质饱满，叶面稍向内凹，有小叶尖，呈松散的莲座状排列，叶面绿色，被白霜，温差大时叶片渐变褐红色。聚伞花序，花小，钟形，红黄色。花期春末至初夏。为春秋型种。

红爪►
（*Echeveria cuspidata* var. *gemmula*）

又名墨西哥女孩、野玫瑰之精。为黑爪和静夜的杂交种。多年生肉质植物。原产于墨西哥。株高8 ～ 12cm，冠幅15 ～ 20cm。植株中小型，有短茎。叶片倒卵形至匙形，先端渐窄，肉质，有小叶尖，呈紧密的莲座状排列，叶面蓝绿色，被白粉，气温变化大时叶片背面和叶尖渐变为红色。聚伞花序，花小，管状，浅紫红色。花期春末至初夏。为春秋型种。

红爪

绿爪

◄绿爪
（*Echeveria cuspidata* var. *zaragozae*）

多年生肉质植物。原产于墨西哥。株高8 ～ 10cm，冠幅15 ～ 25cm。植株中小型，有短茎。叶片倒卵形至长圆形，先端渐窄，肉质，有小叶尖，呈松散的莲座状排列，叶面灰绿色至蓝绿色，气温变化大时叶片背面和叶尖渐变成红色。聚伞花序，花小，管状，浅紫红色。花期春末至初夏。为春秋型种。

◄红酥手
（*Echeveria dactylifera*）

多年生肉质植物。株高6～8cm，冠幅12～15cm。植株小型，常群生。叶片筒形至卵形，有小叶尖，肉质，叶面平整，叶背拱起，呈紧密的莲座状排列，叶面浅蓝绿色或绿白色，被白霜，气温变化大时叶片渐变为果冻色或全株泛红色。聚伞花序，花小，倒钟形，红黄色。花期春季。为春秋型种。

红酥手

暗冰►
（*Echeveria* 'Dark Ice'）

多年生肉质草本。株高5～8cm，冠幅15～20cm。植株中型，有短茎，叶片匙形至长匙形，肉质，先端渐窄，叶面向内凹，有叶尖，排列成莲座状，叶灰白色或灰绿色，被白粉，气温变化大时叶边和叶尖渐变成桃红色。花钟形，红黄色。花期春末至初夏。为春秋型种。

暗冰

◄德科拉
（*Echeveria* 'Decora'）

为石莲花属的栽培品种。多年生肉质草本。株高10～15cm，冠高15～25cm。叶片似"C"形至扇形，排列成莲座状，青绿色，秋季转红色。聚伞花序，花浅黄红色。花期夏、冬季。为春秋型种。

德科拉

静夜►
（*Echeveria derenbergii*）

多年生肉质草本。株高10～15cm，冠幅20～30cm。叶倒卵形或楔形，肉质，肥厚，被白粉，呈莲座状排列，叶尖和叶边具红色。总状花序，长10cm，花钟状，黄色，花期冬、夏季。为春秋型种。

静夜

玫瑰莲

◀玫瑰莲
（*Echeveria* 'Derosa'）

　　为静夜和锦司晃的杂交种。多年生肉质草本。株高5～10cm，冠幅20～25cm。植株具有短茎，叶片匙形，肉质，先端渐窄，有叶尖，叶背凸起，排列成莲座状，叶片蓝绿色，叶面和叶背具绒毛，叶缘有少量茸毛，光照充足时叶背发红。聚伞花序，花黄色。花期春末至夏季。为春秋型种。

月影▶
（*Echeveria elegans*）

　　又称厚叶石莲花，多年生肉质草本。株高4～5cm，冠幅20～25cm。叶片多，卵形，先端厚，稍内弯，新叶有小尖，肥厚多汁，淡粉绿色，表面被白粉，排列成莲座状。花淡红色，花期夏、冬季。为春秋型种。

月影

阿尔巴月影

◀阿尔巴月影
（*Echeveria elegans* 'Alba'）

　　又名白月影，为月影的栽培品种。多年生肉质草本。株高6～8cm，冠幅10～15cm。植株小型，常群生。叶片匙形，肉质，叶片中心向内凹，叶背稍拱起，有小叶尖，呈莲座状排列，叶面绿白色，外围叶片稍带浅黄色，入秋后叶片渐变成白色。聚伞花序，花小，钟形，粉色，顶端黄色。花期冬末至初夏。为春秋型种。

雪球▶
（*Echeveria elegans* 'Snowball'）

　　为月影的栽培品种。多年生肉质草本。株高5～8cm，冠幅15～20cm。叶片广卵形，基部稍窄，肉质肥厚，蓝灰色至黄绿色，呈松散的莲座状，叶表被白粉。叶背靠近叶尖附近有大片红晕，红晕里面还有颜色更红的斑点。聚伞花序，花小，钟形，粉色，顶端黄色。花期冬末至初夏。为春秋型种。

雪球

法比奥拉

◀法比奥拉
（*Echeveria* 'Fabiola'）

　　是大和锦和静夜的杂交种。多年生肉质草本。株高4～5cm，冠幅20～25cm。植株有短茎，常群生。叶卵圆形，排列成莲座状，嫩绿色，被白霜，先端急尖，叶缘和叶尖红色。聚伞花序，花钟形，红色。花期春末至夏季。为春秋型种。

菲奥娜▶
（*Echeveria* 'Fiona'）

　　为石莲花属的栽培品种。多年生肉质草本。株高8～16cm，冠幅30～40cm。叶片大而肥厚，很像勺子，叶面浅紫色。无粉霜和花纹，在充足光照条件下叶色变美。聚伞花序，花钟形，红色。花期春末至夏季。为春秋型种。

菲奥娜

马格丽特（范女王）

◀马格丽特
（*Echeveria* 'Fun Queen'）

　　又叫范女王。多年生肉质植物。株高8～10cm，冠幅15～20cm。植株中小型，常群生。叶片匙形，叶面向内稍凹，肉质，有小叶尖，呈紧密的莲座状排列，叶面绿色至黄绿色，被白霜，阳光充足，气温变化大时整叶渐变粉红色。聚伞花序，花小，钟形，黄色。花期春末至初夏。为春秋型种。

乙姬花笠▶
（*Echeveria gigantea* var. *crispata*）

　　为巨石莲花的变种。多年生肉质植物。株高20～30cm，冠幅20～30cm。叶片大，倒卵形，基部窄，灰绿色，叶缘淡红色，呈波浪形起伏，叶质肥厚，光照充足时叶面转红色。聚伞花序，花小，钟形，淡黄色。花期春末至初夏。为春秋型种。

乙姬花笠

玉蝶▶
（*Echeveria glauca*）

　　又名石莲花。多年生肉质草本。原产于墨西哥。株高20～30cm，冠幅10～15cm。短茎，30～50枚匙形叶片组成莲座状叶盘。叶片淡灰色，先端有一小尖，被白粉。总状花序，长20～30cm，花小，外红内黄。花期春季。为春秋型种。

玉蝶锦

玉蝶

▲玉蝶锦
（*Echeveria glauca* 'Variegata'）

　　为玉蝶的斑锦品种。多年生肉质草本。株高10～15cm，冠幅10～15cm。植株短茎。叶片匙形，组成莲座状叶盘。叶面淡灰色，边缘两侧白色，先端有一小尖，被白粉。总状花序，长15～25cm，花小，外红内黄。花期春季。为春秋型种。

小红衣

◀小红衣
（*Echeveria globulosa*）

　　又名小红莓、文森特卡托。多年生肉质植物。株高6～8cm，冠幅10～15cm。植株小型，常群生。叶片卵形，先端尖，肉质，叶面向内稍卷，叶背拱起有龙骨，叶尖两侧有凸起的薄翼，呈紧密的莲座状排列，叶面蓝绿色，气温变化大时叶缘和叶尖渐变成红色。穗状花序，花小，倒钟形，背面黄色，中心红色。花期春末至初夏。为春秋型种。

金辉

◀金辉
（*Echeveria* 'Golden Glow'）

多年生肉质植物。植株中型。株高8～10cm，冠幅12～15cm。叶片匙形至倒卵圆形，先端向下渐窄，有小叶尖，肉质，叶面稍内凹，呈莲座状排列，叶面绿色或黄绿色，气温变化大时叶缘和叶尖渐变粉红色。聚伞花序，花小，钟形，红黄色。花期春末至初夏。为春秋型种。

武仙座▶
（*Echeveria* 'Hercules'）

为石莲花属的栽培品种。多年生肉质草本。株高5～7cm，冠幅15～20cm。叶片长匙形，叶面向内凹，叶背稍拱起，有小叶尖，呈紧密的莲座状排列，叶紫绿色，被白霜，气温变化大时叶缘和叶尖渐变红褐色。聚伞花序，花小，钟形，红色。花期春末至初夏。为春秋型种。

武仙座

红卷叶

◀红卷叶
（*Echeveria* 'Hongjuanye'）

多年生肉质草本。株高8～12cm，冠幅15～20cm。叶卵圆形，先端有小尖，肉质，肥厚，呈莲座状，灰白色或淡粉色。聚伞花序，花小，钟形，浅红色，花期冬、春季。为春秋型种。

初恋▶
（*Echeveria* 'Huthspinke'）

多年生肉质草本。株高10～15cm，冠幅10～25cm。叶片匙形，肉质，呈松散莲座状排列，叶片中间绿色。聚伞花序，花小，钟形，浅红色。花期春、夏季。为春秋型种。

初恋

海琳娜

◀海琳娜
（*Echeveria* 'Hyaliana'）

多年生肉质草本。株高8～10cm，冠幅15～20cm。植株小型。叶片匙形，肉质，先端较圆，急尖，呈莲座状紧密排列，入秋后叶片渐变成粉黄色至粉红色，叶缘稍有粉色透明感。聚伞花序，花小，钟状，橘红色。花期春末至初夏。为春秋型种。

冰河世纪▶
（*Echeveria* 'Ice Age'）

是花月夜和东云的杂交种。多年生肉质植物。植株中型。株高10～15cm，冠幅20～25cm。叶片匙形，叶面向内凹，有小叶尖，呈紧密的莲座状排列，叶绿色或黄绿色，气温变化大时叶缘和叶尖渐变成红色。聚伞花序，花小，红色，顶端黄色。花期春、夏季。为春秋型种。

冰玉

◀冰玉
（*Echeveria* 'Ice Green'）

多年生肉质草本。植株中小型，茎短，常群生。株高6～8cm，冠幅15～20cm。叶片匙形或卵圆形，肉质肥厚，平展，叶面稍内凹，叶背稍拱起，叶尖不明显，被白霜，排列成松散的莲座状，浅绿色或淡蓝绿色，气温变化大时叶缘渐变成红褐色。聚伞花序，花星形，黄色或红色。花期春末至夏季。为春秋型种。

冰心公主▶
（*Echeveria* 'Ice Princess'）

多年生肉质草本。植株小型，茎短，常群生。株高4～5cm，冠幅10～15cm。叶长卵形，肉质，排列成莲座状，叶绿色或蓝绿色，被白霜，气温变化大时叶背面渐变成紫红色。聚伞花序，花星形，黄色或红色。花期春末至夏季。为春秋型种。

冰心公主

冰魄

◀冰魄
（*Echeveria* 'Ice Soul'）

多年生肉质草本。植株小型，常群生。株高6～8cm，冠幅10～15cm。叶片匙形，肉质，叶片中心向内凹，叶背稍拱起，有小叶尖，呈莲座状排列，叶面绿白色，外围叶片稍带浅黄色，气温变化大时叶片渐变成白色。聚伞花序，花小，钟形，粉色。花期春末至初夏。为春秋型种。

冰莓▶
（*Echeveria* 'Ice Strawberry'）

多年生肉质草本。株高5～10cm，冠幅12～15cm。叶片长匙形，全缘，尖端有一小尖，蓝绿色，被白粉，排列成莲座状。聚伞花序，花浅红色，花期冬、春季。为春秋型种。

冰莓

伊利亚

◀伊利亚
（*Echeveria* 'Iria'）

是月影的栽培品种。多年生肉质草本。植株中型。株高5～8cm，冠幅15～20cm。叶片匙形或倒卵形，先端肥厚，叶面向内凹，有小叶尖，排列成莲座状，叶绿白色，被白粉，气温变化大时整株渐变成果冻色或浅粉色。聚伞花序，花淡红色，花期冬末至初夏。为春秋型种。

象牙莲▶
（*Echeveria* 'Ivory'）

多年生肉质草本。株高8～10cm，冠幅12～15cm。叶片宽匙形，蓝灰色至蓝绿色，被白粉，呈莲座状排列。总状花序，花小，黄色，花期春季。为春秋型种。

象牙莲

丹尼尔

◀丹尼尔
（*Echeveria* 'Joan Daniel'）

　　多年生肉质植物。株高8～10cm，冠幅10～15cm。叶片卵圆形至长卵圆形，肉质，向内抱，呈莲座状排列，青绿色，叶缘和叶尖黄色。聚伞花序，花小，浅红色。花期春、夏季。为春秋型种。

迈达斯国王▶
（*Echeveria* 'King Midas'）

　　是花月夜和星美人的杂交种。多年生肉质草本。株高5～10cm，冠幅8～12cm。叶片长匙形，肉质，呈莲座状排列，浅青色，被白粉，叶缘和叶尖粉红色。总状花序，高20～25cm，花淡红色，花期春季。为春秋型种。

迈达斯国王

狂野男爵

◀狂野男爵
（*Echeveria* 'Baron Bold'）

　　多年生肉质草本。株高20～25cm，冠幅25～35cm。叶片大，卵圆形至长圆形，基部渐窄，边缘呈大波浪状，叶面基部着生不规则的凸起疣状物，青灰绿色至紫红色。聚伞花序，花浅红黄色。花期夏、冬季。

雪莲▶
（*Echeveria laui*）

　　多年生肉质草本。株高5～8cm，冠幅10～15cm。叶片圆匙形，肥厚，长2～3cm，宽1～1.5cm，淡红色，布满白粉，呈莲座状排列。总状花序，长20cm，花钟形，淡红白色。花期初夏至秋季。为春秋型种。

雪莲

金色年华

利比里亚

▲金色年华
（*Echeveria* 'Jin se nian hua'）

多年生肉质草本。株高4～5cm，冠幅20～25cm。叶长卵形，肉质，排列成莲座状，嫩绿色，被白霜，叶末端红色。聚伞花序，花钟形，红色。花期春末至夏季。为春秋型种。

▲利比里亚
（*Echeveria* 'Liberia'）

多年生肉质草本。株高8～12cm，冠幅15～25cm。叶片匙形，先端有小尖，叶缘和叶尖红色，植株呈莲座状排列，灰白色。聚伞花序，花钟状，橘红色。花期冬、夏季。

丽娜莲

劳伦斯

▲丽娜莲
（*Echeveria lilacina*）

多年生肉质草本。植株大中型。株高5～6cm，冠幅10～23cm。叶片卵圆形，肉质，叶顶端有小尖，叶面中间向内凹，浅粉色。聚伞花序，花浅红色，花期春、夏季。为春秋型种。

▲劳伦斯
（*Echeveria* 'Laulensis'）

多年生肉质草本。植株中小型，常群生。株高8～12cm，冠幅15～20cm。叶片长匙形，稍薄，肉质，有小尖，呈莲座状排列，叶面蓝绿色，被白霜，入秋后温差大时叶片渐变成粉红色。聚伞花序，花小，钟形，黄色。花期春末至初夏。为春秋型种。

芙蓉雪莲

◀芙蓉雪莲
（*Echeveria* 'Lauixlindsayana'）

为雪莲的杂交品种。多年生肉质草本。株高
5 ～ 8cm，冠幅20 ～ 25cm。叶片楔形，肥厚，肉
质，表面覆盖着一层白霜，植株呈莲座状。长期
处于日照充足的环境中叶尖和叶边会出现漂亮的
红色。花序长约10cm，花钟形，黄色。花期初夏
至秋季。为春秋型种。

林赛▶
（*Echeveria lindsayana*）

多年生肉质草本。植株中型，茎短。株高
6 ～ 8m，冠幅15 ～ 20cm。叶片匙形或长匙形，
叶面内凹，有小叶尖，排列成紧密莲座状，灰绿
色或灰白色，被白霜，气温变化大时叶缘和叶尖
渐变成红色。聚伞花序，长25cm，花钟形，红
色。花期春末至夏季。为春秋型种。

林赛

◀露娜莲
（*Echeveria* 'Lola'）

多年生肉质草本。株高5 ～ 7cm，冠幅
8 ～ 10cm。叶片卵圆形，肉质，先端有小尖，灰
绿色，被浅粉色晕。聚伞花序，花淡红色。花期
夏、冬两季。为春秋型种。

露娜莲

莲花▶
（*Echeveria* 'Lotus'）

又名黄体花月夜。多年生肉质草本。株高
6 ～ 8cm，冠幅10 ～ 15cm。植株单生或群生。叶
片匙形，肉质，叶端圆钝，有小尖，呈莲座状排
列，淡蓝色，阳光充足时叶缘和叶尖渐变成红色。
聚伞花序，花小，钟形，黄色。花期春季。为春
秋型种。

莲花

露西

◀露西
（*Echeveria* 'Lucy'）

　　多年生肉质草本。株高5～8cm，冠幅10～12cm。叶片长匙形，先端渐尖，青绿色，被白霜，呈莲座状排列。总状花序，花浅黄色。花期夏季。为春秋型种。

红稚莲▶
（*Echeveria macdougallii*）

　　多年生肉质草本。株高8～10cm，冠幅10～15cm。叶片广卵形至三角卵形，叶面光滑，有石莲花属少有的细微纹路，叶片先端急尖，叶缘微发红，随着生长茎部会逐渐长高。叶片呈松散莲座状排列。聚伞花序，花浅红色，花期春、夏季。为春秋型种。

红稚莲

马蹄莲

◀马蹄莲
（*Echeveria* 'Matilian'）

　　多年生肉质草本。株高20～30cm，冠幅10～15cm。植株短茎，由30～50枚匙形叶片组成莲座状叶盘。叶片嫩绿色，先端有一小尖，被白粉。总状花序，长20～30cm，花小，外红内黄。花期春季。为春秋型种。

女雏▶
（*Echeveria* 'Mebina'）

　　多年生肉质草本。株高8～10cm，冠幅10～15cm。植株群生。叶卵圆形至长卵圆形，肉质，向内抱，呈莲座状排列，叶片中间绿色，阳光充足时叶片会变成粉红色。聚伞花序，花浅红色，花期春、夏季。为春秋型种。

女雏

巧克力方砖

◀巧克力方砖
（*Echeveria* 'Melaco'）

多年生肉质草本。株高8～10cm，冠幅10～15cm。植株中小型。叶片圆匙形，褐红色的叶片向内凹陷，有明显的波折，褐红色，叶缘有轻微米黄色边，呈松散的莲座状排列。强光下或者温差大时叶片变成紫褐色，就像巧克力的颜色。叶片无白粉，总状花序，花小，外红内黄。花期春季。为春秋型种。

蒙恰卡▶
（*Echeveria* 'Menchaca'）

多年生肉质植物。植株中小型，常群生。株高6～8cm，冠幅10～15cm。叶片匙形至广三角形，先端渐窄，肉质，有小叶尖，呈莲座状排列，叶面灰白色，被白霜，入秋后出状态时整叶渐变粉红色。聚伞花序，花小，钟形，黄色。花期春末至初夏。为春秋型种。

蒙恰卡

黑门萨

◀黑门萨
（*Echeveria* 'Mensa'）

多年生肉质草本。株高15～25cm，冠幅25～35cm。叶卵圆形或卵圆状三角形，肉质，深绿色，叶尖红色，呈莲座状排列。聚伞花序，花红色，顶端黄色，长1.5cm。花期春、夏季。为春秋型种。

黑爪▶
（*Echeveria mexensis* 'Zaragosa'）

多年生肉质草本。株高5～10cm，冠幅15～20cm。叶片长匙形，肉质，呈莲座状，叶面银白绿色，被白粉，全缘，椭圆顶，小尖红色，叶缘有红细边。花小，黄色。花期春季至初夏。为春秋型种。

黑爪

◢ 墨西哥巨人
（*Echeveria* 'Mexican Giant'）

　　是卡罗拉的杂交种。多年生肉质植物。株高
10～15cm，冠幅15～25cm。植株大型。叶片半
卵形或半椭球形，互生，肉质，叶端三角形，叶
背拱起，有小尖，呈莲座状排列，叶面粉红色。
聚伞花序，花小，钟形，黄色。花期春末至初夏。
为春秋型种。

墨西哥巨人

姬莲 ▶
（*Echeveria minima*）

　　多年生肉质草本。原产于墨西哥。株高
5～8cm，冠幅8～10cm，叶卵圆形，先端有小
尖，肉质，肥厚，小尖和叶缘红色。聚伞花序，花
红色，花期春、夏季。为春秋型种。

姬莲

◢ 美尼王妃晃
（*Echeveria* 'Minima' cv. 'Miniouhikou'）

　　又名王妃美尼晃，是锦晃司和姬莲的杂交
种。多年生肉质植物。株高8～10cm，冠幅
10～15cm。植株中小型，常群生。叶片匙形，
先端渐窄有叶尖，肉质，叶背拱起似龙骨，呈松
散的莲座状排列，叶面亮绿色或绿白色，被白色
细毛，入秋后时叶色渐变成红色。聚伞花序，花
小，钟形，黄色。花期春末至初夏。为春秋型种。

美尼王妃晃

桃太郎 ▶
（*Echeveria* 'Momotaro'）

　　是吉娃莲的栽培品种。多年生肉质植物。株
高8～10cm，冠幅12～15cm。植株中小型，常
群生。叶片卵形，肉质肥厚，有小叶尖，被白粉，
叶背稍拱起，呈莲座状排列，阳光充足时叶尖和
叶缘呈浅红褐色。穗状花序，花钟状，红色。花
期春末至初夏。为春秋型种。

桃太郎

橙梦露

◀橙梦露
（*Echeveria* 'Monroe Orange'）

　　是梦露的栽培品种。多年生肉质草本。株高
8～10cm，冠幅10～15cm。植株中小型。叶片
匙形，叶背拱起，叶片稍向内凹，肉质肥厚，浅
绿色，被白霜，阳光充足时叶片渐变果冻色或橙
红色。聚伞花序，花浅红色。花期春末至初夏。
为春秋型种。

月光仙子▶
（*Echeveria* 'Moon Fairy'）

　　多年生肉质草本。株高8～10cm，冠幅
10～15cm。叶片卵圆形，先端有小尖，肉质，
白色，被白霜，呈莲座状排列，温差大时叶尖和
叶缘渐变成浅红色。聚伞花序，花小，钟状，红
色。花期初夏至秋季。为春秋型种。

月光仙子

◀月光女神
（*Echeveria* 'Moon Goddess'）

　　是花月夜和月影的杂交种。多年生肉质草本。
株高20～25cm，冠幅25～30cm。叶片卵圆形，
肥厚，青绿色，呈莲座状排列，阳光充足时叶缘
和叶尖呈现红色。圆锥花序，长20～30cm，花
黄色或红黄色，花期夏、冬季。为春秋型种。

月光女神

月光女神缀化▶
（*Echeveria* 'Moon Goddess Cristata'）

　　为月光女神的缀化品种。多年生肉质草本。
株高10～15cm，冠幅20～25cm。叶片卵圆形，
肥厚，青绿色，叶缘有细红边，叶尖红色。整株
呈鸡冠状。圆锥花序，长20～30cm，花黄色或
红黄色，花期夏、冬季。为春秋型种。

月光女神缀化

月宫

◀月宫
（*Echeveria* 'Moon Palace'）

多年生肉质植物。植株中小型。株高 8 ~ 12cm，冠幅12 ~ 15cm。叶片广卵形，叶缘圆润，先端向下渐窄，有小叶尖，肉质肥厚，叶面稍内凹，被白霜，呈莲座状排列，叶面绿色或浅绿色，入秋后叶片渐变成绿白色，叶尖粉红色。聚伞花序，花小，钟形，黄色。花期春末至初夏。为春秋型种。

晨光▶
（*Echeveria* 'Morning Light'）

多年生肉质草本。株高15 ~ 20cm，冠幅 15 ~ 20cm。叶片舌状，肉质，呈螺旋状排列，叶面绿色，有黄白色斑痕，叶缘圆润，有叶尖。聚伞花序，花小，钟形，黄色。花期春季。为春秋型种。

晨光

妮可莎娜

◀妮可莎娜
（*Echeveria* 'Nicksana'）

又名锦牡丹。多年生肉质草本。株高4 ~ 5cm，冠幅20 ~ 25cm。叶片宽匙形，排列成莲座状，蓝绿色，被白霜，似磨砂状，先端急尖，叶缘和叶尖浅粉色。聚伞花序，花钟形，红色，花期春末至夏季。为春秋型种。

红司▶
（*Echeveria nodulosa*）

多年生肉质草本。株高8 ~ 10cm，冠幅 15 ~ 20cm。叶片长匙形至楔形，肉质，浅绿色，叶背、叶缘和叶面有红褐色线条和斑纹，呈松散的莲座状排列。总状花序，花浅红色，内面黄色，长1.5cm。花期初夏至秋季。为春秋型种。

红司

圆叶红司

◀圆叶红司
（*Echeveria nodulosa* 'Rotundifolia'）

为红司的栽培品种。多年生肉质草本。株高10～20cm，冠幅20～30cm。叶片卵圆形，肥厚，长5cm，灰绿白色，呈莲座状排列，叶背、叶缘和叶面均有红褐色的线条或斑纹。总状花序，长30cm。花钟形，淡红白色，内面黄色，长1.5cm。花期初夏至秋季。为春秋型种。

定规座▶
（*Echeveria norma*）

又名狮子座。多年生肉质植物。株高6～10cm，冠幅15～20cm，植株中小型。叶片长匙形，基部渐窄，叶面顶端向内凹，有小叶尖，排列成莲座状，灰绿色，被白粉，气温变化大时叶尖渐变为红色。总状花序，花小，浅红色。花期春、夏季。为春秋型种。

定规座

◀奥利维亚
（*Echeveria* 'Olivia'）

多年生肉质草本。植株中小型，常群生。株高8～10cm，冠幅12～15cm。叶片长匙形，先端向下渐窄，有小叶尖，肉质，叶背稍拱起，呈莲花状排列，叶面绿色至深绿色，入秋后气温变化大时叶片背面渐变为红色。聚伞花序，花小，钟形，黄色。花期春末至初夏。为春秋型种。

奥利维亚

昂斯诺▶
（*Echeveria* 'Onslow'）

又名昂斯洛。多年生肉质草本。株高6～10cm，冠幅10～15cm。植株有短茎，常群生。叶片匙形或圆匙形，扁平，肉质，先端有小叶尖，呈紧密的莲座状排列，叶面粉绿色，阳光充足时渐变为果冻色。聚伞花序，花小，钟形，橙色。花期春末至初夏。为春秋型种。

昂斯诺

紫美人

▶ 紫美人
（*Echeveria* 'Opal'）

为石莲花属的栽培品种。多年生肉质草本。株高5～10cm，冠幅10～15cm。叶片卵圆形，全缘，先端急尖，呈莲座状，叶面紫灰色至紫绿色。聚伞花序，花小，紫色。花期夏季。为春秋型种。

猎户座 ▶
（*Echeveria* 'Orion'）

为石莲花属的栽培品种。多年生肉质草本。株高6～8cm，冠幅12～15cm。叶片匙形，叶面向内凹，叶背稍拱起，有小叶尖，呈紧密的莲座状排列，叶面蓝绿色，有白霜，气温变化大时叶缘和叶尖渐变为红褐色。聚伞花序，花小，钟形，红色。花期春末至初夏。为春秋型种。

猎户座

花之鹤

◀ 花之鹤
（*Echeveria* 'Pallida Prince'）

多年生肉质草本。株高10～15cm，冠幅15～20cm。叶圆卵形，肉质，呈莲座状排列，叶面嫩绿色，全缘，椭圆顶，叶缘有红细边。聚伞花序，花小，黄色。花期春季至初夏。为春秋型种。

三色堇 ▶
（*Echeveria* 'Pansy'）

多年生肉质草本。株高8～12cm，冠幅15～20cm。植株中型。叶片稍长，倒卵形或匙形，先端有斜边，叶面向内凹，叶背拱起，有小叶尖，呈莲座状排列，叶面亮绿色，被白霜，入秋后出状态时外缘叶片渐变为粉红色或黄红色，中心叶片的叶尖出现红色。聚伞花序，花小，钟形，黄色。花期春季。为春秋型种。

三色堇

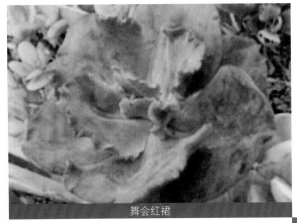

舞会红裙

◀ 舞会红裙
（*Echeveria* 'Party Dress'）

　　为石莲花属的栽培品种。多年生肉质草本。株高20～30cm，冠幅30～50cm。茎短。叶片宽大，肉质，倒卵形，叶缘呈小波浪状，叶面有3～5条褶皱，翠绿色，被白粉，叶缘粉红色。遇强光与昼夜温差较大时叶色变为艳丽的鲜红色。穗状花序，花钟形，橙色。花期夏季。为春秋型种。

碧桃 ▶
（*Echeveria* 'Peach Pride'）

　　多年生肉质草本。株高6～10cm，冠幅10～20cm。叶片互生，镰刀状，肉质，青绿色，密被白霜，叶缘黄红色。聚伞花序，花橘红色。花期夏末。为春秋型种。

碧桃

蓝石莲

◀ 蓝石莲
（*Echeveria peacockii*）

　　又名薄叶蓝鸟、墨西哥蓝鸟、养老石莲。多年生肉质草本。原产于墨西哥。株高5～10cm，冠幅12～15cm。植株茎短，叶片匙形，呈莲座状排列，全缘，尖顶，老叶绿色，新叶灰绿色。聚伞花序，花粉红色或浅橙色。花期夏季。为春秋型种。

荷叶莲 ▶
（*Echeveria peacockii* 'Bluete'）

　　又名雪域、蓝巴黎。多年生肉质草本。株高6～8cm，冠幅10～15cm。植株小型。叶片匙形，互生，肉质，叶端圆钝，有小尖，呈莲座状排列，叶面浅蓝色，叶端绿色，阳光充足时渐变为红色。聚伞花序，花红色或粉红色。花期初夏。为春秋型种。

荷叶莲（雪域、蓝巴黎）

鸡冠掌

◀鸡冠掌
（*Echeveria peacockii* 'Cristata'）

　　又名千羽鹤，为石莲花的缀化品种。多年生肉质草本。株高5～8cm，冠幅10～15cm。植株常群生呈冠状。叶长匙形，蓝灰白色，被浓厚白粉，叶基部狭窄，叶质薄，叶先端有小尖，扁化呈鸡冠状排列，不易开花。聚伞花序，花红色或粉红色。花期初夏。为春秋型种。

粉皮氏▶
（*Echeveria peacockii* 'Pink'）

　　多年生肉质草本。株高12～15cm，冠幅20～25cm。叶卵圆形或卵圆状三角形，肉质，浅绿色。长3～9cm，叶尖红色，呈莲座状排列。聚伞花序，花红色，顶端黄色。花期春、夏季。为春秋型种。

粉皮氏

紫珍珠

◀紫珍珠
（*Echeveria* 'Perle von Nurnberg'）

　　为粉彩莲和星影的杂交种。多年生肉质植物。株高6～10cm，冠幅8～12cm。叶卵圆形，叶端有小尖，肉质，稍薄，粉红色。聚伞花序，花红色。花期夏季。为春秋型种。

粉蓝鸟▶
（*Echeveria* 'Pink Bluebird'）

　　多年生肉质草本。株高12～15cm，冠幅20～25cm。叶卵圆形或卵圆状三角形，肉质，浅绿色，叶尖红色，呈莲座状排列。聚伞花序，花红色，顶端黄色，花期春、夏季。为春秋型种。

粉蓝鸟

双子座

◀双子座
（*Echeveria* 'Pollux'）

　　又名波勒克斯。多年生肉质植物。植株中小型。株高8～12cm，冠幅15～20cm。叶片扇形或倒卵形，肉质，先端圆钝，叶面中间向内凹，叶背拱起，有小叶尖，呈莲座状排列，叶面紫色，被白粉。聚伞花序，花小，钟形，红色，顶端黄色。花期春末至初夏。为春秋型种。

红粉佳人▶
（*Echeveria* 'Pretty in Pink'）

　　又名粉红女郎。多年生肉质草本。植株中小型，常群生。株高8～12cm，冠幅15～20cm。叶片半卵形或半椭球形，互生，肉质，叶端三角形，叶背拱起，有小尖，呈莲花状排列，叶面浅灰色，叶缘带浅粉色，入秋后叶片渐变为粉红色。聚伞花序，花小，钟形，黄色。花期春季。为春秋型种。

红粉佳人

棱镜

◀棱镜
（*Echeveria prism*）

　　多年生肉质草本。植株小型，常群生。株高8～10cm，冠幅10～15cm。叶片匙形，对生，肉质，叶先端渐窄，叶面内凹，背拱起，有小叶尖，呈莲座状紧密排列，叶面鲜绿色，温差较大时渐变为粉红色。聚伞花序，花小，钟形，黄色。花期春末至初夏。为春秋型种。

子持白莲▶
（*Echeveria prolifica*）

　　又名帕米尔玫瑰。多年生肉质植物。植株小型，常群生。株高6～8cm，冠幅12～15cm。叶片匙形，先端有小叶尖，肉质，叶面平整，叶背拱起有龙骨，呈紧密的莲座状排列，叶面灰绿色或绿白色，被白霜，入秋后叶片渐变为浅红色。穗状花序，花小，倒钟形，黄色。花期春季。为春秋型种。

子持白莲

花月夜

花月夜
（*Echeveria pulidonis*）

　　又名红边石莲花。多年生肉质草本。株高10～15cm，冠幅15～20cm。植株群生。叶片短匙形，先端圆钝，有小叶尖，肉质，排列成莲座状，叶面浅绿色至浅蓝色，被白粉，叶缘和叶尖光照充足时变成红色。花小，黄色。花期春季至初夏。为春秋型种。

厚叶花月夜
（*Echeveria puli-lindsayana*）

　　多年生肉质草本。株高10～15cm，冠幅15～20cm。叶圆卵形，肉质，呈莲座状，叶面嫩绿色，被白粉，全缘，椭圆顶有小尖，红色，叶缘有红细边。花小，黄色。花期春季至初夏。为春秋型种。

厚叶花月夜

绒毛掌
（*Echeveria pulvinata*）

　　又名锦晃星。多年生灌木状草本。原产于墨西哥。株高30cm，冠幅50cm。植株为松散的莲座状。全株被满棕色绒毛。叶倒卵状匙形，肥厚，中绿色，具白毛，秋季叶缘转红色，长2.5～6cm。圆锥花序，长20～30cm，花钟形至坛状，黄色，中肋红色或黄红色，长2cm。花期秋季至次年初夏。为春秋型种。

绒毛掌

大和锦
（*Echeveria purpusorum*）

　　多年生肉质草本。原产于墨西哥。株高5～10cm，冠幅10～15cm。叶互生，三角状卵形，全缘，先端急尖，呈莲座状排列，叶面灰绿色，有红褐色斑点。总状花序，长30cm，花小，红色，上部黄色。花期春季至初夏。为春秋型种。

大和锦

小和锦

◀小和锦
（*Echeveria purpusorum* 'Little'）

　　为大和锦的栽培品种。多年生肉质草本。株高3～5cm，冠幅5～8cm。叶片三角状卵形，比大和锦稍小，全缘，急尖，呈莲座状排列，叶面灰绿色，有褐色斑纹。总状花序，花小，红色。花期春、夏季。为春秋型种。

绮罗▶
（*Echeveria* 'Luella'）

　　又名手捧花。多年生肉质草本。株高8～12cm，冠幅10～15cm。植株中型，茎短，圆柱形。叶片长匙形或倒卵形，先端有斜边，有小叶尖，呈松散的莲座状排列，叶面嫩绿色，温差大时叶片呈现果冻色，外缘和叶尖渐变为红色。聚伞花序，花小，钟形，黄色。花期春季。为春秋型种。

绮罗

绮罗缀化

◀绮罗缀化
（*Echeveria* 'Luella Cristata'）

　　又名手捧花缀化。多年生肉质草本。株高8～10cm，冠幅15～20cm。植株中型，茎部扁化成冠状。叶片长匙形或倒卵形，先端有斜边，有小叶尖，整株挤压呈扇状排列，叶面嫩绿色，温差大、阳光充足时叶片呈现果冻色，外缘和叶尖渐变为红色。聚伞花序，花小，钟形，黄色。花期春季。为春秋型种。

彩虹▶
（*Echeveria* 'Rainbow'）

　　又名紫珍珠锦，为紫珍珠的斑锦品种。多年生肉质草本。植株中小型。株高4～6cm，冠幅10～15cm。叶片匙形，先端渐窄有尖，叶背拱起似龙骨状，呈莲座状排列，被白粉。叶色丰富，粉红色至暗紫色或浅灰色至淡黄色，似彩虹一样。聚伞花序，花钟形，粉红色，花期春夏季。

彩虹

雨滴

◀雨滴
（*Echeveria* 'Rain Drops'）

　　多年生肉质植物。植株中小型。株高8～12cm，冠幅15～25cm。叶片圆匙形，先端较圆，有叶尖，肉质，叶面有雨滴形或圆形瘤状疣突，呈紧密的莲座状排列，叶面灰绿色或绿白色，阳光充足的情况下叶缘渐变为红色，甚至整叶红色。聚伞花序，花小，钟形，黄色。花期春末至初夏。为春秋型种。

红姬莲▶
（*Echeveria* 'Red Minima'）

　　是姬莲的栽培品种。多年生肉质草本。株高5～8cm，冠幅8～10cm。叶卵圆形，先端有小尖，肉质，肥厚，温差变化大时小尖和叶缘变红色。聚伞花序，花红色。花期春、夏季。为春秋型种。

红姬莲

◀粉色回忆
（*Echeveria* 'Rezry'）

　　又名紫心、瑞兹丽。多年生肉质草本。株高6～8cm，冠幅10～15cm。植株群生，茎有分枝，红褐色。叶片匙形或短匙状，叶背明显拱起，有小叶尖，肉质肥厚，呈莲座状排列，叶面蓝绿色或粉紫色。聚伞花序，花浅红色。花期春末至初夏。为春秋型种。

粉色回忆（紫心）

里加▶
（*Echeveria* 'Riga'）

　　多年生肉质植物。植株中型，常群生。株高8～10cm，冠幅10～15cm。叶片匙形至菱形，先端渐窄，叶面内凹，肉质，有小叶尖，呈莲座状排列，叶面蓝绿色或黄绿色，入秋后叶片边缘渐变为浅红褐色。聚伞花序，花小，钟形，黄色。花期春季。为春秋型种。

里加

鲁氏石莲花

◀鲁氏石莲花
（*Echeveria runyonii*）

多年生肉质草本。原产于墨西哥。株高8～12cm，冠幅15～25cm。叶片匙形，先端有小尖，叶上半部背面有微龙骨突，呈莲座状排列，灰白色。聚伞花序，花钟状，橘红色。花期冬、夏季。为春秋型种。

红粉台阁▶
（*Echeveria runyonii* 'Hong fen tai ge'）

为鲁氏石莲花的栽培品种。多年生肉质草本。株高6～10cm，冠幅15～20cm。叶片扇形，扁平，尖端有小尖，灰绿色，被白粉，呈莲座状排列。聚伞花序，花小，粉红色。花期夏季。为春秋型种。

红粉台阁

◀特玉莲
（*Echeveria runyonii* 'Topsy Turvy'）

又名特叶玉蝶，为鲁氏石莲花的栽培品种。多年生肉质草本。株高5～10cm，冠幅10～12cm。叶片匙形，长5～7cm，叶缘向下反卷，似船形，先端有一小尖，肉质，蓝绿色至灰白色，被白粉，排列成莲座状。总状花序，花小，黄色。花期春季至初夏。为春秋型种。

特玉莲

特玉莲缀化▶
（*Echeveria runyonii* 'Topsy Turvy Cristata'）

为特玉莲的缀化品种。多年生肉质草本。株高5～10cm，冠幅12～15cm。植株扁化呈冠状，叶片匙形，叶缘向下反卷，有一小尖，肉质，蓝绿色至灰白色，被白粉，全株挤压呈鸡冠状。总状花序，花小，黄色。花期春、夏季。为春秋型种。

特玉莲缀化

莎莎女王
（*Echeveria* 'Sasa Queen'）

　　为月影系的杂交种。多年生肉质草本。株高5～8cm，冠幅15～20cm。叶片圆匙形，肉质，先端渐窄，有小叶尖，排列紧密，叶色蓝绿色或浅绿色，被有较厚的白霜，光照充足和温差大时叶缘明显变红。聚伞花序，花小，钟形，粉色，顶端黄色。花期春末至初夏。为春秋型种。

莎莎女王

七福神
（*Echeveria secunda*）

　　又名石莲花，多年生肉质草本。株高8～10cm，冠幅15～20cm。茎直立或匍匐。叶丛紧密，呈莲座状，叶楔形、倒卵形，顶端短、锐尖，翠绿色或粉绿色、墨绿色。聚伞花序，花茎柔软，有白霜。花红色。花期春末至初夏。为春秋型种。

七福神

青渚莲
（*Echeveria setosa*）

　　又名小蓝衣、锦司晃、毛叶石莲花。多年生肉质草本。原产于墨西哥。株高6～8cm，冠幅12～15cm。植株有短茎，茎匍匐伸长，茎节处会生根长出新芽苗。叶片长匙形，先端渐尖，青绿色或中绿色，被白霜，叶尖两端有不太密集的长茸毛，排列成莲座状。聚伞花序，花坛状，红色黄顶。花期春末至夏季。为春秋型种。

青渚莲

小蓝衣
（*Echeveria setosa* var. *deminuta*）

　　又名小兰衣。多年生肉质草本。株高8～10cm，冠幅15～20cm。植株小型，常群生。叶片为微扁的卵形，先端三角形，有小叶尖，叶尖两侧和叶缘有不太密集的长绒毛，叶表面蓝色，被白粉，呈莲座状排列。聚伞花序，花酒坛状，红色黄顶。花期春末至夏季。为春秋型种。

小蓝衣

晚霞之舞

晚霞之舞
（*Echeveria shaviana* 'Pink Frills'）

多年生肉质草本。植株中大型，茎短。株高15～25cm，株幅20～30cm。叶片宽大且薄，肉质，倒卵形，基部窄，叶缘呈波浪状，像舞女的衣裙，叶面绿色，被白粉，叶缘粉红色。遇光照充足、昼夜温差较大时叶色渐变为艳丽的紫红色。穗状花序，花钟形，橙色。花期夏季。为春秋型种。

沙维娜▶
（*Echeveria* 'Shaviana'）

多年生肉质草本。植株小型，常群生。株高6～8cm，冠幅12～15cm。叶片匙形至卵圆形，叶尖明显，肉质，叶面向内凹，平展，呈松散的莲座状排列，叶浅绿色至浅褐色，气温变化大时叶片渐变为果冻色或全株呈红褐色。聚伞花序，花小，倒钟形，红黄色。花期春末至初夏。为春秋型种。

沙维娜

沙漠之星

沙漠之星
（*Echeveria shaviana* 'Desert Star'）

为肖氏石莲花的栽培品种。多年生肉质草本。植株小型，茎短。株高8～10cm，冠幅12～15cm。叶片匙形，叶缘多波浪状皱褶，有小叶尖，蓝绿色至蓝粉色，被白粉。总状花序，花小，倒钟形，红黄色，花期春、夏季。为春秋型种。

祇园之舞▶

（*Echeveria shaviana* 'Truffles'）

多年生肉质草本。植株小型，茎短。株高5～10cm，冠幅12～15cm。叶片椭圆形或匙形，呈莲座状排列，尖顶，老叶绿色，新叶灰绿色。聚伞花序，花粉红色或浅橙色。花期春季。为春秋型种。

银后

祇园之舞

▲银后

（*Echeveria* 'Silver Queen'）

多年生肉质植物。植株中小型。株高6～8cm，冠幅10～15cm。叶片匙形至广三角形，先端有斜边，肉质，有小叶尖，呈紧密的莲座状排列，叶面棕色至紫棕色，被蜡质粉末，阳光充足时叶面呈现深色的暗纹。聚伞花序，花小，钟形，黄色。花期春季。为春秋型种。

爱斯诺

◀爱斯诺

（*Echeveria* 'Sierra'）

多年生肉质草本。株高4～5cm，冠幅20～25cm。叶卵圆形，排列成莲座状，蓝绿色，被白霜，先端急尖，叶缘和叶尖红色。聚伞花序，花钟形，红色。花期春末至夏季。为春秋型种。

霜之朝

◀霜之朝
（*Echeveria simonoasa*）

多年生肉质草本。株高8～12cm，冠幅12～15cm。叶长卵圆形，肉质，蓝绿色，被白霜，呈莲座状排列。聚伞花序，花浅红色。花期春、夏季。为春秋型种。

七福美尼▶
（*Echeveria* 'Sitifukumiama'）

又名娜娜胡可、娜娜小匀，为七福神和姬莲的杂交种。多年生肉质草本。株高5～8cm，冠幅15～20cm。叶片匙形，近似圆形，基部稍窄，叶面内凹，有小叶尖，蓝绿色，被白霜。总状花序，花小，红黄色。花期春、夏季。为春秋型种。

七福美尼

雪兔

◀雪兔
（*Echeveria* 'Snow Bunny'）

多年生肉质植物。植株中型。株高8～10cm，冠幅12～15cm。叶片匙形，先端向下渐窄，有小叶尖，肉质，叶背稍拱起，呈莲座状排列，叶面灰绿色，被白霜，入秋后叶片渐变为紫绿色或粉绿色。聚伞花序，花小，钟形，红黄色。花期春末至初夏。为春秋型种。

雪天使▶
（*Echeveria* 'Snow Elf'）

又名雪精灵。多年生肉质植物。植株中小型。株高8～10cm，冠幅15～20cm。叶片匙形，肉质，叶面稍向内凹，叶背拱起，有小叶尖，呈紧密的莲座状排列，叶面褐色，被白霜，入秋后气温变化大时叶缘和叶尖渐变为红色。聚伞花序，花小，钟形，黄色。花期春季。为春秋型种。

雪天使

久米舞

◢久米舞
（*Echeveria spectabilis*）

多年生肉质植物。株高8～10cm，冠幅12～15cm。叶片卵圆形至圆形，具小尖，叶面稍有波折，亮绿色至黄绿色，秋季边缘转为红色。聚伞花序，花红色。花期春、夏季。为春秋型种。

处女座◣
（*Echeveria spica*）

多年生肉质植物。植株小型，常群生。株高6～8cm，冠幅8～10cm。叶片长卵形至圆筒形，先端渐窄，肉质饱满，有小叶尖，呈松散的莲座状排列，叶面灰白色或绿白色，被白霜，气温变化大时叶片上端部分或整叶渐变为玫红色。聚伞花序，花小，钟形，红黄色。花期春末至初夏。为春秋型种。

处女座

蓝宝石

◢蓝宝石
（*Echeveria subcorymbosa*）

又名凌波仙子。植株小型，常群生。多年生肉质植物。株高6～8cm，冠幅6～10cm。叶片卵形至卵圆形，先端渐窄，肉质饱满，有小叶尖，呈莲座状排列，叶面蓝绿色，入秋后气温变化大时整叶渐变为浅红色至深红色。聚伞花序，花小，钟形，黄色。花期春末至初夏。为春秋型种。

钢叶莲◣
（*Echeveria subrigida*）

多年生肉质植物。株高6～8cm，冠幅10～15cm。植株中小型。叶片卵形至卵圆形，先端圆润，肉质，叶面稍向内凹，呈松散的莲座状排列，叶面灰绿色至蓝绿色，被白霜，入秋后气温差大时叶片边缘渐变为深红色。聚伞花序，花小，钟形，黄色。花期春末至初夏。为春秋型种。

钢叶莲

高砂之翁

◀高砂之翁
（*Echeveria* 'Takasagonookina'）

为石莲花属的栽培品种。多年生肉质草本。株高20～30cm，冠幅30～40cm。外形像羽衣甘蓝。叶片倒卵形，叶缘波状，呈莲座状排列，灰绿色带红缘。聚伞花序，花黄红色。花期夏、冬季。为春秋型种。

高砂之翁缀化

▲高砂之翁缀化
（*Echeveria* 'Takasagonookina Cristata'）

为高砂之翁的缀化品种。多年生肉质草本。株高20～30cm，冠幅40～50cm，植株冠状，叶片倒卵圆形，叶缘波状，灰绿色带红缘，整个植株挤压呈鸡冠状。聚伞花序，花黄红色。花期夏、冬季。为春秋型种。

秀妍

◀秀妍
（*Echeveria* 'Suyon'）

多年生肉质植物。株高10～15cm，冠幅15～20cm。叶宽卵圆形，肥厚，浅绿色，排列成莲座状，叶面密被红色小点，叶缘鲜红色。总状花序，高20cm左右，花坛状，浅红色，花期初夏至秋季。为春秋型种。

酥皮鸭

◀酥皮鸭
（*Echeveria* 'Supia'）

多年生肉质灌木。株高10～15cm，冠幅15～20cm。植株常群生。叶片匙形，先端为三角形，有叶尖，叶背有一条棱，叶面光滑，绿色或黄绿色，强光下叶片的顶端和边缘会发红。聚伞花序，花小，钟形，橙色。花期春末夏初。为春秋型种。

探戈▶
（*Echeveria* 'Tango'）

多年生肉质植物。株高6～8cm，冠幅6～10cm。植株小型，常群生。叶片匙形至卵圆形，先端圆润，肉质饱满，有小叶尖，呈莲座状排列，叶面绿白色，入秋后温差大时整叶渐变为浅红色，叶缘深红色。聚伞花序，花小，钟形，黄色。花期春末至初夏。为春秋型种。

探戈

蒂比

◀蒂比
（*Echeveria* 'Tippy'）

又名TP，为静夜和吉娃莲的杂交种。多年生肉质草本。株高4～5cm，冠幅20～25cm。植株常群生。叶片长匙形，排列成莲座状，蓝绿色至黄绿色，被白霜，先端斜尖，叶缘和叶尖红色。聚伞花序，花钟形，红色。花期春末至夏季。为春秋型种。

杜里万莲▶
（*Echeveria tolimanensis*）

又名杜里万。多年生肉质植物。原产于墨西哥。株高8～12cm，冠幅15～20cm。植株中小型。叶片窄披针形至线形、椭圆形，先端尖，肉质，叶上面较扁平，叶背稍拱起，呈莲座状排列，叶面绿色或灰白色，被白粉，入秋后出状态时叶缘或整叶渐变为橘红色。聚伞花序，花小，钟形，黄色。花期春末至初夏。为春秋型种。

杜里万莲

大和峰

◀大和峰
(*Echeveria turgida*)

多年生肉质草本。原产于墨西哥。植株中型，有短茎。株高8～10cm，冠幅12～15cm。叶片广三角形或匙形，叶面内凹，叶背稍拱起，有小叶尖，呈紧密的莲座状排列，叶面青绿色或蓝绿色，气温变化大时叶缘和叶尖渐变为红色，并在叶面上具红褐色斑点。总状花序，长30cm，花小，红色，上部黄色。花期春季至初夏。为春秋型种。

红化妆▶
(*Echeveria* 'Victor')

是静夜的杂交种。多年生肉质草本。植株茎短，常群生。株高4～5cm，冠幅20～25cm。叶片宽匙形，排列成莲座状，蓝绿色，被白霜，先端急尖，叶缘和叶尖粉色。聚伞花序，花钟形，红色。花期春末至夏季。为春秋型种。

红化妆

紫罗兰女王

◀紫罗兰女王
(*Echeveria* 'Violet Queen')

为皮氏石莲花和月影的杂交种。多年生肉质草本。株高5～8cm，冠幅10～12cm。叶片长匙形，先端渐尖，浅蓝绿色，被白霜，呈莲座状排列。穗状花序，花浅黄色。花期夏季。为春秋型种。

白线▶
(*Echeveria* 'White Line')

又名粉爪。多年生肉质植物。植株小型，常群生。株高6～10cm，冠幅10～15cm。叶片圆筒形或长匙形，先端有小叶尖，肉质，叶背稍拱起，呈莲座状排列，叶面浅白色，被白霜，入秋后温差大时叶缘和叶尖渐变为粉红色。聚伞花序，花小，钟形，黄色。花期春末至初夏。为春秋型种。

白线

白鬼▶

（*Echeveria* 'White Ghost'）

多年生肉质草本。株高6～10cm，冠幅10～15cm。叶片长椭圆形至扇形，扁平，肉质，粉绿色，被白霜，叶片前端有粉红色叶尖。聚伞花序，花浅红色。花期夏季。为春秋型种。

女美月

白鬼

▲女美月

（*Echeveria* 'Yeomiwol'）

多年生肉质草本。植株中型，茎短。株高8～12cm，冠幅10～15cm。叶片长匙形或倒卵形，有小叶尖，呈松散的莲座状排列，叶面蓝绿色被白霜，温差大时叶片外缘和叶尖渐变为红色。聚伞花序，花小，钟形，红色。花期春夏季。为春秋型种。

白姬莲

◀白姬莲

（*Echeveria* 'White Minima'）

是姬莲的栽培品种。多年生肉质植物。植株小型，常群生。株高6～10cm，冠幅10～15cm。叶片匙形，先端向下渐窄，有小叶尖，肉质，叶背拱起似龙骨状，呈莲座状排列，叶面灰白色，被白霜，入秋后出状态时叶缘和叶尖渐变为红色。聚伞花序，花小，钟形，黄色。花期春末至初夏。为春秋型种。

（7）风车草属（*Graptopetalum*）

本属约有12种。多年生肉质草本，叶片肥厚，呈莲座状排列。原产于美国南部、墨西哥的石质草地和海拔2000m的草原。聚伞花序，花钟状或星状，春季或夏季开花。喜温暖、干燥和阳光充足环境。不耐寒，耐干旱，不耐水湿。宜肥沃、疏松和排水良好的沙质壤土。生长适温为10～24℃，冬季温度不低于5℃。生长季节适度浇水，每6～8周施肥1次，夏季需要放置在阴凉通风的地方。冬季保持稍湿润，花凋谢后及时剪去残花茎。春季播种，发芽温度19～24℃；春季或夏季取顶茎或叶片扦插繁殖。盆栽可摆放于窗台、案头或书桌观赏。

艾伦

◀艾伦
（*Graptopetalum* 'Ellen'）

为风车草属的栽培品种。多年生肉质草本。株高10～15cm，冠幅15～20cm。植株有短茎，常群生。叶片卵圆形，灰绿色，表面覆盖着一层薄薄的白粉，呈莲座状排列。充足阳光下，叶尖渐变红色。聚伞花序，花星状，白色。花期春夏季。为春秋型种。

姬秋丽▶
（*Graptopetalum mirinae*）

多年生肉质草本。株高10～15cm，冠幅10～15cm。叶片长卵圆形或倒卵形，灰绿色，被浅粉色，长3～4cm，簇生于枝头，呈莲座状排列。聚伞花序，花星状，白色。花期冬、春季。为春秋型种。

姬秋丽

丸叶姬秋丽

◀丸叶姬秋丽
（*Graptopetalum mirinae* 'Rotundifolia'）

为姬秋丽的栽培品种。多年生肉质草本。株高10～15cm，冠幅10～15cm。茎细长，常群生。叶片手指肚状，黄绿色，簇生于枝头，呈莲座状排列，在强光下叶片会出现橘红色。聚伞花序，花小，星状，白色。花期冬、春季。为春秋型种。

醉美人缀化

◀醉美人缀化
（*Graptopetalum amethystinum* 'Cristata'）

为醉美人的缀化品种。多年生肉质草本。株高15～25cm，冠幅15～30cm。植株扁化呈冠状，肥厚茎叶聚挤在一起，形似鸡冠状或扇状，表面绿白色，被白粉。聚伞花序，花钟状，枣红色。花期春末夏初。为春秋型种。

蓝豆▶
（*Graptopetalum pachyphyllum* 'Blue Bean'）

多年生肉质草本。植株小型，常群生。株高2.5～3cm，冠幅2.5～3cm。叶片长卵圆形，肉质，环状对生，簇生于枝头，排列紧密，先端渐窄微尖，叶背拱起，表面浅蓝色，被白粉，叶尖褐红色。聚伞花序，花星状，白色。花期冬、春季。为春秋型种。

蓝豆

胧月

◀胧月
（*Graptopetalum paraguayense*）

又名石莲花。多年生肉质草本。株高15～20cm，冠幅20～25cm。植株中小型，基部多分枝，呈丛生状，茎细长。叶片匙形至披针形，呈莲座状排列，红褐色，长2～8cm。聚伞花序，花星状，白色，花瓣前端有红斑。花期冬、春季。为春秋型种。

华丽风车▶

（*Graptopetalum superbum*）

华丽风车

多年生肉质草本。株高5～8cm，冠幅12～15cm。叶片呈椭圆形，扁平，先端有小尖，浅紫红色，被白粉。聚伞花序，花星状，白色。花期春、夏季。为春秋型种。

罗马

◀罗马

（*Graptopetalum* 'Roma'）

为风车草属的栽培品种。多年生肉质草本。株高5～8cm，冠幅12～15cm。叶片互生，卵圆形，全缘。先端急尖，呈莲座状，排列扁平，叶面粉紫色。聚伞花序，花星形，白色，花期春、夏季。为春秋型种。

（8）伽蓝菜属（*Kalanchoe*）

本属约有130种，包括一、二年和多年生肉质灌木、藤本和小乔木。广泛分布于苏丹、也门、非洲中部、非洲南部、马达加斯加、亚洲、澳大利亚和美洲热带的半沙漠或半阴地区。茎肉质。叶轮生或交互对生，光滑或有毛，全缘或有缺刻。圆锥花序，花钟状、酒坛状或管状，4浅裂。喜温暖、干燥和阳光充足环境。不耐寒，耐干旱，不耐水湿。宜肥沃、疏松和排水良好的沙质壤土。生长适温为15～24℃，冬季温度不低于10℃。生长季节适度浇水，每3～4周施肥1次，冬季保持稍湿润。花谢后立即剪除，可促进形成新花序，再度开花。早春播种，发芽温度21℃；春季或夏季取茎部扦插繁殖。盆栽摆放在窗台、案头或书桌，显得十分活泼、可爱。

仙女之舞

▲仙女之舞

（*Kalanchoe beharensis*）

又名贝哈伽蓝菜。灌木状肉质植物。原产于马达加斯加。植株大型。株高1～2m，冠幅1～1.2m。叶片对生，广卵形至披针形，肉质，灰绿色至褐色，背面银灰色，叶面微凹，密被银色或金色细毛，边缘具稀锯齿。圆锥花序，花酒坛状，黄绿色，长7cm。花期冬末。为夏型种。

极乐鸟

梅兔耳

▲极乐鸟
（*Kalanchoe beauverdii*）

又名卷叶落地生根、卷叶不死鸟。攀援性肉质植物。原产于马达加斯加。株高1～1.5m，冠幅50～80cm。茎细长。叶细长，十字交叉，对生，肉质，褐绿色或墨绿色，先端向下卷，并长有不定芽，落叶后即成苗。圆锥花序，花钟状，紫色有斑点。花期夏季。为夏型种。

▲梅兔耳
（*Kalanchoe beharensis* 'Monstrose'）

多年生肉质植物。株高80～100cm，冠幅80～100cm。茎柱状，分枝多。叶宽三角形至披针形，边缘有锯齿，有长柄，叶面具银色或金黄色毛。圆锥花序，花坛状，黄绿色。花期冬季。为春秋型种。

长寿花

◀长寿花
（*Kalanchoe blossfeldiana*）

又名圣诞伽蓝菜。多年生肉质植物。植株中型。株高10～40cm，冠幅10～40cm，植株中型，茎直立。叶对生，长圆状匙形或椭圆形，深绿色。圆锥花序，花有单瓣和重瓣，花色有绯红、桃红、橙红、黄、橙色和白色等。花期冬、春季。为春秋型种。

棒叶不死鸟▶
（*Kalanchoe delagoensis*）

又名棒叶落地生根。多年生肉质植物。株高
70～90cm，冠幅20～30cm。茎圆柱状，直立
生长。叶柱状，轮生于茎干，长15cm，叶端长细
小的对生叶，叶表面有凹沟及绿色斑纹，叶端锯
齿间生不定芽。圆锥花序，花小，钟形，橙红色。
花期冬、春季。为夏型种。

棒叶不死鸟

大叶落地生根

▲大叶落地生根
（*Kalanchoe daigremontiana*）

又名墨西哥斗笠、花蝴蝶、大叶不死鸟。多年生肉质植物。植株大型。株高80～100cm，冠幅
20～40cm。茎直立生长，基部木质化。叶片交互对生，披针形或长三角形，肉质，两侧向中心对折，绿
色，具淡红褐色斑点，长15～20cm，边缘锯齿状，着生不定芽。圆锥花序，花筒形，下垂，淡灰紫色，
长2cm。花期冬季。为夏型种。

大叶落地生根锦

◀大叶落地生根锦
（*Kalanchoe daigremontiana* 'Variegata'）

又名不死鸟锦。多年生肉质植物。株高
50～60cm，冠幅20～30cm。植株大型。茎直
立生长，基部木质化。叶片披针形至长椭圆形，
肉质，绿色，具粉红色、粉蓝色、淡黄色斑纹，
长10～20cm，边缘锯齿状，着生不定芽。圆锥
花序，花筒形，下垂，淡灰紫色，长2cm。花期
冬季。为夏型种。

白兔耳 ▶
（*Kalanchoe eriophylla*）

又名白兔子。多年生肉质植物。株高30～60cm，冠幅15～20cm。叶片对生，长梭形，整个叶片及茎干密布白色茸毛，很像兔子的长耳朵。叶片顶端金黄色，叶尖圆形。圆锥花序，花小管状，花粉白色。花期初夏。为春秋型种。

玉吊钟

白兔耳

▲玉吊钟
（*Kalanchoe fedtschenkoi*）

又名洋吊钟。多年生肉质植物。株高40～50cm，冠幅40～50cm。叶片倒卵形至长圆形，肉质，蓝绿色或灰绿色，边缘有齿，带白霜。圆锥花序，花钟状，下垂，橙红色。花期夏季。为春秋型种。

玉吊钟锦

◀玉吊钟锦
（*Kalanchoe fedtschenkoi* 'Variegata'）

又名蝴蝶之舞锦，蝴蝶之舞的斑锦品种。多年生肉质植物。株高40～50cm，冠幅40～50cm。叶片倒卵形至长圆形，肉质，蓝绿色，边缘乳白色，有齿，具不规则粉红和黄色斑纹。圆锥花序，花钟状，下垂，橙红色。花期夏季。为春秋型种。

红提灯▶

（*Kalanchoe manginii*）

又名宫灯长寿花，多年生肉质植物。原产于马达加斯加。株高30～40cm，冠幅30～40cm。茎分枝，下垂。叶片倒卵形至卵圆形，中绿色，长3cm。圆锥花序，花管状，鲜红色，长2～3cm。花期春季。为春秋型种。

费氏伽蓝菜

红提灯

▲费氏伽蓝菜

（*Kalanchoe figuereidoi*）

多年生肉质植物。株高30～40cm，冠幅15～20cm。叶直立，倒卵形，灰白色，表面具不规则红色横条斑。圆锥花序，花酒坛状，花橙红色。花期春季。为夏型种。

◀朱莲

（*Kalanchoe longiflora* var. *coccinea*）

多年生肉质植物。株高30～40cm，冠幅15～20cm。叶椭圆形，叶面光滑，边缘浅波状，强光和较大的温差会使叶片渐变红色。圆锥花序，花坛状，粉红色。花期春、秋季。为夏型种。

朱莲

江户紫

◀江户紫
（*Kalanchoe marmorata*）

又名花叶川莲、斑点伽蓝菜。多年生肉质植物。原产于苏丹、叙利亚、埃塞俄比亚、索马里。植株中小型，基部多分枝，直立或匍匐状。株高20～40cm，冠幅20～40cm。茎直立生长。叶片交互对生，倒卵形，肉质，叶缘浅波状，叶面灰绿色，具大的紫褐色斑点，长6～20cm。圆锥花序，花管状，直立，白色，也有粉红色，或具黄晕。花期春季。为春秋型种。

千兔耳▶
（*Kalanchoe millotii*）

多年生肉质植物。株高20～30cm，冠幅20～30cm。叶片长圆形至菱形，肉质，青绿色，叶面密布白色短茸毛，叶缘有缺口。圆锥花序，花钟状，黄绿色。花期春季。为夏型种。

千兔耳

白银之舞

◀白银之舞
（*Kalanchoe pumila*）

又名白粉叶伽蓝菜，多年生肉质植物。株高15～20cm，冠幅30～40cm。叶片倒卵圆形，肉质，中绿色，叶面具白色粉状，叶缘有齿状物。圆锥花序，花酒坛状，粉红色。花期春季。为夏型种。

扇雀▶
（*Kalanchoe rhombopilosa*）

又名姬宫、褐雀扇。多年生肉质植物。原产于马达加斯加。植株小型，基部多分枝。株高3～5cm，冠幅2～3cm。茎短，直立生长。叶片交互对生，肉质，基部楔形，上部三角状扇形，顶端叶缘浅波状，叶面灰绿色，具紫色斑点。圆锥花序，花小，筒状，黄绿色，中肋红色。花期春季。为春秋型种。

扇雀

蓝贝

蓝贝
（*Kalanchoe rotundifolia*）

又名小圆贝、圆叶长寿花、圆叶伽蓝菜。多年生肉质植物。植株小型，茎短，有分枝。株高10～15cm，冠幅15～20cm。叶片圆形至卵圆形，叶面青绿色至蓝绿色，叶缘紫褐色。圆锥花序，小花管状，花粉白色。花期初夏。为春秋型种。

小圆贝锦
（*Kalanchoe rotundifolia* 'Variegata'）

又名蓝贝锦，为蓝贝的斑锦品种。多年生肉质植物。植株小型。茎短，有分枝。株高10～15cm，冠幅15～20cm。叶片圆形至卵圆形，叶面青绿色至蓝绿色，叶面镶嵌黄色和红色斑纹。圆锥花序，小花管状，花粉白色。花期初夏。为春秋型种。

趣蝶莲

小圆贝锦

趣蝶莲
（*Kalanchoe synsepala*）

又名双飞蝴蝶、趣情莲。多年生肉质植物。原产于马达加斯加。植株中小型。有短茎。株高15～20cm，冠幅20～30cm。叶片大，交互对生，通常4～6枚，宽卵形，肉质、光滑，淡绿色，叶缘锯齿状，具紫色，叶腋间长出匍匐枝（走茎），茎末端生有小苗。圆锥花序，花管状，白色或淡粉红色。花期春季。为春秋型种。

异叶趣蝶莲
（*Kalanchoe synsepala* var. *decepta*）

多年生肉质植物。株高15～40cm，冠幅20～30cm。叶片大，宽卵形，肉质，光滑，淡绿色，叶缘具不规则锯齿状，绿色，叶芯间长出匍匐枝（走茎），茎末端生有小苗。花管状，白色或淡粉红色。花期春季。为春秋型种。

异叶趣蝶莲

唐印

◄唐印
（*Kalanchoe thyrsiflora*）

　　多年生肉质植物。原产于南非。植株中型。茎短而粗，灰白色。株高40～60cm，冠幅20～30cm。叶片交互生，卵形至披针形，浅绿色，具白霜，边缘红色，长10～15cm，入秋后温差大时整个叶片渐变为红色。圆锥花序，直立或展开，花管状至酒坛状，黄色，长1～2cm。花期春季。为夏型种。

唐印锦►
（*Kalanchoe thyrsiflora* 'Variegata'）

　　为唐印的斑锦品种。多年生肉质植物。株高40～60cm，冠幅20～30cm。叶片较大，卵形至披针形，浅绿色，具白霜，叶片边缘具粉红色、黄色斑纹，长10～15cm。花管状至坛状，黄色，长1～2cm，花期春季。为夏型种。

唐印锦

◄月兔耳
（*Kalanchoe tomentosa*）

　　又名褐斑伽蓝菜。多年生肉质植物。原产于马达加斯加。株高30～80cm，冠幅15～20cm。植株中型。茎直立生长。叶片对生，长圆形，肥厚，灰色或灰白色，长2～9cm，密被银色绒毛，叶上缘锯齿状，缺刻处有淡红褐色斑。圆锥花序，花钟状，黄绿色，长1.5cm，具红色腺毛。花期春末至初夏。为春秋型种。

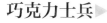
月兔耳

巧克力士兵►
（*Kalanchoe tomentosa* 'Chocolate Soldier'）

　　又名巧克力兔耳。多年生肉质植物。植株小型。株高15～20cm，冠幅15～20cm。叶片对生，长卵形，整个叶片及茎干密布白色茸毛。叶缘具不规则齿状，新叶卵圆形，红褐色，先端圆形，色更深。圆锥花序，小花管状，花粉白色。花期初夏。为春秋型种。

巧克力士兵

达魔兔耳

◀ 达魔兔耳
（*Kalanchoe tomentosa* 'Daruma'）

多年生肉质植物。植株中型。株高50～60cm，冠幅15～20cm。叶长圆形，肉质肥厚，叶尖处有黑色斑纹，密被银色茸毛。圆锥花序，花钟状，黄绿色，长1.5cm。花期春季。为春秋型种。

黑兔耳 ▶
（*Kalanchoe tomentosa* f. 'nigromarginatas'）

多年生肉质植物。植株中型，茎直立生长。株高60～80cm，冠幅15～20cm。叶片对生，肉质，长圆形，被深褐色的斑点。毛茸茸的叶片摸起来很有触感。全株密被银色茸毛，叶上缘锯齿状，缺刻处有黑色斑纹。圆锥花序，花钟状，黄绿色。花期春季。为春秋型种。

黑兔耳

◀ 水晶兔耳
（*Kalanchoe tomentosa* 'Shui jing'）

多年生肉质植物。株高30～50cm，冠幅15～20cm。叶片对生，卵形，整个叶片及茎干密布白色茸毛。叶片叶缘具不规则齿状，褐色，叶尖圆形。圆锥花序，小花管状，花粉白色。花期初夏。为春秋型种。

水晶兔耳

疣状兔耳 ▶
（*Kalanchoe tomentosa* 'Tuberculate'）

多年生肉质植物。株高60～80cm，冠幅15～20cm。叶圆形或椭圆形，肉质肥厚，灰绿色，密被银色茸毛，叶缘锯齿状，缺刻处有黑色斑纹。圆锥花序，花钟状，黄绿色。花期春季。为春秋型种。

疣状兔耳

（9）魔南景天属（*Monanthes*）

又称魔莲花属，本属约有12种。有灌木状肉质植物，也有多年生和一年生肉质草本。原产于非洲北部和加那利群岛的岩石或高原地区。植株的叶片小，紧密排列成莲座状，绿色或灰绿色。总状花序或聚伞花序，花小，星状，在春末至夏季开花。喜温暖、干燥和阳光充足环境。不耐寒，耐干旱，不耐水湿。宜肥沃、疏松和排水良好的沙质壤土。生长适温为10～24℃，冬季温度不低于7℃。生长季节适度浇水，每4～6周施肥1次，冬季保持稍湿润。春季播种，发芽温度19～24℃，春季至夏季用顶端茎部或叶片扦插繁殖。盆栽摆放于窗台、案头、书桌或制作瓶景、框景欣赏。

壁生魔南景天

◀壁生魔南景天
（*Monanthes muralis*）

又名新魔南景天，多年生肉质植物。原产于加那利群岛。植株小型，垫状，丛生。株高10～12cm，冠幅不限定。叶倒卵形或卵圆形，肉质肥厚，深灰绿色，长1cm，呈紧密的莲座状排列。总状花序，有花3～7朵，星状，浅黄白色，花径1cm。花期春季至夏季。为冬型种。

瑞典魔南景天

◀瑞典魔南景天
（*Monanthes polyphylla*）

多年生肉质植物。原产于加那利群岛。植株小型，垫状。株高10～12cm，冠幅不限定。叶倒卵形或椭圆形，肉质肥厚，浅绿色，密被茸毛，长1cm，呈紧密的莲座状排列。总状花序，有花1～4朵，星状，红色，花径1cm。花期春季至夏季。为冬型种。

（10）瓦松属（*Orostachys*）

本属约有10种，多为小型多肉植物。原产于俄罗斯、中国、朝鲜、韩国和日本的低地至山区的岩石地区。叶片肉质，排列成紧密的莲座状。圆锥花序或总状花序，花星状，具短柄。花期夏季或秋季。喜温暖、干燥和阳光充足环境。不耐寒，耐半阴和干旱，怕水湿和强光。宜肥沃、疏松和排水良好的沙质壤土。生长适温为10～24℃，冬季温度不低于5℃。春季至秋季充足浇水，每4周施肥1次，冬季保持干燥。春季播种或分株繁殖，发芽温度13～18℃。盆栽或吊盆栽培，摆放于门庭、客厅或书桌，显得小巧秀气、十分可爱。

子持莲华

▲子持莲华
（*Orostachys boehmeri*）

又名千手观音、白蔓莲。多年生肉质植物。原产于东南亚。植株小型、小巧秀气。株高4～5cm，冠幅10～15cm。茎纤细，褐色，多分枝。叶片圆形或卵圆形，肉质，排列成莲座状，表面灰蓝绿色，披白粉，叶腋长出匍匐茎（走茎），萌发仔株。总状花序，花星状，白色。花期夏秋季。为夏型种。

凤凰

◀凤凰
（*Orostachys iwarenge*）

多年生肉质植物。植株小型。株高5～6cm，冠幅8～12cm。叶片匙形，肉质，呈莲座状排列，钝头，全缘，绿色。总状花序，花小，白色。花期夏秋季。为冬型种。

绿凤凰缀化▶
（*Orostachys iwarenge* ‘Cristata’）

为绿凤凰的缀化品种。多年生肉质植物。植株小型。株高5～6cm，冠幅8～12cm。叶片匙形，青绿色，呈莲座状排列，被白粉，整个植株渐变为连生的鸡冠状。总状花序，花小，白色。花期夏秋季。为冬型种。

绿凤凰缀化

◀绿凤凰
（*Orostachys iwarenge* f. *luteomedius*）

为岩莲华的斑锦品种。多年生肉质植物。株高3～4cm，冠幅8～10cm。植株小型。叶片匙形，肉质，排列成莲座状叶盘，钝头，全缘，淡蓝绿色，叶间镶嵌淡黄色宽条斑。总状花序，花小，白色。花期夏秋季。为冬型种。

绿凤凰

富士▶
（*Orostachys iwarenge* f. *variegata* ‘Fuji’）

为岩莲华的斑锦品种。多年生肉质植物。植株小型。株高3～4cm，冠幅8～10cm。叶片匙形，肉质，排列成莲座状，钝头，全缘，淡蓝绿色，叶两侧乳白色。总状花序，花小，白色，花后母株死亡，但从叶腋间长出侧芽。花期夏秋季。为冬型种。

富士

（11）厚叶莲属（*Pachyphytum*）

　　本属有12种以上，为莲座状的多肉植物。分布于墨西哥的干旱地区。茎半直立，通常分枝，成年植株呈匍匐状。叶互生，形状变化大，肉质，中绿、淡绿或灰绿色，被白霜。总状花序，昼开夜闭，花钟状。花期春季。不耐寒，生长适温15～25℃，冬季温度不低于7℃。喜温暖和阳光充足环境。怕强光暴晒，生长季节适度浇水，每6～8周施用低氮素肥1次，其余时间保持干燥。春季播种，发芽温度19～24℃，春季或夏季取茎或叶片扦插繁殖。

粉美人▶
（*Pachyphytum species*）

　　多年生肉质植物。株高10～15cm，冠幅15～20cm。叶片长匙形，肉质，肥厚，粉色，被白霜，叶端具红点。总状花序，花钟形，浅红色。花期春季。为春秋型种。

粉美人

千代田松

◀千代田松
（*Pachyphytum compactum*）

　　多年生肉质植物。原产于墨西哥。株高8～10cm，冠幅8～12cm。茎短。叶片长圆形至披针形，呈螺旋状向上排列，深绿色，被白霜，长2～3cm，先端渐尖，边缘具圆角，有时具紫红色晕，似有棱。总状花序，花3～10朵，钟状，橙红色，顶端蓝色。花期春季。为春秋型种。

千代田松缀化▶
（*Pachyphytum compactum* 'Cristata'）

　　多年生肉质植物。株高8～10cm，冠幅10～15cm。叶片长圆形至披针形，呈鸡冠状排列，深绿色，被白霜。总状花序，花钟状，橙红色，顶端蓝色。花期春季。为春秋型种。

千代田松缀化

千代田松锦▶
（*Pachyphytum compactum* 'Variegata'）

为千代田之松的斑锦品种。多年生肉质植物。株高8～10cm，冠幅8～12cm。茎短。叶片长圆形至披针形，呈螺旋状向上排列，浅黄色至黄色，被白霜，长2～3cm，先端渐尖，边缘具圆角。总状花序，花3～10朵，钟状，橙红色，顶端蓝色。花期春季。为春秋型种。

千代田松锦

青星美人

◀青星美人
（*Pachyphytum* 'Doctor Cornelius'）

多年生肉质植物。株高10～15cm，冠幅15～20cm。叶片长匙形，肉质，肥厚，绿色，被白霜，叶端具红点。总状花序，花钟形，浅红。花期春季。为春秋型种。

厚叶草▶
（*Pachyphytum oviferum*）

又名星美人。多年生肉质植物。原产于墨西哥中部。植株群生。株高10～12cm，冠幅20～30cm。植株有短茎。叶片倒卵球形，肉质，呈莲座状排列，淡绿色，被白霜，长2～5cm。总状花序，有花10～15朵，橙红色或淡绿黄色，长1.5cm。花期冬季至春季。为春秋型种。

厚叶草

日本星美人

◀日本星美人
（*Pachyphytum oviferum* 'Hosibijin'）

又名鸡蛋美人。多年生肉质植物。株高6～10cm，冠幅8～12cm。叶片匙形，肉质，肥厚，粉青绿色，被白粉，秋季渐变粉红色。总状花序，花钟状，浅红色。花期春季。为春秋型种。

灯美人▶

（*Pachyphytum oviferum* 'Lanternbijin'）

多年生肉质植物。株高15～20cm，冠幅10～15cm。茎粗壮，直立。叶片互生，长筒形或长卵圆形，肉质，灰绿色或蓝绿色，被白霜。聚伞花序，花小，钟状，红色。花期冬季至春季。为春秋型种。

三日月美人

灯美人

▲三日月美人

（*Pachyphytum oviferum* 'Mikadukibijin'）

多年生肉质植物。株高8～10cm，冠幅10～15cm。茎直立，粗壮，圆锥形。叶片卵圆形至圆筒形，肉质，有透明感，互生于茎干，灰绿色至浅绿色，稍被白霜，气温变化大时叶片呈玫红色。聚伞花序，花钟形，浅红色。花期春季。为春秋型种。

京美人

◀京美人

（*Pachyphytum oviferum* 'Kyobijin'）

多年生肉质植物。株高12～15cm，冠幅15～20cm。茎直立，圆锥形。叶片倒卵形至圆筒形，肉质，肥厚，集生于茎干，灰绿色至青绿色，被白霜，叶端和叶缘呈红晕。总状花序，花钟形，浅红色。花期春季。为春秋型种。

桃美人

◀桃美人
（*Pachyphytum oviferum* 'Momobijin'）

　　多年生肉质植物。株高6～10cm，冠幅8～12cm。叶片匙形，肉质，肥厚，青绿色，被白粉，秋季渐变为粉红色。总状花序，花钟状，浅红色，花期春季。为春秋型种。

星美人▶
（*Pachyphytum oviferum* 'Hoshibijin'）

　　多年生肉质植物。株高12～15cm，冠幅15～20cm。初期短茎直立生长，后期茎部逐渐呈匍匐状。叶片倒卵球形，肉质，叶片呈莲座状排列，叶色灰绿色至淡紫色，叶表有白粉。总状花序，花朵密集，橙红色或淡绿黄色。花期春季。为春秋型种。

星美人

◀月美人
（*Pachyphytum oviferum* 'Tsukibijin'）

　　多年生肉质植物。株高6～10cm，冠幅8～12cm。叶片匙形，肉质，肥厚，叶端圆润质地厚，青绿色，被浅白霜，入秋后渐变浅粉色。总状花序，花钟状，浅红色，花期春季。为春秋型种。

月美人

维莱德▶
（*Pachyphytum viride*）

　　多年生肉质植物。株高20～30cm，冠幅20～25cm。茎短，长大后呈匍匐状。叶对生，肉质，细长，匙形，呈莲座状排列，红绿色，光照充足时叶片边缘会变为红色。聚伞花序，花白色，花期春、夏季。为春秋型种。

维莱德

（12）景天属（*Sedum*）

　　本属约有400种，通常是多肉的一年生植物和常绿、半常绿或落叶的二年生植物、多年生植物、亚灌木和灌木。分布广泛，大多数种类分布在北半球的山区，有些分布在美洲的干旱地区，如墨西哥、危地马拉。叶互生，有时排列成覆瓦状，变化比较大。顶生圆锥花序或伞房花序，花星形，有黄色、白色或红色。大多数夏季或秋季开放，也有春季开花。植株的耐寒性差异较大，生长适温10～25℃，冬季温度有的不低于5℃，有的可耐-15℃低温。喜温暖和阳光充足环境。生长季节适度浇水，每月施肥1次，冬季保持稍湿润。早春播种，发芽温15～18℃，春季分株，初夏取嫩枝或叶片扦插繁殖。盆栽陈设于书桌、窗台或案头，四季青翠，小巧玲珑，给居室带来清凉宜人的感觉。也可制作瓶景或组合盆栽观赏。

姬星美人

▲姬星美人
（*Sedum anglicum*）

　　多年生肉质植物。植株迷你型，低矮，常群生。株高3～5cm，冠幅10～25cm。茎多分枝。叶片互生，卵圆形或倒卵圆形，肉质，绿色或蓝绿色，被白粉，出状态时叶片渐变红色。聚伞花序，花小，星状，粉白色。花期春季。为夏型种。

黄丽

黄丽
（*Sedum adolphii*）

    又名宝石花。多年生肉质草本。原产于墨西哥。植株小型，有短茎。株高8～10cm，冠幅12～15cm。叶片匙形或长匙形，肉质，先端渐尖，叶背拱起，呈松散的莲座状排列，叶面黄绿色，阳光充足时叶缘渐变为红色。聚伞花序，花小，黄色。花期夏季。为冬型种。

黄丽锦▶
（*Sedum adolphii* 'Variegata'）

    多年生肉质草本。植株小型。有短茎。株高8～10cm，冠幅12～15cm。叶片匙形或长匙形，肉质，先端渐尖，叶背拱起，呈松散的莲座状排列，叶面果冻色，末端有红晕。聚伞花序，花小，黄色。花期夏季。为冬型种。

黄丽锦

春萌

◀春萌
（*Sedum* 'Alice Evans'）

    多年生肉质植物。株高8～12cm，冠幅12～15cm。茎短，低矮，有分枝。叶片匙形至长卵形，肉质，呈莲座状排列，亮绿色，阳光充足出状态时叶色渐变为粉红色。总状花序，花钟状，白色。花期春季。为春秋型种。

旋叶姬星美人

▲旋叶姬星美人
（*Sedum anglicum* 'Spiral leaf'）

是姬星美人的栽培品种。多年生肉质植物。植株小型，低矮，常群生。株高3～5cm，冠幅10～25cm。茎多分枝。叶片卵圆形或倒卵圆形，呈旋转排列，肉质，绿色或蓝绿色，被白粉。聚伞花序，花小，星状，粉白色。花期春季。为夏型种。

八千代

◀八千代
（*Sedum corynephyllum*）

多年生肉质植物。植株中型。株高20～30cm，冠幅15～20cm。茎圆筒状，灰褐色，有分枝。叶片圆柱状，肉质，细长，稍向上弯，簇生于茎顶，淡绿色或淡灰蓝色，先端具红色，叶长3～4cm。花小，黄色，花期春季。为春秋型种。

春上

◀春上
（*Sedum* 'hirsutum ssp. baeticum Rouy'）

多年生肉质植物。植株小型。株高5～10cm，冠幅15～20cm。茎圆柱形，短而细，有分枝，常群生。叶片倒卵形，灰绿色，有小叶尖，密被短小白色绒毛，呈莲座状排列。聚伞花序，花管状，白色。花期夏末至秋季。为春秋型种。

劳尔▶
（*Sedum clavatum*）

又名凝脂莲。多年生肉质植物。株高8～10cm，冠幅12～15cm。茎短，有分枝，常群生。叶片匙形，肉质，绿色或蓝绿色，呈莲座状排列，叶面被白粉，光照充足出状态时叶端或整叶渐变为橙色或出现红晕。聚伞花序，花小，星状，白色。花期春季。为春秋型种。

劳尔

◀汤姆漫画
（*Sedum* 'Comic Tom'）

又名漫画汤姆。多年生肉质草本。株高10～15cm，冠幅15～20cm。植株小型，常群生。茎细长，多分枝，红褐色。叶片匙形或卵形，肉质，先端渐窄，有小叶尖，常聚生于枝顶，叶面浅绿色或蓝绿色，被白霜，阳光充足时叶缘与叶尖渐变为红褐色。聚伞花序，花小，星状，黄色，花期春季至初夏。为春秋型种。

汤姆漫画

欧洲明月▶
（*Sedum* 'Europa Brightmoon'）

多年生肉质植物。株高10～15cm，冠幅15～20cm。茎短，常群生。叶卵圆形至圆筒形，肉质肥厚，呈莲座状排列，叶面青绿色至蓝绿色，出状态时顶端部分鲜红色。聚伞花序，花小，星状，黄色。花期春季。为春秋型种。

欧洲明月

绿龟之卵

◀绿龟之卵
（*Sedum hernandezii*）

又名亨氏景天。多年生肉质植物。原产于日本。株高8～15cm，冠幅10～20cm。叶互生，长卵形，肉质，光滑，青绿色，叶长1cm左右。聚伞花序，花小，星状，黄色。花期夏季。为冬型种。

信东尼缀化▶
（*Sedum hintonii* 'Cristata'）

又名毛叶兰景天冠，为信东尼的缀化品种。多年生肉质植物。植株小型。株高5～8cm，冠幅10～15cm。茎短，扁化呈冠状。叶片广卵形或卵状三角形，肉质叶排列成紧密的鸡冠状或山峦状，叶片无叶尖，绿色，叶面上被白色茸毛。聚伞花序，花星状，白色。花期春、秋季。为冬型种。

信东尼缀化

薄雪万年草

◀薄雪万年草
（*Sedum hispanicum*）

又名矶小松。多年生肉质植物。植株小型，常群生。株高3～5cm，冠幅3～5cm。叶片卵圆形或棒状，聚生于茎的顶部，基部抱茎，绿色，被白粉，呈莲座状排列。聚伞花序，花小，星状，粉白色。花期夏季。为夏型种。

薄雪万年草锦▶
（*Sedum hispanicum* 'Variegata'）

为薄雪万年草的斑锦品种。多年生肉质植物。植株小型，常群生。株高3～5cm，冠幅3～5cm。叶片卵圆形或棒状，聚生于茎的顶部，基部抱茎，绿色，被白粉，呈莲座状排列。聚伞花序，花小，星状，粉白色。花期夏季。为夏型种。

薄雪万年草锦

乔伊斯·塔洛克

◀乔伊斯·塔洛克
（*Sedum* 'Joyce Tulloch'）

　　又名塔洛克，是薄雪万年草和松之绿的杂交种。多年生肉质植物。株高10～12cm，冠幅15～20cm。植株小型，常群生，茎多分枝。叶片匙形，先端钝，背面凸起，肉质，呈紧密的莲座状排列，叶面黄绿色，被有细小绒毛，出状态时整株渐变为红色。聚伞花序，花小，星状，粉红色，花期春季至初夏。为春秋型种。

白佛甲▶
（*Sedum lineare* 'Variegata'）

　　多年生肉质植物。株高8～13cm，冠幅10～15cm。植株小型，茎细，多分枝呈丛生状。叶片对生，倒卵形，肉质，呈莲座状排列，叶面黄绿色，两侧镶嵌白色斑纹。聚伞花序，花小，星状，白色。花期春季至初夏。为夏型种。

白佛甲

小玉

◀小玉
（*Sedum* 'Little Gem'）

　　多年生肉质植物。株高10～12cm，冠幅12～20cm。植株小型，常群生。茎开始呈直立状，后逐渐呈匍匐状生长。叶片卵圆形，肉质肥厚，绿色，阳光充足或气温变化大时叶渐变为紫红色或深褐色。聚伞花序，花星状，黄色，花期春季。为春秋型种。

玉缀▶
（*Sedum morganianum*）

　　又名玉坠、翡翠景天。常绿丛生灌木，株高6～10cm，冠幅15～25cm。茎下垂呈匍匐状，长1m以上。叶倒卵形至纺锤形，肉质，长2cm，先端细长，紧密地重叠在一起。聚伞花序，花小，钟状，深紫红色。花期春季。为冬型种。

玉缀

圆叶万年草

◀圆叶万年草

（*Sedum makinoi*）

　　多年生肉质植物。植株中型。株高 8～10cm，冠幅 15～25cm。茎细长，分枝，红褐色，常下垂或匍匐状生长。叶片对生，卵圆形至圆形，肉质，叶面绿色，密被浅绿色斑纹。聚伞花序，花小，星状，白色。花期夏季。为夏型种。

小松绿

◀小松绿

（*Sedum multiceps*）

　　又名球松。多年生肉质植物。原产于阿尔及利亚。植株小型。株高 8～10cm，冠幅 8～10cm。茎部密生红褐色细毛。叶片线形或圆柱形，放射状密生于茎顶，绿色至深绿色，长 6～7mm。聚伞花序，花小，黄色。花期春季。为春秋型种。

新玉缀

新玉缀
（*Sedum morganianum* var. *burrito*）

又名新玉坠、维州景天，是玉缀的变种。多年生肉质植物。植株中小型。株高6～10cm，冠幅15～25cm。茎下垂，呈匍匐状。叶卵圆形，肉质，先端渐尖，表面光滑，排列紧凑，淡绿色或翠绿色，被有白霜，长1cm。聚伞花序，花小，星状，粉红色。花期夏季。为冬型种。

千佛手▶
（*Sedum nieaeense*）

又名菊丸、王玉珠帘。多年生肉质植物。植株小型。株高15～20cm，冠幅15～25cm。叶片椭圆披针形，尖头，长2.5～4cm，粗1cm，表面光滑，青绿色，稍向内侧弯。聚伞花序，花星状，淡粉红色，花径1cm。花期春季和夏季。为冬型种。

千佛手

千佛手锦
（*Sedum nieaeense* 'Variegata'）

又名菊丸锦、王玉珠帘锦。多年生肉质植物。株高15～20cm，冠幅15～25cm。叶片椭圆披针形，尖头，长2.5～4cm，粗1cm，表面光滑，青绿色，镶嵌黄色条纹，稍向内侧弯。聚伞花序，花星状，淡粉红色，花径1cm。花期春季和夏季。为冬型种。

千佛手锦

铭月▶
（*Sedum nussbaumerianum*）

多年生肉质亚灌木。植株中型，常群生。株高20～40cm，冠幅15～30cm。茎直立，多分枝呈丛生状。叶片覆瓦状互生，肉质，倒卵形或披针形，先端渐窄，叶背拱起，呈松散的莲座状排列，亮绿色，出状态时全株渐变为橘黄色或金黄色。聚伞花序，花星状，白色，花期春、夏季。为冬型种。

铭月

乙女心

▲乙女心

（*Sedum pachyphyllum*）

又名八千代、厚叶景天。多年生肉质植物。原产于墨西哥。株高20～30cm，冠幅15～20cm。叶片簇生于茎顶，圆柱状，肉质，淡绿色或浅灰蓝色，叶先端具红色，叶长3～4cm。聚伞花序，花小，星状，黄色。花期春季。为春秋型种。

乙女心缀化

◀乙女心缀化

（*Sedum pachyphyllum* 'Cristata'）

又名厚叶景天缀化。多年生肉质植物。株高20～25cm，冠幅15～25cm。茎直立，扁化成扇状。叶片圆柱状，肉质，聚集呈鸡冠状，淡绿色或浅灰蓝色，先端红色。聚伞花序，花小，星状，黄色。花期春季。为春秋型种。

白弁庆▶
（Sedum reflexum）

多年生肉质植物。植株中型。株高15～20cm，冠幅10～15cm。茎粗而短，灰褐色，有分枝。叶片圆柱状或圆筒形，肉质，细长，稍向上弯，互生于茎干，淡绿色或淡蓝绿色，出状态时先端呈果冻色或鲜红色。聚伞花序，花小，星状，黄色。花期春季。为春秋型种。

白弁庆

红日

▲红日
（Sedum 'Red Sun'）

多年生肉质植物。株高5～10cm，冠幅15～20cm。茎直立，多分枝，呈丛生状。叶对生，倒卵形，肉质，呈莲座状排列，整叶红色。聚伞花序，花小，星状，白色。花期春、夏季。为冬型种。

耳坠草

◀耳坠草
（Sedum rubrotinctum）

又名玉米石、虹之玉。常绿亚灌木。原产于墨西哥。株高15～25cm，冠幅15～20cm。叶片倒长卵圆形，肉质，长1.5cm，中绿色，顶端淡红褐色，在阳光下转为红褐色。聚伞花序，花星状，淡黄色，花径1cm。花期冬季。为冬型种。

红色浆果▶

（*Sedum rubrotinctum* 'Red berry'）

多年生肉质植物。株高10～15cm，冠幅20～25cm。叶片长卵圆形至卵圆形，中绿色，阳光充足时渐变为粉红色至红色。花小，星状，淡黄色。花期冬季。为冬型种。

耳坠草锦

红色浆果

▲耳坠草锦

（*Sedum rubrotinctum* 'Variegata'）

又名虹之玉锦，是耳坠草的斑锦品种。常绿亚灌木。株高15～20cm，冠幅15～20cm。叶片倒长卵圆形，肉质，长1.5cm，浅红色，顶端淡红褐色，在阳光充足下渐变为粉红色至鲜红色，并带银色条纹。聚伞花序，花星状，淡黄色，花径1cm。花期冬季。为冬型种。

塔松

◀塔松

（*Sedum rupestre*）

又名反曲景天，多年生肉质植物。植株中型。株高8～10cm，冠幅50～60cm。茎直立，多分枝呈丛生状。叶对生，棱状，先端渐尖，肉质，绿色，阳光充足时渐变为蓝白色，入秋后温差大时会变红色。聚伞花序，花小，星状，白色。为冬型种。

柳叶景天

◀柳叶景天
（*Sedum salignus*）

多年生肉质植物。植株中型。株高10～20cm，冠幅15～25cm。茎直立，有分枝。叶细长，向内卷曲，似柳叶，叶背黄绿色，叶片直立或倾斜生长，聚生于茎的顶端部分，叶面浅绿色或黄绿色。聚伞花序，花小，星状，黄色。花期春季。为春秋型种。

小野玫瑰▶
（*Sedum sedoides*）

多年生肉质植物。植株小型。株高5～10cm，冠幅15～25cm。茎短，多分枝，呈匍匐状。叶片对生，卵形或匙形，绿色，呈莲座状排列，叶面密被细小茸毛，春、秋季光照充足时叶片渐变为浅红色。聚伞花序，花小，星状，白色。花期春、秋季。为春秋型种。

白霜

◀白霜景天
（*Sedum spathulifolium*）

多年生肉质植物。植株小型。株高5～10cm，冠幅15～20cm。茎细，多分枝，顶端着生莲座状叶盘。叶片互生，倒卵形或匙形，灰绿色或灰白色，肉质，被白霜。聚伞花序，花小，星状，黄色。花期春、秋季。为冬型种。

红霜景天▶
（*Sedum spathulifolium* 'Red Frost'）

多年生肉质植物。植株小型。株高8～10cm，冠幅15～20cm。茎细，多分枝，顶端着生莲座状叶盘。叶片互生，倒卵形或匙形，灰绿色，叶片渐变为紫褐色至红褐色，肉质，被白霜。聚伞花序，花小，星状，黄色。花期春、秋季。为冬型种。

红霜

小球玫瑰

◀小球玫瑰
（*Sedum spurium* 'Dragon's Blood'）

又名龙血景天、胭脂红景天。多年生肉质植物。植株小型。株高5～10cm，冠幅15～25cm。茎短，多分枝。叶片对生，卵形或匙形，绿色，排列成玫瑰状。秋季温差较大时叶片渐变为鲜艳的紫红色。聚伞花序，花小，星状，黄色。花期春、秋季。为冬型种。

五色麒麟草▶
（*Sedum spurium* var. *tricolor*）

又名三色景天。多年生肉质植物。株高10～12cm，冠幅15～20cm。茎细长，多分枝。叶片卵圆形，叶缘粉色，叶尖，叶片中间淡绿色，叶片边缘则为粉色宽条带。聚伞花序，花小，星状，红色。花期夏季。为春秋型种。

五色麒麟草

◀珊瑚珠
（*Sedum stahlii*）

又名锦珠、玉叶、玉石景天。多年生肉质植物。植株小型，常群生。株高10～15cm，冠幅15～20cm。茎细，多分枝，易匍匐生长。叶片交互对生，肉质，卵圆形至长卵圆形，长1～2cm，绿色，气温变化大时全株渐变为红褐色或紫红色。聚伞花序，花星状，白色或浅黄色，花径1cm。花期秋、冬季。为冬型种。

珊瑚珠

木樨景天▶
（*Sedum suaveolens*）

又名木樨景心、木樨甜心。多年生肉质植物。株高5～10cm，冠幅15～20cm。茎直立，有分枝，常群生。叶片匙形，肉质，先端有斜边，叶面内凹，叶背拱起，呈莲座状排列，浅绿色，被白霜，气温变化大时叶缘渐变为浅红色。聚伞花序，花小，白色。花期春、夏季。为冬型种。

木樨景天

天使之泪

◀ 天使之泪
（*Sedum treleasei*）

又名圆叶八千代。多年生肉质植物。植株小型。株高6～10cm，冠幅8～12cm。茎直立，多分枝。叶片倒卵形或纺锤形，肉质肥厚，先端圆润，叶背拱起，叶面光滑，黄绿色或浅绿色，稍被白霜，阳光充足时，叶渐变为黄色。聚伞花序，花小，钟形，黄绿色。花期秋季。为春秋型种。

春之奇迹 ▶
（*Sedum versadense* var. *chontalense*）

又名薄毛万年草。多年生肉质植物。株高10～12cm，冠幅15～20cm。茎细长，红褐色。叶片匙形，先端宽大，肉质，呈莲座状排列，叶面浅绿色，被小绒毛，气温变化大时全株呈现粉红色。聚伞花序，花小，粉红色。花期春季至初夏。为春秋型种。

春之奇迹

（13）长生草属（*Sempervivum*）

本属约有40种，密集，丛生，常绿的多年生肉质植物。主要分布于欧洲和亚洲的山区。通常叶片厚，呈莲座状排列，有时叶面覆盖白毛。顶生，圆锥花序状的聚伞花序，花星状，有白、黄、红或紫等色，花期夏季。喜温暖、干燥和阳光充足环境。不耐严寒，耐干旱和半阴，忌水湿。宜肥沃、疏松和排水良好的沙质壤土。生长适温为10～24℃，冬季温度不低于-5℃。生长期适度浇水，被软毛的种类土壤过湿或浇水不当易引起腐烂。冬季宜在温室中栽培。春季播种，发芽温度13～18℃，春季或初夏分株繁殖。盆栽摆放在窗台、茶几或案头，美丽的莲座状叶片清新秀丽，使居室展现吉祥喜悦的氛围。

卷绢

◀ 卷绢
（*Sempervivum arachnoideum*）

多年生肉质植物。原产于欧洲。株高8～10cm，冠幅20～30cm。叶片倒卵形，肉质，排列成莲座状，绿至红色，长1cm，叶尖顶端密被白色的毛，联结在一起，犹如蜘蛛网。聚伞花序，花星状，淡紫粉色，花径2.5cm。花期夏季。为冬型种。

卷绢缀化

卷绢锦

▲卷绢缀化

（*Sempervivum arachnoideum* 'Cristata'）

卷绢的缀化品种。多年生肉质植物。株高5～8cm，冠幅10～15cm。叶片倒卵形，密集扁化，呈鸡冠状，叶面中绿色，叶尖密被白色的毛，联结在一起，犹如蜘蛛网。聚伞花序，花星状，紫粉色。花期夏季。为冬型种。

◀卷绢锦

（*Sempervivum arachnoideum* 'Variegata'）

卷绢的斑锦品种。多年生肉质植物。株高8～10cm，冠幅8～10cm。叶片倒卵形，呈莲座状排列，叶面金黄色。聚伞花序，花星状，紫粉色。花期夏季。为冬型种。

迷你卷绢

◀迷你卷绢
（*Sempervivum arachnoideum* 'Micro'）

　　卷绢的栽培品种。多年生肉质植物。植株迷你型。株高6～8cm，冠幅10～15cm。叶片倒卵形，绿色，叶尖有茸毛，不浓密，阳光适宜时叶背渐变为红色。聚伞花序，花星状，紫粉色。花期夏季。为冬型种。

大红卷绢▶
（*Sempervivum arachnoideum* 'Rubrum'）

　　又名大赤卷绢、红蜘蛛网长生草，为卷绢的栽培品种。多年生肉质植物。株高8～10cm，冠幅20～30cm。植株丛生状。叶片倒卵形，肉质，呈莲座状，中绿色至红色，叶端生有白色短丝毛。聚伞花序，花星状，淡粉红色。花期夏季。为冬型种。

大红卷绢

百汇

◀百汇
（*Sempervivum calcareum* 'Jorden Oddifg'）

　　又名百惠。多年生肉质植物。株高6～8cm，冠幅20～25cm。植株小型，易群生。叶片管状，肉质肥厚，呈莲座状排列。叶面绿色，出状态时叶尖红褐色，叶端有白色短丝毛。聚伞花序，花星状，淡粉红色。花期夏季。为冬型种。

紫牡丹▶
（*Sempervivum stansfieldii*）

　　多年生肉质植物。株高6～8cm，冠幅20～30cm。叶片倒卵形，肉质，呈莲座状排列。光照不足时叶面呈绿色，叶片往下翻；阳光充足时渐变为紫红色。聚伞花序，花星状，紫红色。花期夏季。为冬型种。

紫牡丹

紫牡丹缀化

▲紫牡丹缀化
（*Sempervivum stansfieldii* ‘Cristata’）

多年生肉质植物。株高6～8cm，冠幅20～25cm。叶片倒卵形，肉质，密集扁化，呈鸡冠状，叶面绿色，阳光充足时渐变为紫红色。聚伞花序，花星状，紫红色。花期夏季。为冬型种。

观音莲

◀观音莲
（*Sempervivum tectorum*）

又名长生草、屋卷绢、观音座莲、和平。原产于欧洲南部的地中海地区。多年生肉质植物。植株丛生状。株高10～15cm，株幅30～50cm。叶片倒卵形至窄长圆形，肉质肥厚，呈莲座状排列，叶面蓝绿色，叶端紫红色，长4cm。聚伞花序，花星状，紫红色。花期夏季。为冬型种。

萨凯

◀萨凯
（*Sempervivum* 'Sakae'）

多年生肉质植物。株高6～8cm，冠幅20～30cm。叶片管状，肉质肥厚，呈莲座状排列。叶片绿色，叶端紫红色，长4cm。聚伞花序，花星状，紫红色，花期夏季。为冬型种。

萨凯缀化▶
（*Sempervivum* 'Sakae Cristata'）

萨凯的缀化品种。多年生肉质植物。株高6～8cm，冠幅15～25cm。叶片呈管状，肉质肥厚，密集扁化，呈鸡冠状。叶面绿色，叶端紫红色。聚伞花序，花星状，紫红色，花期夏季。为冬型种。

萨凯缀化

◀阿利翁
（*Sempervivum tectorum* 'Allionii'）

观音莲的栽培品种。多年生肉质植物。株高6～8cm，冠幅20～30cm。叶片倒卵形，肉质，呈莲座状，叶面中绿色至红色，叶端有白色短丝毛。聚伞花序，花星状，淡粉红色。花期夏季。为冬型种。

阿利翁

布朗▶
（*Sempervivum tectorum* 'Braunii'）

观音莲的栽培品种。多年生肉质植物。株高6～8cm，冠幅20～25cm。叶片倒卵形至窄长圆形，肉质肥厚，呈莲座状，叶面蓝绿色，叶端紫红色并有白色茸毛，在阳光充足的情况下会非常漂亮。聚伞花序，花星状，紫红色。花期夏季。为冬型种。

布朗

格林

◀格林
（*Sempervivum tectorum* 'Calcareum'）

观音莲的栽培品种。多年生肉质植物。株高
6～8cm，冠幅15～20cm。茎短，常群生。叶片
匙形，翠绿色，顶端有小尖，褐色，叶片呈紧密
的莲座状排列。聚伞花序，花星状，紫红色。花
期夏季。为冬型种。

橘子球▶
（*Sempervivum tectorum* 'Citrus Ball'）

观音莲的栽培品种。多年生肉质植物。株高
8～10cm，冠幅15～20cm。叶片长匙形，叶面
向内凹，紧抱呈球形，叶背绯红色或紫红色，似
成熟的橘子。聚伞花序，花星状，紫红色。花期
夏季。为冬型种。

橘子球

格里纳达

◀格里纳达
（*Sempervivum tectorum* 'Grenada'）

观音莲的栽培品种。多年生肉质植物。株高
6～8cm，冠幅15～20cm。茎短，常群生。叶片
匙形，嫩绿色，顶端有小叶尖，紫红色，叶片呈紧
密的莲座状排列。聚伞花序，花星状，紫红色。花
期夏季。为冬型种。

马霍银▶
（*Sempervivum tectorum* 'Mahogany'）

观音莲的栽培品种。多年生肉质植物。株高
6～8cm，冠幅20～25cm。叶片倒卵形，绿色，
叶尖紫红色，微厚。植株初生叶片绿色，叶尖渐
变为紫红色，叶片由叶心外翻生长，成年株形扁
平。渐变群生状。聚伞花序，花星状，紫红色。
花期夏季。为夏型种。

马霍银

温和的乔伊斯

温和的乔伊斯
（*Sempervivum tectorum* 'Pacific Joyce'）

　　观音莲的栽培品种。多年生肉质植物。株高6～8cm，冠幅20～30cm。叶片倒卵形，较厚，呈紧密的莲座状排列，整个植株像一朵盛开的莲花。叶面深绿色，叶顶端紫色，叶缘具细密的锯齿。聚伞花序，花星状，紫红色，花期夏季。为冬型种。

普米沃
（*Sempervivum tectorum* 'Pumilum'）

　　观音莲的栽培品种。多年生肉质植物。株高6～8cm，冠幅15～25cm。茎短，常群生。叶片整体呈倒卵形，扁平似竹片，嫩绿色，顶端稍尖，密生蜘蛛网般的茸毛。叶片呈紧密的莲座状排列。聚伞花序，花星状，紫红色。花期夏季。为冬型种。

普米沃

派伦纳
（*Sempervivum tectorum* 'Pyrennaicum'）

　　观音莲的栽培品种。多年生肉质植物。株高6～8cm，冠幅20～30cm。茎短，常群生。叶片倒卵形，厚实，呈莲座状排列，紧凑，整个植株像一朵盛开的莲花。叶面深绿色至紫色，叶缘具细密的锯齿。聚伞花序，花星状，紫红色。花期夏季。为冬型种。

派伦纳

萨图姆
（*Sempervivum tectorum* 'Satum'）

　　观音莲的栽培品种。多年生肉质植物。株高6～8cm，冠幅20～25cm。叶片倒卵形，肉质，呈莲座状。叶面绿色，叶尖红色，在温差大时叶面渐变为果冻色。叶边缘有白色短丝毛。花期夏季。聚伞花序，花星状，紫红色，花期夏季。为冬型种。

萨图姆

（14）奇峰木属（*Tylecodon*）

本属由银波锦属分出，主要分布于南非。叶片较大或呈细棍棒状，呈螺旋状排列。夏季有明显的休眠。本属植物均为多肉植物中的精品，有一定收藏价值。

钟鬼

▲钟鬼

（*Tylecodon cacalioides*）

多年生肉质灌木。原产于南非。株高30cm，冠幅30cm。茎粗壮，圆形或圆筒形，茎表面老叶脱落后留下叶柄痕迹，干枯后呈刺状。叶针状，肉质，灰绿色，聚生于茎顶，柔软，被白粉。花小，黄绿色，花期冬季。为冬型种。

万物想

◀万物想

（*Tylecodon reticulatus*）

多年生肉质灌木。原产于南非。株高30cm，冠幅20～30cm。茎丛生短枝，似乳状突起，枝顶上密生枯花梗，灰褐色。叶片椭圆形，柔软，长1.5～5cm，浅黄绿色。花小，黄绿色，花期冬季。为冬型种。

（15）景天科属间杂交种（*Genus Hybrid*）

　　景天科植物（Crassulacreae）有30个属1500余种植物，是多肉植物中一个重要的科，其中有15个属叶片高度肉质化，其形状和色彩多变，成为当前多肉植物热潮中的主宰种类。日本、韩国的园艺学家通过属间杂交培育出一批杂交属和属间杂交种来满足市场和多肉爱好者的需求。目前常见有以下几个杂交属：风车莲属× *Graptoveria*（是风车草属 *Graptopetalum* 与石莲花属 *Echeveria* 的杂交属）、佛甲莲属× *Sedeveria*（是景天属 *Sedum* 与石莲花属 *Echeveria* 的杂交属）、厚叶佛甲属× *Pachysedum*（是厚叶草属 *Pachyphytum* 与景天属 *Sedum* 的杂交属）、风车佛甲属× *Graptosedum*（是风车草属 *Graptopetalum* 与景天属 *Sedum* 的杂交属）。目前，由于市场的需求，景天科植物的属间杂交研究还在进行，不断地有新的属间杂交种上市。

葡萄▶
（*Graptoveria* 'Amethorum'）

　　又名红葡萄、紫葡萄，为风车草属与石莲花属的属间杂交种，是桃之卵和大和锦的杂交种。多年生肉质植物。植株中小型。株高8～12cm，冠幅10～15cm。茎短，常群生。叶片匙形或短匙形，先端渐尖，肉质肥厚，叶面平整，叶背拱起，呈莲座状排列，叶面灰绿色或蓝绿色，被蜡质，阳光充足时叶缘和叶背渐变为紫红色。聚伞花序，花小，钟状，红色，顶端黄色。花期夏季。为春秋型种。

葡萄

桃蛋

◀桃蛋
（*Graptoveria amethystinum*）

　　又名桃之卵，为风车草属与石莲花属的属间杂交种。多年生肉质植物。植株小型。株高8～10cm，冠幅10～15cm。茎多分枝，直立或匍匐状，粉红色至黄褐色。叶片卵形或球形，肉质肥厚，先端圆钝，通体粉蓝色或粉红色，叶面被白霜。聚伞花序，花小，星状，橙色或红色。花期春末至初夏。为春秋型种。

美丽莲▶

（*Graptoveria bellum*）

又名别劳斯、别露丝，为风车草属与石莲花属的属间杂交种。多年生肉质植物。植株小型。株高8～10cm，冠幅12～15cm。茎短。叶片卵形或卵圆形，肉质肥厚，先端有小叶尖，叶面平展，呈莲座状排列，叶片粉蓝色或灰绿色，叶缘红色。聚伞花序，花小，星状，红色。花期春末至初夏。为春秋型种。

旭鹤

美丽莲

▲旭鹤

（*Graptoveria* ‘Bainesii’）

多年生肉质植物，为风车草属与石莲花属的属间杂交种。植株中型。株高10～15cm，冠幅15～20cm。叶匙形，肉质，全缘，叶面向内凹，叶背拱起，呈莲座状排列，浅粉色，气温变化大时渐变为紫红色。聚伞花序，花星状，红色。花期秋季。为春秋型种。

蓝葡萄

◀蓝葡萄

（*Graptoveria* ‘Blue’）

为风车草属与石莲花属的杂交种。多年生肉质植物。株高6～10cm，冠幅8～12cm。叶片纺锤形，肉质，呈放射状生长，叶面灰绿色至褐绿色，表面覆盖白色和褐色斑点。聚伞花序，花钟形，绿色。花期夏季。为春秋型种。

黛比

◀ 黛比
（ *Graptoveria* 'Dibea' ）

　　为风车草属与石莲花属的属间杂交种。多年生肉质植物。植株中型。株高8～12cm，冠幅12～15cm。茎短，常群生。叶片匙形，肉质，肥厚，青绿色至粉紫色，呈莲座状排列，入秋后温差大时叶色渐变为紫红色。聚伞花序，花小，星状，浅红色。花期冬、春季。为春秋型种。

蓝色天使 ▶
（ *Graptoveria* 'Fanfare' ）

　　为风车草属与石莲花属的属间杂交种。多年生肉质植物。植株中小型，常群生。株高8～12cm，冠幅15～20cm。叶片长条形，先端渐窄，有小叶尖，呈松塔状排列，叶面蓝绿色，向叶心弯曲生长，叶端红色。聚伞花序，花小，钟形，黄色。花期春末至初夏。为春秋型种。

蓝色天使

格林

◀ 格林
（ *Graptoveria* 'A Grim One' ）

　　为风车草属与石莲花属的属间杂交种。多年生肉质植物。植株中小型。株高8～12cm，冠幅15～20cm。茎短，常群生。叶片倒卵形或匙形，先端渐窄，肉质肥厚，叶面稍内凹，叶背拱起，有小叶尖，呈莲座状排列，叶面灰绿色至粉蓝色，被白霜，入秋后叶缘易变红色。聚伞花序，花小，星状，黄色。花期春季。为春秋型种。

小奥普琳娜

◀小奥普琳娜
（*Graptoveria* 'Little opalina'）

又名小奥普，为风车草属与石莲花属的属间杂交种。多年生肉质植物。植株小型。株高8～10cm，冠幅10～15cm。叶片楔形，肉质肥厚，叶面被白霜，呈莲座状排列，叶缘和叶尖呈粉红色，阳光充足时叶尖和叶缘渐变为红色。聚伞花序，花小，黄色。花期春末至初夏。为春秋型种。

吉普赛女郎▶
（*Graptoveria* 'Mrs. Richaeds'）

为风车草属与石莲花属的属间杂交种。多年生肉质植物。植株中小型。株高8～12cm，冠幅15～20cm。叶片匙形或倒卵圆形，肉质，有小叶尖，叶面稍内凹，平展，呈莲座状排列，叶浅红色，出状态时整株渐变为红褐色。聚伞花序，花小，星状，黄色。花期春末至初夏。为春秋型种。

吉普赛女郎

奥普琳娜

◀奥普琳娜
（*Graptoveria* 'Opalina'）

又名奥普，为风车草属与石莲花属的属间杂交种，是醉美人和卡罗拉的杂交种。多年生肉质植物。植株大中型，常群生。株高10～15cm，冠幅15～20cm。叶片匙形，肉质，呈莲座状排列，叶浅绿色或浅蓝色，叶面被白粉，叶背拱起，先端有红色的叶尖，叶缘有红色细边。聚伞花序，花小，钟状，黄色，先端橙色。花期春末至初夏。为春秋型种。

姬胧月

◀ 姬胧月
（*Graptoveria paraguayense* 'Gilva'）

为风车草属与石莲花属的属间杂交种。多年生肉质植物。植株中小型。株高10～15cm，冠幅15～20cm。茎短，多分枝，常群生。叶片匙形或椭圆形，肉质肥厚，先端较尖，叶面稍内凹，背面拱起，呈莲座状排列。叶绿色或粉绿色，有蜡质，气温变化大时叶片或整株渐变深红色。聚伞花序，花星状，黄色。花期夏季。为春秋型种。

紫梦 ▶
（*Groptoveria* 'Purple Dream'）

为风车草属与石莲花属的属间杂交种。多年生肉质植物。植株小型。株高8～10cm，冠幅10～15cm。茎短，常群生。叶片匙形，肉质肥厚，先端有小叶尖，叶面平整，叶背拱起，呈莲座状排列，叶浅绿色，气温变化大时叶片甚至整株渐变为紫红色。聚伞花序，花小，星状，黄色。花期春季。为春秋型种。

紫梦

银星

◀ 银星
（*Graptoveria* 'Silver Star'）

为风车草属与石莲花属的属间杂交种。多年生肉质植物。植株中型。株高8～10cm，冠幅10～15cm。老株常群生。叶片长卵形，先端渐窄，有细长叶尖，非常特殊，有1cm长，红褐色，叶面平整，呈密集的莲座状排列，叶面青绿色略带红褐色，有光泽。总状花序，花小，黄色，花期春季。为春秋型种。

白牡丹

◀白牡丹
（*Graptoveria* 'Titubans'）

又名白美人，为风车草属与石莲花属的属间杂交种，是静夜和胧月的杂交种。多年生肉质植物。植株中小型。株高8～12cm，冠幅10～15cm。茎短，健壮。叶片倒卵形或长匙形，先端渐尖，肉质肥厚，叶面稍内凹，叶背拱起，呈莲座状排列，叶面灰白色或淡粉色，被白霜，叶尖粉红色。聚伞花序，花小，星状，黄色。花期春末夏初。为春秋型种。

加州落日▶
（*Graptosedum* 'California Sunset'）

厚叶草属与景天的属间杂交种。多年生肉质植物。植株中小型。株高10～15cm，冠幅15～20cm。茎粗壮，多分枝。叶片长圆形或卵圆形，先端渐窄，有叶尖，叶面平整，呈松散的莲座状，叶片浅绿色或黄绿色，气温变化大时叶尖渐变为红色。聚伞花序，花小，星状，黄色。花期春末夏初。为春秋型种。

加州落日

◀秋丽
（*Graptosedum* 'Francesco Baldi'）

为风车草属与景天属的属间杂交种，是胧月和乙女心的杂交种。多年生肉质植物。植株中小型。株高8～12cm，冠幅10～15cm。茎细长，多分枝，常群生。叶片倒卵形或匙形，先端斜尖，肉质肥厚，叶面稍内凹，叶背拱起，呈莲座状排列，叶面灰绿色，被轻微白霜。聚伞花序，花小，星状，黄色。花期春季。为春秋型种。

秋丽

小美女

◢小美女
（*Graptosedum* 'Little Beauty'）

　　又名小美人，为厚叶草属与景天属的属间杂交种。多年生肉质植物。植株中小型。株高10～15cm，冠幅15～20cm。茎粗壮，多分枝。叶片长圆形，环状互生，叶面向内稍凹，稍被白霜，呈松散的莲座状排列，叶片绿色，气温变化大时叶片顶端部渐变为红色。聚伞花序，花小，星状，黄色。花期春末夏初。为春秋型种。

红手指◣
（*Pachysedum* 'Ganzhou'）

　　为厚叶草属与景天属的属间杂交种。多年生肉质植物。植株中型。株高10～15cm，冠幅10～15cm。叶片长圆形，环状互生，叶面稍向内凹，稍被白霜，呈松散的莲座状排列，叶片绿色，秋季温差大时渐变为橘红色，甚至整株变为橙红色。聚伞花序，花小，星状，黄色。花期春末夏初。为春秋型种。

红手指

紫丽殿

◢紫丽殿
（*Pachyveria oviferum* 'Royal Flush'）

　　为厚叶草属与石莲花属的属间杂交种。多年生肉质植物。植株中型。株高10～15cm，冠幅15～20。茎短。叶片椭圆形，肉质，呈莲座状排列，叶面绿褐色，光照充足或气温变化大时叶片边缘渐变为红色。聚伞花序，花星状，白色，花期春、夏季。为春秋型种。

立田锦

立田锦
（*Pachyveria scheideckeri* 'Variegata'）（*P.* 'Albocarinata'）

为厚叶草属与石莲花属的属间杂交种。多年生肉质植物。植株中型。株高10～15cm，冠幅15～20cm。茎短。叶片椭圆形或长匙形，叶面向内稍凹，向下渐窄，先端有叶尖，呈莲座状排列，叶面蓝绿色，光照充足或气温变化大时叶片渐变为粉紫色。聚伞花序，花星状，粉色，花期春、夏季。为春秋型种。

密叶莲
（*Sedeveria* 'Darley Dale'）

又名达利，为景天属与石莲花属的属间杂交种。多年生肉质草本。植株中小型。株高10～15cm，冠幅20～25cm。茎短，常群生。叶片细长，匙形，先端渐窄近似三角形，有小叶尖，叶面稍内凹，叶背拱起，呈紧凑的莲座状排列。叶浅绿色。秋季温差大时渐变为红色。聚伞花序，花小，钟状，白色。花期春末至初夏。为春秋型种。

密叶莲

柳叶莲华

柳叶莲华
（*Sedeveria* 'Hummelli'）

为景天属与石莲花属的属间杂交种。多年生肉质植物。植株小型。株高10～12cm，冠幅15～20cm。茎短，常群生。叶片椭圆披针形，长2.5～5cm，粗1cm，表面光滑，浅绿色，稍向内侧弯，气温变化大时顶端渐变为红色。聚伞花序，花星状，淡粉红色。花期春季和夏季。为春秋型种。

帝雅

帝雅
（*Sedeveria* 'Letizia'）

又名蒂亚、绿焰，为景天属与石莲花属的属间杂交种。植株中型。多年生肉质植物。株高15～250cm，冠幅10～15cm。茎长，多分枝，红褐色，常群生。叶片匙形或卵形，肉质，先端有小叶尖，叶面稍内凹，叶背拱起，呈紧密的莲座状排列，叶嫩绿色，气温变化大时叶尖和叶缘渐变为红色，甚至整株变为红色。聚伞花序，花小，钟状，白色。花期春季。为春秋型种。

帝雅缀化
（*Sedeveria* 'Letizia Cristata'）

又名蒂亚缀化、绿焰冠，为景天属与石莲花属的属间杂交种。植株中型。多年生肉质植物。株高15～250cm，冠幅10～15cm。茎长，多分枝，红褐色，常扁化呈鸡冠状或山峦状。叶片匙形或卵形，肉质，先端有小叶尖，叶面稍内凹，叶背拱起，紧密地聚生在一起，呈扇状或山峦状，叶嫩绿色，气温变化大时整株渐变为红色。聚伞花序，花小，钟状，白色。花期春季。为春秋型种。

帝雅缀化

马库斯

马库斯
（*Sedeveria* 'Markus'）

为景天属与石莲花属的属间杂交种。多年生肉质植物。植株中型。株高10～15cm，冠幅15～20cm。茎短，常群生。叶片长匙形，先端斜尖，肉质，叶面平整，叶背拱起，呈莲座状排列，叶面绿色，被白粉，叶缘和叶尖会出现橙黄色或粉红色。聚伞花序，花小，星状，白色。花期春季至初夏。为春秋型种。

马库斯缀化

◀马库斯缀化
（*Sedeveria* 'Markus Cristata'）

为景天属与石莲花属的属间杂交种。多年生肉质植物。植株中型。株高10～15cm，冠幅15～20cm。茎短，呈扇形。叶片长匙形，先端斜尖，肉质，叶面平整，叶背拱起，紧密排列，呈鸡冠状，叶面绿色，被白粉，叶缘和叶尖会出现橙黄色或粉红色。聚伞花序，花小，星状，白色。花期春季至初夏。为春秋型种。

红宝石▶
（*Sedeveria* 'Pink Rubby'）

为景天属与石莲花属的属间杂交种。多年生肉质草本。株高10～15cm，冠幅15～20cm。茎有分枝。叶片细长，匙状，肉质，光滑，呈莲座状排列，前端更肥厚、斜尖，整体饱满紧凑。其叶色在春、秋季变得红艳动人。花期春季。

红宝石

蜡牡丹

◀蜡牡丹
（*Sedeveria* 'Rolly'）

为景天属与石莲花属的属间杂交种，多年生肉质草本。植株中小型。株高10～15cm，冠幅20～25cm。茎短，常群生。叶片宽匙形或卵圆形，有小叶尖，叶面中间内凹，呈莲座状排列，叶绿色至蓝绿色，气温变化大时渐变为红色或黄色，表面有蜡质光泽。聚伞花序，花浅红色。花期春季。为春秋型种。

树冰

◀树冰
（*Sedeveria* 'Silver Frest'）

　　为景天属与石莲花属的属间杂交种。多年生肉质植物。植株小型。株高10～15cm，冠幅15～20cm。叶片椭圆披针形，尖头，长2～4cm，粗1cm，表面光滑，蓝绿色，稍向内侧弯，气温变化大时顶端渐变为粉紫色。聚伞花序，花星状，淡粉色。花期春季和夏季。为春秋型种。

▼赤豆
（*Sedeveria* 'Whitestone'）

　　又名红豆、白石，为景天属与石莲花属的属间杂交种。多年生肉质植物。植株小型。株高12～15cm，冠幅20～25cm。茎直立或匍匐。叶长卵形，肉质饱满，叶面绿色，叶背褐绿色，呈莲座状排列，阳光充足或气温变化大时叶色渐变为黄色、橙色或紫红色。聚伞花序，花小，星状，红色，顶端黄色。花期春、夏季。为春秋型种。

赤豆

因地卡

因地卡▶
（*Sinocrassula indica*）

又名印地卡，为青锁龙属与石莲花属的属间杂交种。多年生肉质植物。植株中型。株高8～10cm，冠幅15～20cm。茎短，常群生。叶片匙形，肉质，肥厚，先端有斜边，叶面有内凹，叶背拱起，呈莲座状排列，叶绿色或浅绿色，气温变化大时叶渐变为紫红色或红褐色。聚伞花序，花星状，浅红色或粉黄色。花期夏末至初秋。为春秋型种。

◀滇石莲
（*Sinocrassula yunnanensis*）

又名云南石莲、四马路，为青锁龙属与石莲花属的属间杂交种。多年生肉质植物。植株中型。株高20～30cm，冠幅10～20cm。茎短，常群生。叶片匙形，肉质，肥厚，先端有小尖，叶面被短柔毛，呈莲座状排列，叶面蓝灰色或浅黑色。聚伞花序，花星状，浅黄色。花期夏季。为春秋型种。

滇石莲

滇石莲缀化

◀滇石莲缀化
（*Sinocrassula yunnanensis* 'Cristata'）

为青锁龙属与石莲花属的属间杂交种。多年生肉质植物。植株中型。株高20～30cm，冠幅15～20cm。茎部扁化呈鸡冠状，长高后常匍匐生长。叶片卵形至长卵形，肉质，肥厚，常聚集在一起，叶绿色或浅绿色，气温变化大时叶渐变为紫红色或红褐色。聚伞花序，花星状，浅红色或粉黄色。花期夏末至初秋。为春秋型种。

8. 大戟科（Euphorbiaceae）

属双子叶植物。约有280属5000种，包括有草本、灌木和乔木，体内常含白色乳汁。叶通常互生，单叶。花单生，雌雄同株或异株。本科植物除高山地带及北极区外均有分布，大部分生长在温带和热带。其中有4个属为重要的多肉植物。

（1）大戟属（*Euphorbia*）

本属约有2000种，其中数百种为重要的多肉植物，它们柱状形、球形和群生的习性很像仙人掌植物。本属的多肉植物主要分布于非洲南部比较干旱地区、整个阿拉伯半岛地区和印度，少数分布在马达加斯加、索科特拉岛和加那利群岛，极少数自然生长于美洲。茎的形状变化大，叶片变化亦大，常是短命的（即指叶片的寿命短，叶片很容易干枯脱落，剩下光滑的茎干，这也是大戟属的特点之一）。顶生或腋生聚伞花序、伞形花序，雌花和雄花常簇生在一个杯状聚伞花序中，苞片色彩鲜艳，有黄、红、紫、褐、绿等色。多肉植物种类大多数不耐寒，生长适温20～28℃，冬季温度不低于10℃。喜温暖、干燥和阳光充足的环境。耐半阴和干旱，怕水湿。宜肥沃、疏松和排水良好的沙质壤土。生长期要适度浇水，每月施低氮素肥1次，冬季保持干燥。种子成熟后即播，发芽温度15～20℃。春季或初夏剪取顶茎扦插繁殖。盆栽摆放于窗台、阳台或镜前，粗犷的株形充分展示多肉植物的形态美。群体布置在展室或屋顶花园，新奇别致，充满迷人的风采。

喷火龙缀化

▲喷火龙缀化

（*Euphorbia bergii* 'Cristata'）

为喷火龙的缀化品种。灌木状肉质植物。茎部扁化呈冠状，浅绿色。叶片深绿色，冬季边缘红色，叶脱落后鸡冠状的茎部更为突出。花小，杯状，顶生，红色。花期夏季。为夏型种。

▼喷火龙
（*Euphorbia bergii*）

又名伯氏大戟、伯杰麒麟。灌木状肉质植物。株高20～30cm，冠幅30～40cm。茎干柱状，粗壮，肉质，8棱，茎面上叶痕明显，淡绿色，具灰白色丛刺。叶片长椭圆形，深绿色，冬季边缘红色，有序集中在茎顶。花小，顶生，杯状，红色。花期夏季。为夏型种。

亚迪大戟锦

▼旋风麒麟
（*Euphorbia groenewaldii*）

多年生肉质植物。植株具粗大肉质根。原产于南非。株高10～12cm，冠幅5～6cm。茎3棱，螺旋状，棱缘曲折。蓝绿色，棱缘上有突起似疣突，生有长刺1对，褐色。花着生于分枝顶端，花小，杯状，黄绿色。花期夏季。为夏型种。

▲亚迪大戟锦
（*Euphorbia abdelkuri* 'Variegata'）

又名亚狄大戟锦、阿迪大戟锦，为亚迪大戟的斑锦品种。多年生肉质植物。株高15～20cm，冠幅10～15cm。茎直立生长，基部分枝，6棱，表皮粗糙，橙红色，被白粉，棱脊纵生一排凸状疣突，每个疣突顶端生有一枚短的白色齿状物。聚伞花序，花杯状，黄绿色。花期夏季。为夏型种。

喷火龙

旋风麒麟

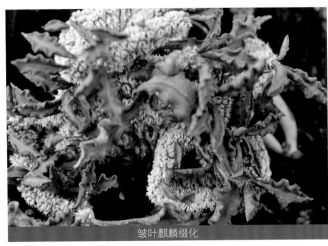
皱叶麒麟缀化

◀皱叶麒麟缀化
（*Euphorbia decaryi* 'Cristata'）

为皱叶麒麟的缀化品种。矮生叶状多肉植物。株高8～10cm，冠幅15～20cm。植株茎细，圆棒形，整个植株扁化呈不规则的冠状，表面深褐色，粗糙起皱。叶片长椭圆形，全缘，边缘具皱褶，深绿色，背面淡褐红色。聚伞花序，花杯状，黄绿色至绿褐色。花期秋冬季。为夏型种。

旋叶皱叶麒麟

◀旋叶皱叶麒麟
（*Euphorbia decaryi* var. *spirosticha*）

　　又名旋叶麒麟，为皱叶麒麟的变种。多年生肉质植物。原产于马达加斯加。株高8～10cm，冠幅20～25cm。茎细，圆棒形，幼株直立，成年植株呈匍匐状，表面深褐色，粗糙起皱。叶片长椭圆形，边缘具强烈皱褶，似滚边一样，深绿色，背面淡褐红色。聚伞花序，花杯状，黄绿色至绿褐色。花期秋冬季。为夏型种。

贵青玉▶
（*Euphorbia meloformis*）

　　多年生肉质植物。原产于南非。株高10～15cm，冠幅10～12cm。植株根部形似胡萝卜。茎圆球形至矮圆筒形，具宽8棱，绿色或灰绿色，有灰白色和绿色的条纹，棱边有褐色小钝齿。雌雄异株，雌体球体扁，雄株较高。顶生聚伞花序，径4～5cm，小花杯状，黄色，花后叉状花梗有时宿存。花期夏季。为夏型种。

贵青玉

晃玉

◀晃玉
（*Euphorbia obesa*）

　　又名布纹球、阿贝莎、贵宝玉。多年生肉质植物。原产于南非。植株圆球状。株高10～15cm，冠幅10～12cm。茎圆球形至矮圆筒形，具宽8棱，绿色，有红褐色横向条纹，棱边有褐色小钝齿。雌雄异株，雌体球体扁，雄株较高。顶生聚伞花序，径4～6cm，小花杯状，黄色。花期夏季。为夏型种。

膨珊瑚▶

（*Euphorbia oncoclada*）

灌木状肉质植物。株高2～5m，冠幅20～40cm。植株主干不高，分枝多，圆柱形，肉质，直立似铅笔，绿色至深绿色。叶互生，长圆状线形，常生于当年的嫩枝上，稀疏而很快脱落。聚伞花序，苞片杯状，花小，黄白色。花期夏季。为夏型种。

膨珊瑚

晃玉缀化

▲晃玉缀化

（*Euphorbia obesa* 'Cristata'）

又名布纹球缀化、贵宝玉冠，为晃玉的缀化品种。多年生肉质植物。植株呈冠状。株高10～15cm，冠幅10～12cm。茎扁化呈鸡冠状或山峦状，灰绿色，冠状顶端有一条红褐色棱沟。聚伞花序，小花杯状，黄色。花期夏季。为夏型种。

膨珊瑚缀化

◀膨珊瑚缀化

（*Euphorbia oncoclada* 'Cristata'）

为膨珊瑚的缀化品种。灌木状肉质植物。株高20～30cm，冠幅20～30cm。植株茎干扁化呈鸡冠状，肉质，绿色至深绿色。在鸡冠状的茎块中往往返祖出现圆柱状似铅笔的直立茎干。聚伞花序，苞片杯状，花小，黄白色。花期夏季。为夏型种。

鱼鳞大戟 ▶

（*Euphorbia piscidermis*）

又名鱼皮大戟。多年生肉质植物。原产于南非。形似仙人球。株高5～10cm，冠幅4～8cm。无叶，茎球形或扁球形，后长成圆柱形，肉质，分布着螺旋排列的鱼鳞状棱，银灰色或银白色，无刺，形似鱼鳞。聚伞花序，花杯状，黄绿色。花期秋季。为夏型种。为世界二级保护植物。

飞龙

鱼鳞大戟

▲飞龙

（*Euphorbia stellata*）

又名星状大戟、飞龙大戟。多年生肉质植物。原产于南非。茎基膨大呈块根状。株高10～15cm，冠幅5～7cm。茎基膨大呈圆球形或圆筒形，表皮白色或灰褐色，顶端生出若干片状分枝茎，茎片上有"人"字形斑纹，棱脊生有对生红褐色短刺。聚伞花序，花杯状，黄色。花期夏季。为夏型种。

◀银角珊瑚锦

（*Euphorbia stenoclada* 'Variega-ta'）

又名银角麒麟锦。灌木状肉质植物。原产于马达加斯加。株高1～1.2m，冠幅30～50cm。茎直立，分枝多，呈羽状复叶状，先端尖，质硬，深绿色，带银白色花纹。聚伞花序，花杯状，黄绿色。花期夏季。为夏型种。

银角珊瑚锦

螺旋麒麟 ▶

（*Euphorbia tortirama*）

多年生灌木状肉质植物。原产于非洲南部。株高10～15cm，冠幅20～25cm。植株有肥大的肉质根茎。主茎有分枝，细长，圆柱状，以顺时针方向或逆时针方向螺旋状生长，茎面绿色或蓝绿色，棱缘波浪形，生有尖刺1对，红褐色。花着生于分枝顶端，花小，黄色。花期夏季。为夏型种。

螺旋麒麟

琉璃晃缀化

▲ 琉璃晃缀化

（*Euphorbia susannae* ‘Cristata’）

又名琉璃光缀化，为琉璃晃的缀化品种。多年生肉质植物。株高8～10cm，冠幅15～20cm。茎扁化呈鸡冠状或山峦状，有时也能从茎基萌发球状植株，冠状顶端有一条由锥状疣突构成的浅沟，有时从冠体上出现数条似刺的超长的疣突。聚伞花序，花杯状，黄绿色。花期夏季。为夏型种。

巴西龙骨缀化

◀ 巴西龙骨缀化

（*Euphorbia trigona* ‘Cristata’）

又名巴西龙骨冠，为巴西龙骨的缀化品种。灌木状肉质植物。株高20～30cm，冠幅20～30cm。茎柱状，直立，三角形，肉质，多分枝，由于扁化形成不规则的冠状，棱脊薄，呈波曲状，齿状刺生于棱峰，褐色。表皮浅绿色或黄绿色，有不规则白色晕纹。叶卵圆形，深绿色，早脱落。聚伞花序，花杯状，白色。花期夏季。为夏型种。

▼圆锥大戟

（*Euphorbia turbiniformis*）

又名圆锥麒麟。原产于埃塞俄比亚、索马里。多年生肉质植物。球体似仙人球。株高2～4cm，冠幅3～6cm。无叶，茎单生，扁球形或陀螺形，肉质，浅灰绿色，球顶面具网状肉疣，侧面呈龟甲花纹。聚伞花序，花杯状，黄绿色。花期秋季。为夏型种。

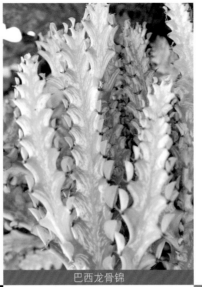
巴西龙骨锦

▼维戈大戟

（*Euphorbia viguieri* var. *capuroniana*）

多年生肉质植物。原产于南非。株高8～10cm，冠幅3～5cm。茎短圆筒形，茎具6～8棱，深绿色。棱缘长出锥状疣突，似长刺，黄褐色或灰褐色，长3～5cm，非常特殊。聚伞花序，花杯状，黄绿色。花期夏季。为夏型种。

圆锥大戟

▲巴西龙骨锦

（*Euphorbia trigona* 'Varie-gata'）

又名三角大戟锦，为巴西龙骨的斑锦品种。灌木状肉质植物。株高1～1.2m，冠幅25～30cm。茎柱状，直立，三角形，肉质，多分枝。棱脊薄，呈波曲状；齿状刺生于棱峰，褐色。表皮浅绿色或黄绿色，有不规则白色晕纹。叶卵圆形，深绿色，早脱落。聚伞花序，花杯状，白色。花期夏季。为夏型种。

维戈大戟

硬枝麒麟

◀硬枝麒麟

（*Euphorbia xylophylloides*）

又名硬叶麒麟。多年生灌木状肉质植物。原产于马达加斯加。株高1～1.5m，冠幅30～40cm。植株茎部分枝多，直立或斜出，坚硬，肉质，绿色至深绿色，分枝茎为狭长扁条形，似"叶"，长10～15cm，宽1～1.2cm，在条形叶状茎的顶端和两侧长有浅褐色刺座。叶片着生在刺座上，2片卵圆形小叶，浅绿色，常早期脱落。聚伞花序，苞片杯状，花小，黄绿色。花期夏季。为夏型种。

（2）麻风树属（Jatropha）

本属约有170种。为肉质的多年生草本和常绿灌木，也有小乔木。主要分布于南非、马达加斯加、北美热带、中美、南美和西印度群岛的干旱或半潮湿地区。许多种类是十分肉质化的，常形成茎基；另外一些种类是有块茎根状茎的多肉植物。叶片掌状深裂或全裂，叶柄长，绿色。聚伞花序，白天开花，花小，红色。喜高温、干燥和阳光充足环境。不耐寒，耐半阴和干旱，怕水湿。宜肥沃、疏松和排水良好的沙质壤土。冬季温度不低于10℃。高温强光时适当遮阳。春夏季充分浇水，每月施肥1次，秋、冬季保持干燥。春季或夏季播种，发芽温度24℃。盆栽点缀客厅、宾馆可呈现出节日欢庆的气氛。

▼锦珊瑚
（Jatropha berlandieri）

茎干状多肉植物。原产于墨西哥、美国。株高25～40cm，冠幅20～25cm。茎基膨大呈球形，表皮黄褐色或灰褐色，比较粗糙，生长期从茎干顶端抽出黄绿色嫩枝，枝上互生7～15枚深裂掌状叶，小叶6枚，叶柄长，淡绿色，被白粉。雌雄同株，聚伞花序，长10～15cm，花小，苞片红色。花期夏季。为夏型种。

棉叶麻风树

▼麻风树
（Jatropha curcas）

又名珊瑚油桐、佛肚树。多年生肉质灌木。原产于中美洲、西印度群岛。株高40～50cm，冠幅20～25cm。茎部上细下粗形似酒瓶，茎皮灰色，常脱落。叶片掌状盾形，3～5裂，全缘，平滑，绿色，被蜡质白粉。聚伞花序顶生，花鲜红至珊瑚红色，花径1cm。花期夏季。为夏型种。

▲棉叶麻风树
（Jatropha gossypifolia）

又名红叶麻风树、棉叶珊瑚花。落叶肉质灌木。原产于美洲热带地区。株高1～1.5m，冠幅1～1.2m。茎干粗壮，有分枝，茎皮褐红色。叶片掌状，3～5深裂，紫红色渐变为褐红色。聚伞花序顶生，花红褐色。花期夏季。为夏型种。

锦珊瑚

麻风树

（3）翡翠塔属（*Monadenium*）

本属约有150种。有灌木、乔木或蔓性植物，雌雄同株的多年生肉质植物。主要分布于东非热带、安哥拉、纳米比亚、南非和津巴布韦的低地和高海拔地区。有些种类在地下有一个粗壮块茎或茎基，可作一年生栽培，其余种类全年保留肉质茎。肉质或鳞片状的叶片很快脱落，花小，杯状苞片黄绿色或总苞橙褐色。花期夏季。喜温暖、干燥和阳光充足环境。不耐寒，耐半阴和干旱，怕水湿。生长适温18～24℃，冬季温度不低于18℃。宜肥沃、疏松和排水良好的沙质壤土。春、夏季充分浇水，每月施低氮素肥1次，秋、冬季保持干燥。春季播种，发芽温度19～24℃。春季或夏季用顶茎或叶片扦插繁殖。盆栽点缀客厅、书房或窗台，显得清雅别致。

人参大戟

将军阁锦

▲人参大戟

（*Monadenium neorubella*）

茎干状多肉植物。原产于坦桑尼亚。株高40～50cm，冠幅20～25cm。茎细柱状，分枝横斜生长，表皮淡绿色，有灰白色纵条纹。茎基膨大呈球状或地瓜状，表皮灰白色至淡黄褐色。叶片椭圆形，肉质，青绿色带紫晕，长2.5～4.5cm。苞片杯状，花小，粉红色。花期夏季。为夏型种。

▲将军阁锦

（*Monadenium ritchiei* 'Variegata'）

又名里氏翡翠塔锦，为将军阁的斑锦品种。多年生肉质植物。株高20～30cm，冠幅15～25cm。茎圆筒状，基部多分枝，茎面布满菱形小瘤突，表皮红色。叶片椭圆形或倒卵形，淡绿色，长9cm，着生瘤突顶端，常早脱落。总苞黄绿色，苞片杯状，花黄色或橙褐色。花期夏季。为夏型种。

将军阁▶

（*Monadenium ritchiei*）

　　又名里氏翡翠塔。多年生肉质植物。原产于肯尼亚、埃塞俄比亚。株高40～60cm，冠幅30～45cm。茎圆筒状，基部多分枝，茎面布满菱形小瘤突，表皮绿色。叶片椭圆形或倒卵形，淡绿色，长9cm，着生瘤突顶端，常早脱落。总苞黄绿色，苞片杯状，花黄色或橙褐色。花期夏季。为夏型种。

将军阁

（4）白雀珊瑚属（*Pedilanthus*）

　　本属约有14种，多为灌木状肉质植物。主要分布于墨西哥、美洲中部和南部、西印度群岛和美国。许多种类从根部开始分枝，呈丛生状。叶片卵圆形，由窄至宽，浅绿色至中绿色，有的具白色斑纹，通常落叶。聚伞花序顶生或腋生，花杯状，夏季开花。喜温暖、干燥和阳光充足环境。不耐寒，耐半阴和干旱，忌水湿和强光。生长适温16～28℃，冬季温度不低于10℃，5℃以下叶片枯萎脱落。宜肥沃、疏松和排水良好的沙质壤土。春夏茎叶生长迅速，盆土保持湿润，冬季落叶后，要控制浇水，盆土保持稍干燥。用腐熟饼肥水，每半月施肥1次。初夏取顶端嫩枝扦插。盆栽装饰厅堂、客室或置于案头、几架，绿枝青翠，十分悦目。在南方，丛栽于花槽或建筑物旁，叶绿花红，十分醒目。

斑叶红雀珊瑚

◀斑叶红雀珊瑚

（*Pedilanthus tithymaloides* 'Varie-gata'）

　　为红雀珊瑚的斑叶品种。多年生肉质灌木。株高80～100cm，冠幅30～45cm。叶椭圆形，长2.5～8cm，两侧互生，绿色，具白色或粉红色斑纹。花小，粉红色。花期冬季。为夏型种。

龙凤木锦▶

（*Pedilanthus tithymaloides* 'Nanus Variegata'）

又名青龙锦、蜈蚣珊瑚锦，为龙凤木的斑叶品种。多年生肉质植物。株高40～60cm，冠幅30～40m。茎直立，细圆棒状，分枝群生，肉质，深绿色。叶狭椭圆形，排列紧密，深绿色，镶嵌白色斑纹。花小，粉红色。花期冬季。为夏型种。

龙凤木锦

9. 百合科（Liliaceae）

本科约有250属3700种，是个庞大家族。多肉植物集中在其中14个属，而栽培最多的是芦荟属（*Aloe*）、沙鱼掌属（*Gasteria*）和十二卷属（*Haworthia*）。百合科是多肉植物中最重要的科之一。主要原产于温带和亚热带地区。有草本和灌木。叶基生、互生或轮生。具根状茎、鳞茎、球茎或块茎。

（1）芦荟属（*Aloe*）

本属约有300种。莲座状叶丛，有刺。多为常绿多年生草本，有些种类是灌木状或攀援植物，少数为乔木状。原产于佛得角群岛、南非、阿拉伯半岛、马达加斯加等地区的不同海拔地区。大多数种类有肉质的叶片。总状花序或圆锥花序，顶生或腋生，花有圆筒状、三角状、筒状或钟状，花有红色、黄色、绿色或橘黄色，花期夏季。喜温暖、干燥和阳光充足环境。不耐寒，耐干旱和半阴，忌强光和水湿。宜肥沃、疏松和排水良好的沙质壤土。生长适温为10～25℃，冬季温度不低于10℃。全年适度浇水，休眠期控制浇水。生长季节每2～3周施肥1次。种子成熟后即播，发芽温度19～21℃。春末或初夏分株繁殖。盆栽摆放窗台、门庭或客厅，翠绿清秀，挺拔秀丽，使居室环境更添幽雅气息。

八宏殿

◀八宏殿

（*Aloe arborescens* 'Variegata'）

为木立芦荟的斑锦品种。植株乔木状。株高2～4m，冠幅1～2m。分枝多。叶剑状，肉质，蓝绿色，镶嵌不规则纵长的黄白色条纹，长50～60cm，叶缘有排列整齐的肉质刺。总状花序顶生，长30cm，花筒状，橙红色，长4cm。花期春末至初夏。为夏型种。

绫锦

◀ 绫锦
（*Aloe aristata*）

  多年生肉质草本。原产于南非。株高19～12cm，冠幅20～30cm。叶片披针形，肉质，叶上有小白色斑点和白色软刺，叶缘具细锯齿，深绿色，长8～10cm，呈莲座状排列。圆锥花序顶生，长50cm，花筒状，橙红色，长4cm。花期秋季。为夏型种。

龙山 ▶
（*Aloe brevifolia*）

  又名短叶芦荟。多年生肉质植物。原产于南非。株高10～12cm，冠幅不限定。植株茎短，不明显。叶片密生，三角状披针形，叶向内弯曲，肉质，灰绿色。叶缘有肉齿。总状花序，长40～50cm，花筒状，红色。花期秋季。为夏型种。

龙山

龙山锦

◀ 龙山锦
（*Aloe brevifolia* 'Variegata'）

  又名短叶芦荟锦，为龙山的斑锦品种。多年生肉质植物。株高10～12cm，冠幅不限定。植株茎短，不明显。叶片密生，三角状披针形，叶向内弯曲，肉质，灰绿色。镶嵌黄色纵条纹，叶缘有肉齿。总状花序，长40～50cm，花筒状，红色。花期秋季。为夏型种。

美国芦荟

◀美国芦荟
（*Aloe christmas* 'Carol'）

又名圣诞芦荟、超级芦荟、圣诞之歌。多年生肉质植物。株高10～15cm，冠幅20～25cm。植株无茎。叶片狭长三角形，呈莲座状排列，叶面、叶背和叶缘都有齿状凸起尖刺，亮绿色或灰绿色，阳光充足和温差大时叶片上的齿状凸起渐变为橙红色至深红色，叶面为褐绿色。总状花序，花筒状，粉红色。花期夏季。为春秋型种。

▼棒花芦荟
（*Aloe claviflora* 'Burch'）

多年生肉质草本。原产于南非。株高30～40cm，冠幅1～2m。植株无茎，群生。叶片线状披针形，正面蓝色，背面圆凸，上半部有1～2个龙骨突，每个龙骨突有4～6个褐色短齿，叶缘有短齿，灰或白色。总状花序，花筒状，黄色。花期夏季。为夏型种。

大肚芦荟

▼二歧芦荟
（*Aloe dichotoma*）

又名龙树芦荟、箭筒树。多年生肉质植物。原产于南非、纳米比亚。株高50～60cm，冠幅50～60cm。基部分枝，二歧分叉。叶线状披针形，厚实，长15～25cm，蓝绿色。叶缘与背面散生白色肉齿。总状花序，花筒状，黄色或粉色。花期夏季。为夏型种。

棒花芦荟

▲大肚芦荟
（*Aloe crassicaulis*）

又名粗茎芦荟。多年生肉质植物。原产于南非。株高1.5～2m，冠幅30～40cm。植株大型，茎部直立，粗壮，中部逐渐凸起，茎皮白色，形似"大肚皮"。叶片簇生于茎顶，直立或近于直立，长三角形或狭披针形，叶片较长，先端渐尖，基部宽阔，深绿色，叶缘有刺状小齿。总状花序，花筒状，红色。花期秋季。为夏型种。

二歧芦荟

福斯特芦荟▶

（*Aloe fosteri*）

　　又名夏丽锦芦荟，多年生肉质植物。原产于南非。株高 60 ～ 70cm，冠幅 50 ～ 60cm。植株中型。叶片剑形，向外平伸展，呈莲座状排列，叶面深绿色，叶缘有小齿。圆锥花序，长 30 ～ 50cm，花小，密集，红色。花期夏季。为夏型种。

白雪芦荟

福斯特芦荟

▲白雪芦荟

（*Aloe dorian* 'Snow White'）

　　为多利安芦荟的栽培品种。多年生肉质植物。株高 8 ～ 10cm，冠幅 10 ～ 15cm。植株小型。茎短，不明显。叶片三角披针形，肉质，呈莲座状排列，叶面向内凹，浅蓝绿色，叶缘和叶面有密集的白色斑点，温差大时叶缘渐变为粉红色。总状花序，花筒状，黄色。花期夏季。为夏型种。

第可芦荟

◀第可芦荟

（*Aloe descoingsii*）

　　多年生肉质草本。原产于马达加斯加。株高 4 ～ 5cm，冠幅 6 ～ 8cm。叶三角形至尖的卵圆形，呈莲座状排列，肉质，暗绿色，长 3 ～ 4cm，叶面密布白色小疣点，叶缘具白齿。总状花序，花小，钟状，浅橙黄色。花期夏季。为夏型种。

黑魔殿

◀黑魔殿
（*Aloe erinacea*）

多年生肉质植物。原产于纳米比亚。株高15～20cm，冠幅20～30cm。叶片三角披针形，长10～16cm，灰绿色，呈放射状排列，顶端有黑刺，叶背龙骨凸处有6～8枚黑色肉齿，叶缘有密集的灰白色肉齿。总状花序，花筒状，白色或红色。花期夏季。为春秋型种。

好望角芦荟▶
（*Aloe ferox*）

又名青鳄芦荟、开普芦荟。多年生肉质植物。原产于南非。株高2～3m，冠幅1～1.5m。叶片宽大肥厚，披针形，呈莲座状排列，叶片暗绿色，长1m。有时叶尖红色，叶面很少有毛和刺，叶背具刺，叶缘具红色粗齿。圆锥花序，长30～80cm，花小，密集，橙黄色或橙红色。花期夏季。为夏型种。

好望角芦荟

粉绿芦荟

◀粉绿芦荟
（*Aloe glauca*）

又称蓝芦荟，多年生肉质植物。原产于南非。株高50～60m，冠幅40～50cm。植株无茎。叶片长三角形，基部宽厚，顶部尖锐，粉绿色，叶缘具褐色齿状刺，叶背顶端部有刺。圆锥花序粗壮，长30～40cm，花筒状，橙红色。花期夏季。为夏型种。

翡翠殿▶
（*Aloe juvenna*）

多年生肉质草本。原产于南非。株高30～40cm，冠幅15～20cm。叶片卵状三角形，嫩绿色至黄绿色，旋列于茎顶，呈轮状，两面具白色斑纹，叶缘有白色缘齿。总状花序顶生，长20～25cm，花小，粉红色或橙红色，带绿尖。花期夏季。为夏型种。

帝王锦

翡翠殿

▲帝王锦
（*Aloe humilis*）

又名矮小芦荟、蜘蛛芦荟、木锉芦荟。多年生肉质植物。原产于南非。株高8～10cm，冠幅不限定。植株茎短，不明显。叶片呈三角披针形，直立，内弯，呈密集丛生状，灰绿色至灰黄色，叶顶端尖锐，叶背龙骨突处有白色或黄色肉齿，叶缘有密集的灰白色肉齿。总状花序，花小，筒状，红色或橙红色。花期秋季。为夏型种。

琉璃姬孔雀

◀琉璃姬孔雀
（*Aloe haworthioides*）

又名羽生锦、毛兰。多年生肉质植物。原产于马达加斯加。株高6～8cm，冠幅10～12cm。植株无茎，具吸根。叶片披针形，呈莲座状排列，肉质，灰绿色至褐绿色，长3～6cm，在干燥条件下叶渐变为红色，每个叶片有一个顶端刺和白色的边缘齿状物。总状花序顶生，长30cm，花筒状，橙色，长1cm。花期夏季。为春秋型种。

鬼切芦荟

◀鬼切芦荟

（*Aloe marlothii*）

又名马洛夫芦荟、山地芦荟。树状肉质植物。原产于博茨瓦纳、南非。植株大型，茎部粗壮。株高 2～4m，冠幅 1～1.5m。叶片宽披针形，呈莲座状排列，肉质，中绿色或灰绿色，长 1m，叶片和叶缘有红褐色刺状齿。圆锥花序，长 80cm，花筒状，橙黄色至橙红色，长 3cm。花期夏季。为夏型种。

不夜城

▲不夜城

（*Aloe mitriformis*）

又名大翠盘、不夜城芦荟、高尚芦荟。多年生肉质植物。原产于南非。株高 1～2m，冠幅不限定。茎短而粗壮，直立或匍匐。莲座状叶丛。叶片披针形或卵圆披针形，呈莲座状排列，肥厚，浅蓝绿色，叶缘四周长有白色的肉齿。总状花序，花筒状，橙红色或深红色。花期冬末至早春。为夏型种。

不夜城锦

◀不夜城锦

（*Aloe mitriformis* 'Variegata'）

为不夜城的斑锦品种。多年生肉质植物。株高 1～2m，冠幅不限定。茎粗壮，直立或匍匐。叶片披针形或卵圆披针形，肉质，淡蓝绿色，镶嵌着不规则黄色纵条纹，叶缘及叶背生有肉质齿状物，呈莲座状排列。总状花序，花筒状，橙红色至深红色。花期冬末至早春。为夏型种。

千代田锦▶

（*Aloe variegata*）

又名翠花掌。多年生肉质植物。原产于南非。株高15～20cm，冠幅15～20cm。叶片披针形，肉质，呈莲座状排列，深绿色，具不规则银白色斑纹，长12cm，表面下凹呈"V"字形，叶缘密生细小齿状物。总状花序，长30cm，花筒状，下垂，粉红色或鲜红色，长3～4.5cm。花期夏季。

千代田锦

皂芦荟

▲皂芦荟

（*Aloe saponaria*）

又名皂质芦荟。多年生肉质植物。原产于南非。株高50～70cm，冠幅不限定。植株无茎或茎短，叶簇生于基部，呈螺旋状排列，半直立或平行状。叶片宽平扁薄，绿色，镶嵌白色斑纹，其叶汁似肥皂水，搅动会起泡。总状花序顶生，长20～30cm，花筒状，花红色或黄色。花期夏季。

雪花芦荟

◀雪花芦荟

（*Aloe rauhii* 'Snow Flake'）

为劳氏芦荟的栽培品种。多年生肉质植物。株高10～15cm，冠幅20～25cm。植株无茎。叶片三角披针形，长8～10cm，宽2～3cm，呈莲座状排列，叶面亮绿色，几乎通体布满白色斑纹。总状花序顶生，长30cm，花筒状，粉红色，长2.5cm。花期夏季。为夏型种。

珊瑚芦荟▶

（*Aloe striata*）

又名银芳锦芦荟。多年生肉质植物。原产于南非。株高 1 ～ 1.2m，冠幅 70 ～ 85cm。叶片披针形，肉质，深红绿色，平行脉明显，叶缘粉红色，长 45cm，呈莲座状排列。圆锥花序，顶生，长 1m，花筒状，橙红色，长 2.5cm。花期夏季。为夏型种。

珊瑚芦荟

（2）苍角殿属（*Bowiea*）

本属喜凉爽、干燥和阳光充足的环境。不耐寒，生长适温为 13 ～ 25℃。冬季温度不低于 10℃。生长季节每 10 天浇水 1 次，前后施肥 2 次，以低氮素肥为好。避免强光暴晒，夏季午间适当遮阳，冬季控制浇水，保持盆土干燥。每隔 2 年在春季换盆 1 次。早春播种，发芽适温 21 ～ 22℃，也可在春季换盆时进行鳞茎分球繁殖。

大苍角殿

◀大苍角殿

（*Bowiea volubilis*）

多年生肉质植物。原产于南非和东非。株高 1 ～ 2m，冠幅 45 ～ 60cm。鳞茎大，球状，有鳞片，表面淡绿色至淡棕色，直径 10 ～ 20cm，常部分埋入土中。茎顶簇生细长蔓枝，多分枝，绿色。叶退化成线形，绿色，早落。顶生圆锥花序，花小，星状，淡绿白色，径 8mm。花期夏季。为夏型种。

（3）沙鱼掌属（*Gasteria*）

本属有50～80种。无茎或非常短的茎，多年生肉质植物。常群生状。原产于纳米比亚、南非的低地或山坡地。通常作观花和观叶栽培，叶片坚硬，深绿或淡灰绿，有时稍微带红色，有白色小疣点，叶片舌状，两侧互生横向排列，也有呈莲座状的。总状花序或圆锥花序，花筒状，基部膨大，有橙色或浅红色，顶部绿色。喜温暖、干燥和阳光充足环境。不耐寒，耐干旱和半阴，怕水湿和强光。宜肥沃、疏松和排水良好的沙质壤土。生长适温为10～25℃，冬季温度不低于7℃。4～9月份的生长期适度浇水，每4～5周施低氮素肥1次，休眠期保持干燥。春季或夏季播种，发芽温度19～24℃。生长季节分株或叶片扦插繁殖。盆栽点缀窗台、案头或博古架，古色古香，带有浓厚的乡土气息。

卧牛

▲卧牛

（*Gasteria armstrongii*）

又名厚舌草。多年生肉质草本。原产于南非、纳米比亚。株高3～5cm，冠幅10～15cm。无茎或短茎。叶片舌状，肥厚，坚硬，呈两列叠生，叶面墨绿色，粗糙，被白色小疣点，先端急尖，叶缘角质化，长3～7cm，宽3～4cm，厚1cm。总状花序，高20～30cm，花小，筒状，上绿下红，下垂。花期春末至夏季。为夏型种。

卧牛石化

▲卧牛石化
（*Gasteria armstrongii* 'Monstrosus'）

为卧牛的石化品种。多年生肉质草本。株高
10～15cm，冠幅10～15cm。叶片舌状，肥厚坚硬，
呈不规则叠生，叶面深绿色，新叶被白色小疣，成熟
叶较光滑。总状花序，花小，筒状，上绿下红。花期
春末至夏季。为夏型种。

碧琉璃卧牛

▲碧琉璃卧牛
（*Gasteria armstrongii* 'Nudum'）

为卧牛的栽培品种。多年生肉质草本。株高
3～5cm，冠幅10～15cm。植株无茎。叶片舌状，
肥厚，坚硬，呈两列叠生，叶面向两侧弯曲生长。
叶面深绿色，无斑点。总状花序，花小，筒状，
上绿下红。花期春末至夏季。为夏型种。

碧琉璃卧牛锦

▲碧琉璃卧牛锦
（*Gasteria armstrongii* 'Nudum Variegata'）

为碧琉璃卧牛的斑锦品种。多年生肉质草本。株
高3～5cm，冠幅10～15cm。植株无茎。叶片舌
状，肉质坚硬，呈两列叠生，叶端向两边弯曲。叶面
光滑，黄色，镶嵌墨绿色条纹。总状花序，花小，筒
状，上绿下红。花期春末至夏季。为夏型种。

青皮卧牛

▲青皮卧牛
（*Gasteria armstrongii* 'Qingpi'）

为卧牛的栽培品种。多年生肉质草本。株高
3～4cm，冠幅8～12cm。植株矮小，无茎。叶
片舌状，直立或弯曲，肥厚坚硬，呈两列叠生，
叶面青绿色，有黑色纹路。总状花序，花小，筒
状，上绿下橙。花期春末至夏季。为夏型种。

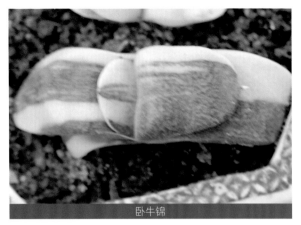

卧牛锦

背棱春莺啭

▲卧牛锦

（*Gasteria armstrongii* 'Variegata'）

为卧牛的斑锦品种。多年生肉质草本。株高
3 ～ 4cm，冠幅 8 ～ 12cm。无茎或短茎。叶片舌状，
肥厚坚硬，先端急尖，呈两列叠生，叶面深绿色，散
生着白色小疣点，镶嵌有纵向黄色条纹，长 3 ～ 5cm，
宽 3 ～ 5cm，厚 1cm。总状花序，高 20 ～ 30cm，花小，
筒状，上绿色下橙色。花期春末至夏季。为夏型种。

▲背棱春莺啭

（*Gasteria batesiana* 'Carinata'）

为春莺啭的栽培品种。多年生肉质草本。株
高 10 ～ 15cm，冠幅 20 ～ 30cm。叶片线状披针
形，肉质，初为两列对生，成年株渐变为螺旋状
排列，呈松散的莲座状排列，叶面隆起呈拱形，
叶背平展，先端稍下弯，墨绿色，密布细小黄绿
色疣突。总状花序，花小，筒状，浅红色。花期
春末至夏季。为夏型种。

春莺啭锦

王妃卧牛龙

▲春莺啭锦

（*Gasteria batesiana* 'Variegata'）

为春莺啭的斑锦品种。多年生肉质草本。株高
10 ～ 15cm，冠幅 20 ～ 30cm。叶片线状披针形，肉
质，初为两列对生，成年株渐变为螺旋状排列，呈松
散的莲座状排列，叶面深灰绿色或暗绿色，有黄绿色
纵条纹和密布细小白色疣突。总状花序，花小，筒
状，浅红色。花期春末至夏季。为夏型种。

▲王妃卧牛龙

（*Gasteria carinata* 'Compacta'）

又名王妃牛舌头，为卧牛龙的栽培品
种。多年生肉质草本。株高 10 ～ 12cm，冠幅
15 ～ 20cm。植株无茎，叶片三角状披针形，肉
质肥厚，坚硬，叶面向内凹，叶背拱起，有小叶
尖，叶浅灰绿色至深绿色，有光泽，无疣点。总
状花序，花小，筒状，浅橙红色。花期春末至夏
季。为夏型种。

青龙刀

美玲子宝

▲青龙刀
（*Gasteria disticha*）

多年生肉质草本。原产于南非、纳米比亚。株高7～10cm，冠幅10～15cm。植株无茎，叶片匙形，有浅凹槽，绿色，被白色斑点，对生，叶端圆尖，新叶斜向伸展，老叶平展。总状花序，花小，筒状，长1.5cm，橙绿色。花期春末至夏季。

▲美玲子宝
（*Gasteria gracilis* 'Albivariegata'）

为虎之卷的斑锦品种。多年生肉质草本。株高10～15cm，冠幅15～20cm。叶片舌状，两侧互生，椭圆尖头，叶面布满白色斑点，镶嵌着白色纵向条纹，长8～10cm，宽3～4cm，厚1～1.2cm。总状花序，长25～30cm，花小，管状，橙红色。花期春末至夏季。为春秋型种。

奶油子宝

象牙子宝

▲奶油子宝
（*Gasteria gracilis* var. *minima* 'Cream Variegata'）

为虎之卷的斑锦品种。多年生肉质草本。株高10～15cm，冠幅15～20cm。叶片舌状，两侧互生，叶表面有深黄色斑纹。总状花序，长20～25cm，花小，管状，橙红色。花期春末至夏季。为春秋型种。

▲象牙子宝
（*Gasteria gracilis* var. *minima* 'Ivory Variegata'）

多年生肉质草本。株高10～15cm，冠幅15～20cm。植株无茎，易群生，叶片舌状，肉质厚实，呈二列生长，叶直立或平行生长，叶面绿色，布满不规则的白色纵条纹。总状花序，长25～30cm，花小，管状，橙红色。花期春末至夏季。为春秋型种。

锦纱子宝

子宝锦

▲锦纱子宝

（ *Gasteria gracilis* var. *minima* 'Jinsha Variegata' ）

为虎之卷的斑锦品种。多年生肉质草本。株高10～12cm，冠幅15～20cm。植株无茎，矮小，叶片舌状，呈二列生长，肉质肥厚，绿色，叶面布满不规则的白色或绿白色纵向斑纹，叶缘角质化。为春秋型种。

▲子宝锦

（ *Gasteria gracilis* var. *minima* 'Variegata' ）

为子宝的斑锦品种。多年生肉质草本。株高3～4cm，冠幅12～15cm。植株常群生。叶片短舌状，肥厚，肉质，呈不规则轮状，叶面深绿色，布满白色疣点，镶嵌纵向黄色条斑，长6～9cm，宽3～4cm，厚5～6mm。总状花序，长20～25cm，花小，管状，橙红色。花期春末至夏季。为春秋型种。

虎之卷锦

巨象

▲虎之卷锦

（ *Gasteria gracilis* Bak. 'Variegata' ）

为虎之卷的斑锦品种。多年生肉质草本。株高10～15cm，冠幅20～30cm。叶片舌状，两侧互生，叶面深绿色，布满白色小疣点，镶嵌纵向黄色条纹，长10～15cm，宽3～4cm，厚6～7mm。总状花序，长25～30cm，花小，管状，橙红色。花期春末至夏季。为春秋型种。

▲巨象

（ *Gasteria pillansii* ）

又名恐龙卧牛。多年生肉质草本。原产于南非。株高3～5cm，冠幅10～15cm。无茎或短茎。叶片舌状，宽厚，坚硬，呈两列叠生，叶面深绿色至墨绿色，散生白色小疣点，叶端凹，先端急尖，叶缘角质化。总状花序，花小，筒状，上绿下红。花期春末至夏季。为春秋型种。

短叶巨象

爱勒巨象

▲短叶巨象

（*Gasteria pillansii* var. *brevifolia*）

多年生肉质草本。原产于南非。株高8～10cm，冠幅15～20cm。植株无茎，易群生，叶片舌状，椭圆头尖，肉质肥厚，呈两列生长，叶面直立或向两侧平展。叶面墨绿色，叶面布满白色或深色斑点。总状花序，花小，筒状，上绿下红。花期春末至夏季。为春秋型种。

▲爱勒巨象

（*Gasteria pillansii* var. *varnesti-ruschii*）

多年生肉质草本。株高8～10cm，冠幅15～20cm。植株无茎，易群生，叶片舌状，呈两列互生，叶面中央拱起，上部平展，宽阔肥厚，叶面深绿色，散生白色疣突。总状花序，花小，筒状，上绿下红。花期春末至夏季。为春秋型种。

比兰西卧牛锦

沙鱼掌

▲比兰西卧牛锦

（*Gasteria pillansii* 'Variegata'）

又名巨象锦，为恐龙卧牛的斑锦品种。多年生肉质草本。株高3～4cm，冠幅8～12cm。叶片舌状，宽厚坚硬，呈两列叠生，叶面深绿色，散生着白色小疣点，镶嵌有纵向黄色条纹，甚至整叶黄色。总状花序，花小，筒状，上绿色下橙色。花期春末至夏季。为夏型种。

▲沙鱼掌

（*Gasteria verrucosa*）

又名白星龙。多年生肉质草本。原产于南非。株高10～15cm，冠幅20～30cm。无茎或短茎，易群生。叶片二列三角线状披针形，肉质，坚硬，叶面有沟，叶背凸起，叶浅灰绿色，长10～15cm，先端渐尖，叶面粗糙，具白色乳状突起。总状花序，花小，筒状，浅橙红色。花期春末至夏季。为春秋型种。

（4）十二卷属（*Haworthia*）

　　本属超过150种。植株矮生，呈莲座状，无茎或稍有短茎的多年生肉质草本。原产于斯威士兰、莫桑比克和南非、纳米比亚的低地或山坡。植株通常群生，叶片呈线形至宽阔的卵圆或三角形，肉质，表皮具有不同颜色，常覆盖细小的疣点。总状花序，花小，筒状或漏斗状，白色。花期春末至夏季。喜温暖、干燥和半阴环境。不耐寒，怕高温和强光，不耐水湿。宜肥沃、疏松和排水良好的沙质壤土。生长适温为10～24℃，冬季温度不低于5℃。4～9月生长期适度浇水，每月施用低氮素肥1次，冬季保持干燥。春季播种，发芽温度21～24℃。春季或夏季取叶片扦插繁殖。盆栽点缀于书桌、茶几或博古架等室内半阴处，其似翡翠般的株形使居室环境更觉清新高雅。

毛牡丹

▲毛牡丹

（*Haworthia arachnoidea*）

　　又名钢丝球、蛛丝十二卷。多年生肉质草本，原产于南非。株高5～8cm，冠幅10～12cm。叶片长圆形至披针形，肉质较硬，长3～8cm，叶面深绿色，呈莲座状紧凑排列，叶缘和叶背密生白色的毛刺，在阳光充足的环境下叶尖带紫色，夏季休眠时叶片向内紧缩使植株呈球形。总状花序，花茎长20～25cm，花筒状至漏斗状，白色，长1.5cm。花期春季。为春秋型种。

白帝

◢白帝
（*Haworthia attenuata* 'Albovariegata'）

为松之雪的栽培品种。多年生肉质植物。株高 15～20cm，冠幅 10～15cm。植株有短茎，常群生。叶片剑形，肉质坚硬，叶面向内凹，叶背拱起，呈螺旋状排列，浅绿色至黄绿色，被密集的白色疣状突起，白色疣突呈横向条纹状排列。总状花序，花管状，白色。花期夏季。为春秋型种。

糊斑金城◢
（*Haworthia attenuate* Haw. 'Norifu Kiniyo'）

为松之雪的斑锦品种。多年生肉质植物。株高 8～10cm，冠幅 10～12cm。植株小型，常群生。叶片三角形，肉质，呈放射状排列，长 6～8cm，宽 1.5～2cm，叶面平整，叶背拱起，叶面深绿色，镶嵌淡绿、黄白色纵向条纹，背面密布白色小疣点。总状花序，长 30～40cm，花小，管状，白色。花期夏季。为冬型种。

糊斑金城

水牡丹

◢水牡丹
（*Haworthia arachnoidea* var. *setata*）

为毛牡丹的变种。多年生肉质草本，原产于南非。株高 5～7cm，冠幅 10～12cm。叶片长圆形至披针形，长 2～7cm，叶面淡绿色，具深色线状条纹，旋转生长，呈莲座状紧凑排列，叶缘密布白色的毛刺。总状花序，花茎长 25～30cm，花筒状至漏斗状，白色，长 1.5cm。花期春季。为春秋型种。

菊绘卷

◀菊绘卷
（*Haworthia marumiana* var. *batesiana*）

　　多年生肉质植物。原产于南非。株高8～10cm，冠幅10～15cm。叶片长三角形，肉质肥厚，淡绿色，长3～5cm。总状花序，长25～30cm，花小，管状，白色，有褐色中条。花期夏季。为春秋型种。

贝叶寿▶
（*Haworthia bayeri*）

　　又名克里克特寿、网纹寿、美纹寿。多年生肉质草本。株高5～6cm，冠幅15～20cm。植株无茎。叶片贝壳状，肉质，呈莲座状排列，叶面光滑，有很小的颗粒状突起，叶色深灰绿色，稍透明，有灰白色网纹状线条。总状花序，花筒形，灰白色，有深色纵条纹。花期冬末初春。为春秋型种。

贝叶寿

◀贝叶寿锦
（*Haworthia bayeri* 'Variegata'）

　　又名克里克特寿锦、网纹寿锦、美纹寿锦。多年生肉质草本。株高5～6cm，冠幅15～20cm。植株无茎。叶片贝壳状，肉质，呈莲座状排列，叶面光滑，有很小的颗粒状突起，叶色深灰绿色，镶嵌黄白色斑纹，稍透明，有灰白色网纹状线条。总状花序，花筒形，灰白色，有深色纵条纹。花期冬末初春。为春秋型种。

贝叶寿锦

古笛锦▶
（*Haworthia coarctata* ‘Variegata’）

为古笛的斑锦品种。多年生肉质草本。植株小型，易群生。株高6～8cm，冠幅10～15cm。茎部直立，基部分枝。叶片倒卵状三角形，中间凹，先端稍外卷，交叉上升，形状似莲座状，叶面墨绿色，镶嵌浅黄色、橙色，并布满细小疣点。总状花序，花筒状，白色。花期夏季。为春秋型种。

康平寿

古笛锦

▲康平寿
（*Haworthia emelyae* var. *comptoniana*）

又名康氏十二卷。多年生肉质植物。原产于南非。植株无茎，矮生。株高5～7cm，冠幅10～15cm。叶片卵圆三角形，肉质，肥厚饱满，深绿色或褐绿色，截面光滑，外倾，呈透明或半透明的"窗"（十二卷属植物中有许多品种的肉质叶片呈透明或半透明状，称之为"窗"。"窗"越透明，"窗"内纹理越清晰，说明品种越珍贵），窗面上有网格状脉纹和细小的白点，尖端有软刺，叶缘有细齿。总状花序，花小，管状，绿白色。花期夏季。为春秋型种。

大窗康平寿

◀大窗康平寿
（*Haworthia comptoniana* ‘Dachuang’）

为康平寿的栽培品种。多年生肉质草本。株高8～10cm，冠幅12～15cm。植株无茎，叶片从基部斜出，叶片肥厚，上半部三角形，窗面较大，不透明，深绿色，有浅色网格状脉纹，叶端尖锐，呈莲座状排列。总状花序，花筒状，白色。花期夏季。为春秋型种。

大久保寿锦

◀大久保寿锦
（*Haworthia comptoniana* 'Dajiubao Varie-gata'）

为大久保寿的斑锦品种。多年生肉质植物。植株无茎，矮生。株高5～8cm，冠幅10～14cm。叶片卵圆三角形，肉质，肥厚饱满，深绿色或褐绿色，镶嵌黄白色纵条纹，截面光滑，外倾，呈半透明的"窗"，窗面上有网格状脉纹和细小的白点，尖端有软刺，叶缘有细齿。总状花序，花小，筒状，绿白色。花期夏季。为春秋型种。

玉露▶
（*Haworthia cooperi*）

又名水晶掌多年生肉质植物。原产于南非。植株中小型，幼株单生，渐变群生。株高4～5cm，冠幅6～8cm。叶片舟形，肉质，亮绿色，先端肥大呈圆头状，透明，有绿色脉纹，叶尖有细小的白色"须"。总状花序，花筒状，白色，中肋绿色。花期夏季。为春秋型种。

玉露

钝叶玉露

◀钝叶玉露
（*Haworthia cooperi* var. *bluntifolia*）

为玉露的变种。多年生肉质草本。植株小型。株高4～5cm，冠幅8～10cm。幼株单生，渐变群生。叶片长匙形，肉质，排列成莲座状。叶长2～3cm，两边圆凸，绿色，顶端有细小的茸毛。总状花序，花筒状，白色。花期夏季。为春秋型种。

花水晶

◀花水晶
（*Haworthia cooperi* 'Crystal'）

　　为玉露的栽培品种。多年生肉质草本。植株小型。株高4～5cm，冠幅8～10cm。叶片长匙形，肉质，绿色，先端肥厚，有透明的"窗"，"窗"面深绿色，有白色和黄色纵向条纹，先端叶缘有细小茸毛。总状花序，花筒状，白色。花期夏季。为春秋型种。

帝玉露▶
（*Haworthia cooperi* var. *dielsiana*）

　　又名帝王玉露、狄氏玉露。多年生肉质植物。原产于南非。植株中小型。株高4～5cm，冠幅6～8cm。叶片舟形，肉质，翠绿色，先端肥大呈圆头状，叶窗不大，半透明，有数条深绿色脉纹，叶尖有细小的白色"须"，整个植株稍向中心合拢。总状花序，花筒状，白色，中肋绿色。花期夏季。为春秋型种。

帝玉露

巨窗冰灯

◀巨窗冰灯
（*Haworthia cooperi* 'Giant Window'）

　　为玉露的栽培品种。多年生肉质植物。植株中型。株高4～5cm，冠幅10～15cm。叶片舟形，肉质，亮绿色，先端肥大呈圆头状，窗面大而圆，透明，有紫色脉纹，叶尖有细小的白色"须"。总状花序，花筒状，白色，中肋绿色。花期夏季。为春秋型种。

黄金玉露

◀黄金玉露
（*Haworthia cooperi* 'Golden'）

为玉露的栽培种。多年生肉质草本。植株小型。株高4～5cm，冠幅6～9cm。幼株单生，渐变群生。叶片圆筒形，肉质肥厚，深绿色，先端半透明，有数条绿色脉纹，先端叶缘有细小茸毛。总状花序，花筒状，白色。花期夏季。为春秋型种。

裹纹冰灯▶
（*Haworthia cooperi* 'GuoWen'）

为玉露的栽培品种。多年生肉质植物。植株小型。株高4～5cm，冠幅8～10cm。叶片舟形，肉质，墨绿色，先端肥大呈圆头状，窗面透明，有明显的绿色脉纹，叶片顶端无毛刺。总状花序，花筒状，白色，中肋绿色。花期夏秋季。为中间型种。

裹纹冰灯

◀黑肌玉露
（*Haworthia cooperi* 'Heiji'）

为玉露的栽培品种。多年生肉质草本。植株小型。株高4～5cm，冠幅7～10cm。幼株单生，渐变群生。叶片舟形，排列紧凑，肉质，光滑，窗面透明，浅黑色，有数条深黑色脉纹，叶顶端有白色茸毛状须。总状花序，花筒状，白色，中肋绿色。花期夏季。为春秋型种。

黑肌玉露

红颜玉露▶
（*Haworthia cooperi* 'Hongyan'）

为玉露的栽培品种。多年生肉质草本。植株中型。株高4～5cm，冠幅8～10cm。叶片舟形，肉质，肥厚而短，浅绿色，先端肥大呈圆头三角状，半透明，叶背有红色脉纹，全株密生细小毛刺。总状花序，花筒状，白色，中肋绿色。花期夏季。为春秋型种。

红颜玉露

霓虹灯玉露锦

◀霓虹灯玉露锦
（*Haworthia cooperi* 'Neon Lamp Variegata'）

为玉露的栽培品种。多年生肉质草本。植株中小型。株高4～6cm，冠幅8～10cm。叶片舟形，肉质，浅绿色，先端肥大呈圆头状，透明，有绿色和红色脉纹，叶尖有细小的白色"须"。总状花序，花筒状，白色，中肋绿色。花期夏季。为春秋型种。

宫灯玉露▶
（*Haworthia cooperi* 'Palace Lantern'）

为玉露的栽培品种。多年生肉质草本。植株小型。株高4～5cm，冠幅6～8cm。幼株单生，渐变群生。叶片舟形，肉质，浅绿色，先端肥大呈圆头状，透明，有灰白色脉纹，叶缘有细小的白色茸毛。总状花序，花筒状，白色，中肋绿色。花期夏季。为春秋型种。

宫灯玉露

◀潘氏冰灯
（*Haworthia cooperi* 'Panshi'）

为玉露的栽培品种。多年生肉质植物。原产于南非。植株小型。株高4～5cm，冠幅6～8cm。叶片舟形，肉质，亮绿色，先端肥大呈圆头状，透明，有绿色脉纹，叶尖有细小的白色"须"。总状花序，花筒状，白色，中肋绿色。花期夏季。为春秋型种。

潘氏冰灯

樱水晶▶
（*Haworthia cooperi* var. *picturata*）

为玉露的变种。多年生肉质草本。原产于南非。植株中小型。株高4～6cm，冠幅8～10cm。叶片匙形，肉质，先端尖，叶缘和叶尖有白色细毛，叶面亮绿色，呈半透明状，有网格状脉纹。总状花序，花筒状，白色，中肋绿色。花期夏季。为春秋型种。

樱水晶

圆头玉露锦

◀圆头玉露锦
（*Haworthia cooperi* var. *pilifera* 'Variegata'）

为圆头玉露的斑锦品种。多年生肉质草本。植株大型。株高8～10cm，冠幅15～25cm。叶片舟形，肉质，亮绿色，先端肥大饱满呈圆头状，透明，有绿色脉纹，叶尖及边缘有细小的白色"须"。总状花序，花筒状，白色，中肋绿色。花期夏季。为春秋型种。

平头冰灯▶
（*Haworthia cooperi* 'Pingtou'）

为玉露的栽培品种。多年生肉质草本。植株小型。株高5～8cm，冠幅8～10cm。叶片舟形，肉质，翠绿色，叶丛紧凑，先端肥大呈平头状，透明，有绿色脉纹，叶尖及边缘有细小的白色"须"。总状花序，花筒状，白色，中肋绿色。花期夏秋季。为春秋型种。

平头冰灯

雪花玉露

◀雪花玉露
（*Haworthia cooperi* 'Snow Flake'）

为玉露的栽培品种。多年生肉质草本。植株小型。株高3～4cm，冠幅8～10cm。叶片圆筒形，肉质，浅绿色，半透明，有淡紫色晕，有少许不规则的白色脉纹。总状花序，花筒状，白色。花期夏季。为春秋型种。

姬玉露▶
（*Haworthia cooperi* var. *truncata*）

为玉露的变种。多年生肉质植物。原产于南非。植株中小型，无茎。株高3～4cm，冠幅3～5cm。叶片舟形，肉质，亮绿色，先端肥大呈圆头状，透明度高，有深绿色的线状脉纹，呈紧凑的莲座状排列，叶缘和顶端有细小的须状物。总状花序，花筒状，白色，中肋绿色，花期夏秋季。为春秋型种。

姬玉露

白斑玉露

（*Haworthia cooperi* var. *Pilifera* cv.'Varie-gata'）

又名水晶白玉露，为玉露的斑锦品种。多年生肉质植物。植株小型。株高4～5cm，冠幅6～8cm。叶片棒状，顶端角锥状，半透明，碧绿色间杂镶嵌乳白色斑纹，顶端有细小的"须"。总状花序，花筒状，白色，中肋绿色，花期夏秋季。为春秋型种。

白斑玉露

冰灯锦

（*Haworthia cooperi* 'Variegata'）

为冰灯的斑锦品种。多年生肉质草本。植株中小型。株高4～5cm，冠幅8～10cm。叶片舟形，肉质，翠绿色，先端肥大呈圆头状，窗面半透明，有数条深绿色脉纹，有奶黄色斑锦。总状花序，花筒状，白色，中肋绿色。花期夏季。为春秋型种。

冰灯锦

紫肌玉露

紫肌玉露

（*Haworthia cooperi* 'Ziji'）

为玉露的栽培品种。多年生肉质草本。植株小型。株高3～4cm，冠幅8～10cm。叶片舟形，肉质，浅绿色，排列紧凑，植株半透明，灰白色，有数条紫色脉纹，叶缘有白色茸毛。总状花序，花筒状，白色。花期夏季。为春秋型种。

克里克特寿锦

◄克里克特寿锦
（*Haworthia correcta* 'Variegata'）

　　为贝叶寿的斑锦品种。多年生肉质草本。植株中小型。株高8～10cm，冠幅12～15cm。无茎，叶片半圆柱形，从基部斜出，先端三角形，有浅色网格状脉纹，叶色深绿，镶嵌浅橙色条纹，呈莲座状排列。总状花序，花筒状，白色。花期春季。为春秋型种。

紫牡丹►
（*Haworthia cymbiformis* var. *umbraticola*）

　　多年生肉质草本，原产于南非。植株矮小，有短茎。株高8～10cm，冠幅15～25cm。叶片倒卵形至卵圆形，有小叶尖，长3～5cm，肉质，薄而宽阔，呈莲座状排列，叶色翠绿色，半透明状，有时泛红色。总状花序，花茎长15～20cm，花漏斗状，浅粉色，中肋浅褐色，长1.5cm。花期春季。为春秋型种。

紫牡丹

京之华锦

◄京之华锦
（*Haworthia cymbiformis* 'Variegata'）

　　又名凝脂菊，为京之华的斑锦品种。多年生肉质植物。植株小型，群生。株高5～8cm，冠幅10～15cm。叶片倒卵形至卵圆形，肉质肥厚，呈莲座状排列，叶面平滑，叶背隆起，顶端有透明的"窗"，似三角形，亮绿色，具不规则的白色斑纹，叶尖有细长绒线，有的整片叶渐变为黄色或白色。总状花序，花漏斗状，淡粉色，中肋淡褐色，花期春季。为春秋型种。

宝草锦

◀宝草锦

（*Haworthia cymbiformis* hybrid 'Variega-ta'）

　　为宝草的斑锦品种。多年生肉质植物。植株小型。株高5～8cm，冠幅10～15cm。叶片长圆形或匙形，肉质肥厚，呈紧密的莲座状排列，叶面绿色或黄色，兼有纵向白色或深绿色条纹，形成半透明的"窗"。总状花序，花筒状，绿白色。花期春末至夏季。为春秋型种。

黑砂糖▶

（*Haworthia emelyae* var. *major hybrid* 'Kurozato'）

　　为美吉寿的杂交变种品种。多年生肉质草本。植株小型。株高4～6cm，冠幅10～12cm。叶片厚实，前端三角形，呈紧凑的莲座状排列，叶面半透明，有数条下凹的黑色纹路，叶缘密生白色肉齿。总状花序，花筒状，白色。花期冬末初春。为春秋型种。

黑砂糖

美吉寿

◀美吉寿

（*Haworthia emelyae* var. *major*）

　　为霸王城的变种。多年生肉质草本。植株小型。株高3～5cm，冠幅7～10cm。叶片厚实，前端三角形，呈紧凑的莲座状排列，叶面半透明，泛红色，有3条下凹的浅褐色纵线，在强光下渐变为鲜红色，叶缘密生白色肉齿。总状花序，花筒状，白色。花期冬末春初。为春秋型种。

霜降

楼兰

◀霜降
（*Haworthia fasciata* 'Elegans Shuang-jiang'）

　　为条纹十二卷的栽培品种。多年生肉质草本。株高10～20cm，冠幅10～15cm，植株无茎。叶片三角状披针形，肉质肥厚，绿色或深绿色，密生呈莲座状，叶背具白色突起横纹。总状花序，花筒状至漏斗状，白色，中肋红褐色。花期夏季。为春秋型种。

▲楼兰
（*Haworthia hybrid* 'Mirrorball'）

　　多年生肉质植物。植株中型。株高4～5cm，冠幅6～8cm。叶片舟形，肉质，绿褐色，在强光下渐变紫褐色，先端饱满呈圆头状，窗体半透明，叶面有粗的脉纹，叶窗顶部有短的顶刺，叶缘有稀疏的白色短毛刺。总状花序，花筒状，白色，中肋绿色。花期夏季。为春秋型种。

◀条纹十二卷
（*Haworthia fasciata*）

　　又名锦鸡尾、十二之卷。多年生肉质草本。原产于南非。株高10～15cm，冠幅20～30cm。叶片三角状披针形，叶面扁平，叶背拱起，呈龙骨状，深绿色，长8～10cm，具白色疣状突起，排列成横条纹状。总状花序，长11cm，花筒状至漏斗状，白色，长1.5cm，中肋红褐色。花期夏季。为春秋型种。

条纹十二卷

青瞳

◀青瞳
（*Haworthia glauca* var. *herrei*）

多年生肉质草本。原产于南非。植株中型，茎部直立，基部分枝。株高15～20cm，冠幅15～20cm。叶片三角形剑状，以螺旋状排列，呈圆筒形，肉质坚实，叶面深绿色，背面呈龙骨突状，有稀疏的白色颗粒状疣点和绿白色纵线。总状花序，花筒状，白色。花期夏季。为春秋型种。

阔叶楼兰

▲阔叶楼兰
（*Haworthia hybrid* 'Mirrorball Broad-Leaf'）

又名大叶楼兰，为楼兰的栽培品种。多年生肉质草本。植株中型。株高4～6cm，冠幅8～10cm。叶片舟形，肉质，翠绿色，先端饱满呈圆头状，窗体半透明，有深绿色脉纹，叶窗顶部有短的顶刺，叶缘有稀疏的白色短毛刺。总状花序，花筒状，白色，中肋绿色。花期夏季。为春秋型种。

雄姿城

◀雄姿城
（*Haworthia limifolia* var. *limifolia*）

为琉璃殿的变种。多年生肉质草本。株高10～12cm，冠幅12～15cm。株形比琉璃殿稍大，叶片卵圆三角形，呈螺旋状排列。叶深绿色，叶面布满淡绿色小疣点，组成的横条纹呈瓦楞状。总状花序，花筒状，白色。花期夏季。为春秋型种。

新冰砂糖

新冰砂糖
（*Haworthia kegazato*）

多年生肉质草本。原产于南非。植株小型，茎短。株高3～5cm，冠幅7～10cm。叶片厚实，前端三角形，呈紧凑的莲座状排列，叶面绿白色，密布白色毛刺，似冰砂糖一样。总状花序，花筒状，白色。花期冬末春初。为春秋型种。

高文鹰爪 ▶
（*Haworthia koelmaniorum*）

又名黑王寿。多年生肉质草本。株高8～10cm，冠幅10～20cm。叶片长三角形，轮状丛生，呈莲座状排列，叶面中央隆起，先端向下弯曲，深褐色至褐绿色，叶面密布疣突，叶缘和叶背生有小刺。总状花序，花筒状，白色，花期夏季。为春秋型种。

高文鹰爪

水车

水车
（*Haworthia limifolia* var. *ubomboensis*）

又名琉璃城，为琉璃殿的变种。多年生肉质草本。原产于南非。植株中小型，易群生。株高6～8cm，冠幅10～15cm。叶片三角形剑状，肉质坚硬，基部宽厚，先端渐尖，呈莲座状排列，叶面光滑，绿色。总状花序，花筒状，白色。花期夏季。为春秋型种。

琉璃殿

◀琉璃殿
（*Haworthia limifolia*）

又名旋叶鹰爪草。多年生肉质草本。原产于南非。植株小型。株高8～10cm，冠幅8～10cm。叶片卵圆三角形，呈瓦楞状，以顺时针螺旋状排列，先端急尖，正面凹陷，背面圆突。叶面褐绿色或深绿色，布满绿色小疣突，组成15～20横条纹。总状花序，花茎长15～35cm，花筒状，白色，中肋绿色。花期夏季。为春秋型种。

琉璃殿锦▶
（*Haworthia limifolia* 'Variegata'）

为琉璃殿的斑锦品种。多年生肉质草本。株高8～10cm，冠幅10～12cm。叶片卵圆三角形，呈顺时针螺旋状排列，先端急尖，正面凹陷，背面圆突。叶面褐绿色或深绿色，间杂黄白色条纹，布满绿色小疣突，组成15～20横条纹，呈瓦楞状。总状花序，花茎长15～35cm，花筒状，白色，中肋绿色。花期夏季。为春秋型种。

琉璃殿锦

洛克伍德

◀洛克伍德
（*Haworthia* 'Lockwoodii'）

为十二卷属的栽培品种。多年生肉质草本。植株中小型。株高8～10cm，冠幅15～20cm。叶片匙形，肉质，基部宽厚，叶面向内凹陷，叶背拱起，先端渐尖，呈环抱的莲座状排列，浅绿色至绿色，有数条深绿色纵向脉纹，叶缘散生白色细毛刺。总状花序，花筒状，白色。花期春季。为春秋型种。

美艳寿

◀美艳寿
（*Haworthia magnifica* var. *magnifica*）

为美丽十二卷的变种。多年生肉质草本。株
高4～5cm，冠幅8～10cm。叶片三角形，肉质
肥厚，深绿色至红褐色，叶面有银白色线条、斑
点和透明的疣突。总状花序，花筒状，白色。花
期夏季。为春秋型种。

白羊宫▶
（*Haworthia* 'Manda's Hybrid'）

为十二卷属的栽培品种。多年生肉质草本。
植株中小型。株高8～10cm，冠幅15～20cm。
叶片长三角形，肉质，基部宽厚，先端渐尖，呈
莲座状排列，叶面向内凹陷，叶背拱起，浅绿色
或绿色，叶缘密生白色细毛刺。总状花序，花筒
状，白色。花期春季。为春秋型种。

白羊宫

金城锦

◀金城锦
（*Haworthia margaritifera* 'Variegata'）

为龙爪的斑锦品种。多年生肉质草本。株高
12～15cm，冠幅15～20cm。叶片卵状三角形至
三角状披针形，叶面稍内凹，叶背隆起，先端尖，
绿色，镶嵌黄白色斑块，叶缘和叶背散生白色疣
突。总状花序，花筒状，白色。花期夏季。为中
间型种。

白折瑞鹤

◀白折瑞鹤
（*Haworthia marginata* 'White Edge'）

为瑞鹤的栽培品种。多年生肉质草本。株高10～20cm，冠幅10～20cm，叶片长三角形或三角锥形，肉质肥厚，坚硬，紧密轮生在茎轴上，呈螺旋状排列，叶面两侧向内凹陷，叶背隆起，表面绿色，叶面及背部散生白色疣突，叶片两侧被白色瓷质疣突。总状花序，花筒状，白色。花期春季。为春秋型种。

天使之泪▶
（*Haworthia marginata* 'Torerease'）

为瑞鹤的栽培品种。多年生肉质草本。株高10～20cm，冠幅10～20cm，叶片长三角形或三角锥形，肉质肥厚，坚硬，紧密轮生于茎轴上，呈螺旋状排列，叶面绿色或深绿色，有白色和浅绿色疣突，叶背的疣突比叶面更多，形状多样，有点状、水滴状、条状等，使整个叶片展现疣突之美。总状花序，花筒状，白色。花期春季。为春秋型种。

天使之泪

万象

◀万象
（*Haworthia maughanii*）

又名毛汉十二卷、象脚草。群生直立的多年生肉质植物。自然生长时，植株的大部分处于土壤表面之下。株高2～5cm，冠幅8～10cm。叶片圆锥状至圆筒状，长2.5～5cm，肉质，呈放射状排列，叶端截形有"窗"，淡灰绿色至淡红褐色，叶面粗糙，有闪电形的花纹。总状花序，花茎长15～20cm，花筒状，白色，中肋褐色。花期秋季至冬季。为冬型种。

欧若拉万象

◀欧若拉万象
（*Haworthia maughanii* 'Aurora'）

为万象的栽培品种。多年生肉质草本。植株小型。株高3～5cm，冠幅7～8cm。叶片半圆筒状，肉质，从基部斜出，呈放射状排列，深灰色，叶端截面有"窗"，平坦，窗面近圆形，半透明，有白色的钟面状花纹。总状花序，花筒状，白色。花期秋季至冬季。为冬型种。

残雪万象▶
（*Haworthia maughanii* 'Canxue'）

为万象的栽培品种。多年生肉质草本。植株小型。株高3～5cm，冠幅6～8cm。叶片半圆筒状，肉质，从基部斜出，呈放射状排列，灰白色，叶端截面有"窗"，平坦，窗面半透明，上有白色的雪片状纹路。总状花序，花筒状，白色，中肋褐色。花期秋季至冬季。为冬型种。

残雪万象

大白菊万象

◀大白菊万象
（*Haworthia maughanii* 'Shiragiku'）

为万象的栽培品种。多年生肉质草本。植株小型。株高3～5cm，冠幅7～9cm。叶片半圆筒状，肉质，从基部斜出，呈放射状排列，绿色，叶端截面有"窗"，平坦，窗面近圆形，窗边小波浪状，半透明，浅绿色，有白色菊花状花纹。总状花序，花筒状，白色。花期秋季至冬季。为冬型种。

花菱万象

◀ 花菱万象
（*Haworthia maughanii* 'Hanabishi'）

　　为万象的栽培品种。多年生肉质草本。植株小型。株高3～5cm，冠幅7～8cm。叶片半圆筒状，肉质，从基部斜出，呈松散的莲座状，灰绿色，叶端截面有"窗"，平坦，窗面肾状，半透明，有白色的焰火状花纹。总状花序，花筒状，白色。花期秋季至冬季。为冬型种。

金刚万象 ▶
（*Haworthia maughanii* 'Kongou'）

　　为万象的栽培品种。多年生肉质草本。植株小型。株高3～5cm，冠幅7～8cm。叶片半圆筒状，肉质，从基部斜出，呈放射状排列，深绿色至暗绿色，叶端截面有"窗"，平坦，窗面近圆形或卵圆形，不透明，深灰绿色，有不规则浅灰色花纹。总状花序，花筒状，白色。花期秋季至冬季。为冬型种。

金刚万象

美惠锦万象

◀ 美惠锦万象
（*Haworthia maughanii* 'Meihui Variegata'）

　　为美惠的斑锦品种。多年生肉质草本。植株小型。株高4～5cm，冠幅8～10cm。叶片圆锥状至圆筒状，肉质，呈放射状排列，叶端截面半透明，有"窗"，嫩绿色，镶嵌不规则的黄色和墨绿色条斑。总状花序，花筒状，白色，中肋褐色。花期秋季至冬季。为冬型种。

稻妻万象

稻妻万象

（*Haworthia maughanii* ‘Murasaki’）

又名雷电万象，为万象的栽培品种。多年生肉质草本。植株小型。株高3～5cm，冠幅6～8cm。叶片半圆筒状，肉质，从基部斜出，呈放射状排列，灰绿色，叶端截面有"窗"，平坦，窗面不规则，半透明，窗边周围有白色的线状花纹。总状花序，花筒状，白色。花期秋季至冬季。为冬型种。

紫万象

（*Haworthia maughanii* ‘Murasaki’）

又名大紫万象。为万象的栽培品种。多年生肉质草本。植株小型。株高3～5cm，冠幅6～9cm。叶片半圆筒状，肉质，从基部斜出，呈放射状排列，褐绿色，叶端截面有"窗"，平坦，窗面半透明，有少许白色花纹，休眠期叶片渐变紫褐色。总状花序，花筒状，白色。花期秋季至冬季。为冬型种。

紫万象

白妙万象

白妙万象

（*Haworthia maughanii* ‘Shirotae’）

为万象的栽培品种。多年生肉质草本。株高3～5cm，冠幅7～8cm。叶片圆锥状至圆筒状，肉质，呈放射状排列，淡灰绿色，叶端截面有"窗"，平坦，窗面上有白色的放射状条纹，条纹环绕叶缘一周，有时在窗面中央出现不规则的绿斑。总状花序，花筒状，白色，中肋褐色。花期秋季至冬季。为冬型种。

栋梁万象

◀ 栋梁万象
（*Haworthia maughanii* 'Toryo'）

　　为万象的栽培品种。多年生肉质草本。植株小型。株高 3 ～ 5cm，冠幅 7 ～ 9cm。叶片半圆筒状，肉质，从基部斜出，呈放射状排列，灰绿色，叶端截面有"窗"，平坦，窗面半透明，色浅，有白色的放射状花纹。总状花序，花筒状，白色，中肋褐色。花期秋季至冬季。为冬型种。

三色万象 ▶
（*Haworthia maughanii* 'Sanshokuki'）

　　为万象的栽培品种。多年生肉质草本。植株小型。株高 3 ～ 5cm，冠幅 6 ～ 8cm。叶片半圆筒状，肉质，从基部斜出，呈放射状排列，绿白色，叶端截面有"窗"，平坦，窗面近圆形，半透明，有白色的钟面状花纹。总状花序，花筒状，白色。花期秋季至冬季。为冬型种。

三色万象

深山万象

◀ 深山万象
（*Haworthia maughanii* 'Shenshan'）

　　为万象的栽培品种。多年生肉质草本。株高 3 ～ 5cm，冠幅 6 ～ 8cm。叶片半圆筒状，肉质，从基部斜出，呈放射状排列，灰绿色，叶端截面有"窗"，平坦，窗面半透明，灰白色，有似荷叶状脉纹和灰白色疣点。总状花序，花筒状，白色。花期秋季至冬季。为冬型种。

蜃气楼万象

◀蜃气楼万象
（*Haworthia maughanii* 'Shinkirou'）

为万象的栽培品种。多年生肉质草本。植株小型。株高3～5cm，冠幅7～10cm。叶片半圆筒状，肉质，从基部斜出，呈放射状排列，灰绿色，叶端截面平坦，窗面不透明，密布细小疣点，没有明显花纹，只有少许凸状线条。总状花序，花筒状，白色。花期秋季至冬季。为冬型种。

万象锦▶
（*Haworthia maughanii* 'Variegata'）

为万象的斑锦品种。多年生肉质草本。植株小型。株高3～5cm，冠幅7～10cm。叶片圆锥状至圆筒状，肉质，呈放射状排列，叶端截面有"窗"，淡灰绿色，镶嵌不规则的黄色条斑。总状花序，花筒状，白色，中肋褐色。花期秋季至冬季。为冬型种。

万象锦

白鹿殿

◀白鹿殿
（*Haworthia minima* var. *poellnitziana.*）

又名青虎，为满天星的变种。多年生肉质草本，株高10～15cm，冠幅15～20cm，叶片圆润三角形，基部宽而厚，呈放射状丛生。植株呈深绿色，叶面有横向排列的吸盘状白色疣点。总状花序，花筒状，白色，中肋绿色。花期夏季。为春秋型种。

星霜

◀星霜
（*Haworthia musculina*）

多年生肉质草本。原产于南非。株高15～20cm，冠幅6～8cm。茎短，基部易生仔株。叶片剑状，肉质，叶面灰绿色，密布横向白色疣突，顶端细尖，轻度内侧弯曲，有时顶端泛红色。总状花序，花筒状，白色。花期夏季。为春秋型种。

西瓜寿

▲西瓜寿
（*Haworthia mutant* ‘Atrofusca’）

为红纹寿的栽培品种。多年生肉质草本。植株中型。株高8～10cm，冠幅15～20cm。叶片肥厚肉质，先端长三角形，叶面透明度高，窗面有数条深褐色脉纹。总状花序，花筒状，白色。花期冬末春初。为春秋型种。

黑三棱

◀黑三棱
（*Haworthia nigra*）

又名尼古拉。多年生肉质草本。原产于南非。植株小型。株高5～7cm，冠幅6～8cm。叶片倒卵状三角形，中间凹，先端稍外卷，排成3列，交叉上伸，形似三角塔。叶面粗糙，墨绿色至灰绿色，在阳光充足条件下渐变为红褐色或橙红色，并布满小疣点。总状花序，花筒状，白色。花期夏季。为春秋型种。

西山寿

◀西山寿
（*Haworthia mutica* var. *nigra*）

为钝头寿的变种。多年生肉质草本。原产于南非。株高3～5cm，冠幅10～12cm。植株无茎，叶片肥厚饱满，呈莲座状排列，上半部呈凸三角形，叶色浓绿至墨绿色，顶面光滑，呈透明或半透明状，有浅绿色或深绿色纵脉纹。总状花序，花筒状，白色。花期春夏季。为春秋型种。

三仙寿锦▶
（*Haworthia obtuse* x *comptoniana*）

为玉露和寿杂交带斑锦的品种。为多年生肉质草本。植株小型。株高3～5cm，冠幅8～10cm。叶片厚实，前端三角形，呈紧凑的莲座状排列，叶面浅绿色，半透明，镶嵌不规则白色和黄色斑纹和脉纹。总状花序，花筒状，白色。花期冬末春初。为春秋型种。

三仙寿锦

玉章

◀玉章
（*Haworthia obtusa* var. *dielsiana*）

为玉露的变种。多年生肉质草本。株高8～10cm，冠幅12～15cm。植株始为单生，后呈群生状。叶片匙形，叶面肥厚饱满，叶背拱起，呈紧凑的莲座状排列，翠绿色，有数条深绿色纵向脉纹，在阳光充足的条件下其脉纹渐变为红褐色，叶缘密生细小的"须"。总状花序，花筒状，白色。花期夏季。为春秋型种。

群鲛

◢群鲛
（*Haworthia parksiana*）

多年生肉质草本。原产于南非。植株小型，群生。株高3～4cm，冠幅10～12cm。叶片三角锥形，肉质，叶端细尖，向外弯曲，呈莲座状排列，青绿色至墨绿色，叶面密布细小疣突。总状花序，花筒状，白色。花期春季。为春秋型种。

白银寿▷
（*Haworthia picta*）

多年生肉质草本。原产于南非。植株小型，低矮，茎短。株高3～5cm，冠幅7～10cm。叶片厚实，前端三角形，呈紧凑的莲座状排列，叶面绿白色或浓白色，有白色的点状纹路，叶顶端镶嵌红色纹路。总状花序，花筒状，白色。花期冬末春初。为春秋型种。

白银寿

朝雾

◢朝雾
（*Haworthia picta* 'Asagiri'）

又名朝雾白银，为白银寿的栽培品种。多年生肉质植物。植株小型，无茎，株高4～6cm，冠幅12～14cm。叶片半圆筒形，肉质，上半部饱满，"窗"面三角状，先端渐尖，呈莲座状排列，叶面半透明，浅绿色，密布白色疣突，叶基部褐绿色。总状花序，花筒状，白色。花期春季。为春秋型种。

特选冬之星座

如水

◀ 特选冬之星座
（*Haworthia pumila* 'Super'）

　　为中大型十二卷的栽培品种。多年生肉质草本。株高10～15cm，冠幅30～45cm。叶片卵圆形或长三角形，基部宽而厚，呈放射状丛生，叶面深绿色或紫绿色，叶表有横向排列的吸盘状银白色疣突，叶片顶端有时红褐色。总状花序，花筒状或漏斗状，浅褐色或黄绿色，长1.5cm。花期夏季。为春秋型种。

▲ 如水
（*Haworthia picta* 'Nyosui'）

　　又名如水白银，为白银寿的栽培品种。多年生肉质植物。植株小型，无茎。株高3～5cm，冠幅10～12cm。叶片半圆筒形，肉质，上半部窗面三角形，先端渐尖，呈莲座状排列，窗面密被白色条状疣突，叶缘有毛刺，叶基部浅红褐色。总状花序，花筒状，白色。花期春季。为春秋型种。

碧琉璃塔锦

◀ 碧琉璃塔锦
（*Haworthia pungens* 'Variegata'）

　　为碧琉璃塔的斑锦品种。多年生肉质草本。株高20～25cm，冠幅20～25cm。植株塔形，常群生。叶片三角形，肉质，先端尖，叶面翠绿，光滑，镶嵌乳白色斑纹。总状花序，花筒状，白色。花期夏季。为春秋型种。

黄乳白银

◀黄乳白银
（*Haworthia picta* 'Yellow Milk'）

　　白银寿的栽培品种。多年生肉质植物。植株小型，无茎。株高4～5cm，冠幅10～14cm。叶片半圆筒形，肉质，上半部"窗"面三角形，先端渐尖，呈紧凑的莲座状排列，"窗"面密被浓白色疣突，叶缘有毛刺，叶基部黄绿色。总状花序，花筒状，白色。花期春季。为春秋型种。

银雷▶
（*Haworthia pygmaea*）

　　又名磨面寿。多年生肉质草本。原产于南非。植株小型，无茎，矮生。株高4～6cm，冠幅8～12cm。叶片顶端为三角形，不透明，先端渐尖，长3～7cm，蓝绿色，布满白色细小颗粒状突起，形似丝绒。总状花序，花筒状，白色。花期夏季。为春秋型种。

银雷

荻原磨面寿

◀荻原磨面寿
（*Haworthia pygmaea* 'Diyuan'）

　　为磨面寿的栽培品种。多年生肉质草本。植株小型，无茎，矮生。株高4～5cm，冠幅12～14cm。叶片半圆筒形，墨绿色带红褐色晕，顶端窗面呈三角形至箭形，不透明，先端渐尖，褐绿色有红褐色晕，有灰白色花纹。总状花序，花筒状，白色。花期夏季。为春秋型种。

鹰爪十二卷

金海鹰爪

▲鹰爪十二卷

（*Haworthia reinwardtii*）

多年生肉质草本。原产于南非。株高15～20cm，冠幅不限定。植株塔形，常群生。叶片卵圆形至披针形，肉质，先端尖，叶面深绿色或黄绿色，长2～5cm，叶面密布绿色或白色小疣点，叶背小疣点为横向排列。叶起初直立，后稍张开，呈抱茎状态。总状花序，花筒状，长2cm，浅粉白色。花期春季。为春秋型种。

▲金海鹰爪

（*Haworthia reinwardtii* 'var. arachibaldiae'）

为鹰爪的栽培品种。多年生肉质草本。株高15～20cm，冠幅15～20cm。植株塔形，常群生。叶片长三角形，肉质，先端尖，叶面向内凹，叶背隆起，叶面深绿色或墨绿色，长3～6cm，叶面密布绿色或白色疣点，叶背疣点呈横向排列，叶片紧密轮生在茎轴上，呈螺旋状抱茎生长。总状花序，花筒状，浅粉白色。花期春季。为春秋型种。

高岭之花

◀高岭之花

（*Haworthia radula* 'Variegata'）

又名松之霜锦，为松之霜的斑锦品种。多年生多肉植物。植株矮性，群生。株高4～5cm，冠幅10～15cm。叶片剑形，细长，先端狭尖，肉质，叶面扁平，深绿色，镶嵌着黄色纵向条纹或整片叶呈黄色，叶面密生白色小疣点。总状花序，花筒状，绿白色。花期夏季。为春秋型种。

九轮塔

九轮塔锦

▲九轮塔

（*Haworthia reinwardtii* var. *chalwinii*）

又名霜百合。多年生肉质草本。原产于南非。株高15～20cm，冠幅不限定。植株塔形，常群生。叶片卵圆形至披针形，肉质厚实，先端急尖，向内侧弯曲，螺旋状环抱茎部，深绿色至黄绿色，长3～5cm，宽3～4cm，叶面密布白色疣点，呈纵向排列。总状花序，花筒状，淡粉白色，中肋淡绿褐色，长2cm。花期春季。为春秋型种。

▲九轮塔锦

（*Haworthia reinwardtii* var. *chalwinii* 'Variegata'）

多年生肉质草本。原产于南非。株高15～20cm，冠幅不限定。植株塔形，常群生。叶片卵圆形至披针形，肉质厚实，先端急尖，向内侧弯曲，螺旋状环抱茎部，深绿色至黄绿色，镶嵌着黄色斑纹，长3～5cm，宽3～4cm，叶面密布白色疣点，呈纵向排列。总状花序，花筒状，淡粉白色，中肋淡绿褐色，长2cm。花期春季。为春秋型种。

寿

◀寿

（*Haworthia retusa*）

多年生肉质草本。原产于南非。株高5～6cm，冠幅15～20cm。叶片卵圆三角形，肉质厚实，长3～7cm，叶的截面三角形，叶端急尖，脉纹明显，叶面浅绿色至深绿色。总状花序，花茎长50～70cm，花筒状，长1.5cm，白色，中肋绿色。花期冬末春初。为春秋型种。

珊瑚

◀珊瑚
（*Haworthia retusa* 'Coral'）

为寿的栽培品种。多年生肉质草本。植株中小型。株高 4 ～ 6cm，冠幅 6 ～ 10cm。叶片卵状三角形，肉质，嫩绿色，先端肥大呈圆头状，有窗面，半透明或不透明，密布细小的点状疣突，有数条与叶缘相平行的脉纹，因温差与光照的因素叶片渐变为白色、黄色、橙色和红色等多彩脉纹。总状花序，花筒状，白色，中肋绿色。花期冬末至春初。为春秋型种。

海宝寿▶
（*Haworthia retusa* 'Haibaoshou'）

为寿的栽培品种。多年生肉质草本。植株小型。株高 4 ～ 6cm，冠幅 8 ～ 10cm。叶片肥厚饱满，前端三角形，稍下翻，有"窗"，呈莲座状排列，叶片浅绿色至绿白色，窗面密布有透明小疣突和疏散的条纹，叶缘有白色刺毛。总状花序，花筒状，白色。花期冬末春初。为春秋型种。

海宝寿

抹茶

◀抹茶
（*Haworthia retusa* 'Matcha'）

为寿的栽培品种。多年生肉质草本。植株中小型，无茎。株高 6 ～ 8cm，冠幅 10 ～ 12cm。叶片匙形，肉质，上半部呈三角形，先端渐尖，稍向后反转，呈莲座状排列。叶坚硬，褐绿色，表面密布粗糙疣点。总状花序，花筒状，白色。花期春季。为春秋型种。

铂金

◀铂金
（*Haworthia retusa* 'Platinum'）

为寿的栽培品种。多年生肉质草本。植株中小型。株高5～6cm，冠幅8～10cm。叶片厚实，前端三角形，叶片下翻，呈紧凑的莲座状排列，叶面银白色或深紫褐色，由白色颗粒状疣突组成。总状花序，花筒状，白色。花期冬末春初。为春秋型种。

红寿▶
（*Haworthia retusa* 'Rubra'）

为寿的斑锦品种。多年生肉质草本。植株群生。株高6～7cm，冠幅15～20cm。叶片卵圆三角形，长3～8cm，肉质叶的截面脉纹清晰，表面淡绿或深绿色，带有红晕，常有细小疣点和白线。总状花序，花茎长50cm，花筒状，白色，中肋绿色。花期冬末春初。为春秋型种。

寿宝殿锦

红寿

◀寿宝殿锦
（*Haworthia retusa* var. 'Variegata'）

为寿宝殿的斑锦品种。多年生肉质草本。株高3～6cm，冠幅7～10cm。叶片卵状三角形，肉质，肥厚，叶面淡黄色，呈莲座状排列，叶端斜截，截面有深绿色条状脉纹。总状花序，花筒状，白色。花期冬末、早春。为春秋型种。

雪景色▶
（*Haworthia retusa* 'Yuki keshiki'）

为寿的栽培品种。多年生肉质草本。植株小型。株高4～6cm，冠幅8～12 cm。叶片厚实，前端三角形，叶片稍下翻，呈紧凑的莲座状排列，叶片蓝绿色至墨绿色，窗面有白色疣突组成纵向条斑，叶缘有白色刺毛。总状花序，花筒状，白色。花期冬末春初。为春秋型种。

雪景色

雪娘

雪娘
（*Haworthia retusa* 'Xueniang'）

为寿的栽培品种。多年生肉质草本。植株中小型。株高4～5cm，冠幅8～10cm。叶片厚实，前端三角形，叶片下翻，呈紧凑的莲座状排列，叶面银白色，由白色颗粒状疣突组成。总状花序，花筒状，白色。花期冬末春初。为春秋型种。

赛米维亚
（*Haworthia semiviva*）

多年生肉质草本，原产于南非。株高5～8cm，冠幅10～12cm。叶片长圆形至披针形，肉质较硬，长3～8cm，叶面深绿色，呈莲座状紧凑排列，叶缘和叶背密生白色的毛刺，在阳光充足的环境下叶尖带紫色，夏季休眠时叶片向内紧缩呈球形。总状花序，花茎长20～25cm，花筒状至漏斗状，白色，长1.5cm。花期春季。为春秋型种。

赛米维亚

青蟹寿

青蟹寿
（*Haworthia splendens*）

又名青蟹。多年生肉质草本。原产于南非。株高3～4cm，冠幅6～8cm。叶片三角形，肉质，肥厚圆润，暗绿色或红褐色，叶端斜截，截面隆起成"窗"，窗面上有数条凸起纵向脉纹，叶缘红褐色并有齿。总状花序，花白色，有绿色中肋。花期夏季至秋季。为春秋型种。

青蟹锦
（*Haworthia splendens* 'Variegata'）

为青蟹寿的斑锦品种。多年生肉质草本。株高3～4cm，冠幅5～7cm。叶片三角形，肉质，肥厚圆润，深绿色或红褐色，叶端斜截，截面隆起成"窗"，窗面上有数条凸起纵向脉纹，镶嵌多条黄色纵条纹，叶缘红褐色并有齿。总状花序，花白色，有绿色中肋。花期夏季至秋季。为春秋型种。

青蟹锦

蛇皮掌

◀蛇皮掌
（*Haworthia tessellata*）

又名龙鳞。多年生肉质草本。原产于纳米比亚、南非。株高8～10cm，冠幅20～30cm。植株群生。叶片卵状三角形，肉质坚硬，呈莲座状排列，长3～4cm，先端渐尖和反卷，叶面深绿色或浅蓝灰绿色，有白色网状脉花纹，叶背有不规则小疣点，叶缘密生白色肉齿。总状花序，花茎长50cm，花筒状，长2cm，淡绿白色。花期春季。为春秋型种。

绿玉扇▶
（*Haworthia truncata*）

又名截形十二卷。多年生肉质草本。原产于南非。株高2～4cm，冠幅10～12cm。叶片长圆形，肉质肥厚，淡蓝灰色至墨绿色，长2cm，排列成二列，直立，稍向内弯，顶部截形，有"窗"，稍凹陷，部分透明，暗褐绿色，表面粗糙，具小疣突。总状花序，花茎长20～25cm，花筒状，白色，中肋绿色，长1.5cm。花期夏季至秋季。为冬型种。

玉扇

荒矶玉扇

◀荒矶玉扇
（*Haworthia truncata* 'Araiso'）

为玉扇的栽培品种。多年生肉质草本。株高3～5cm，冠幅10～14cm。叶片长圆形，肉质肥厚，深绿色至墨绿色，长3～4cm，排列成二列，直立，稍向内弯，顶部截形，有"窗"，稍凹陷，部分透明，浅绿色，有清晰白色斑纹，镶嵌不规则的绿色条纹。总状花序，花筒状，白色。花期夏季至秋季。为冬型种。

大久保玉扇

玉扇锦

▲大久保玉扇
（Haworthia truncata 'Dajiubao'）

为玉扇的栽培品种。多年生肉质草本。株高
4～5cm，冠幅12～15cm。叶片长圆形，肉质肥厚，
深绿色至墨绿色，排列成二列，直立，稍向内弯，顶
部截形，有"窗"，肾形，灰绿色，有灰白色花纹。
总状花序，花筒状，白色，中肋绿色。花期夏季至秋
季。为冬型种。

▲玉扇锦
（Haworthia truncata 'Variegata'）

为玉扇的斑锦品种。多年生肉质草本。株高
3～4cm，冠幅10～12cm。叶片长圆形，淡蓝灰
色，镶嵌黄色纵向条斑，排列成二列，直立，稍
向内弯，顶部截形，有"窗"，稍凹陷，部分透
明。总状花序，花筒状，白色。花期夏季至秋季。

（5）油点百合属（Ledebouria）

本属约16种。多为多年生鳞茎植物。原产于非洲南部的开阔坡地、林地和河谷、低
山地区。叶密生基部。顶生总状花序，花小，钟状或坛状，通常白色，也有绿白或浅紫
色。花期春季至夏季。不耐寒，生长适温为12～25℃，冬季温度不低于7℃。喜凉爽和
阳光充足环境。生长期充分浇水，每4周施高钾氮素肥1次，冬季保持稍湿润。春季或秋
季播种，发芽温度18～21℃。春季可分株繁殖。

油点百合锦

◀油点百合锦
（Ledebouria socialis 'Variegata'）

又名花叶麻点百合。常绿多年生鳞茎植
物，传统列为多肉植物。株高10～15cm，冠幅
10～20cm。有皮鳞茎紫色，叶片宽披针形，长
10cm。叶面淡银绿色，镶嵌黄白色和浅红色斑
纹，具深绿色斑点，背面紫色。总状花序，花小，
钟状，淡紫绿色，顶端白色。花期春末至夏季。
为夏型种。

油点百合

◀ 油点百合
（*Ledebouria socialis*）

又名油点草、麻点百合。常绿多年生鳞茎植物，传统列为多肉植物。株高10～15cm，冠幅10～15cm。有皮鳞茎紫色，叶片宽披针形，长10cm，叶面浅银绿色，具深绿色斑点，背面紫色。总状花序，着生25朵以上钟状花，淡紫绿色，顶端白色，长5mm。花期春末至夏季。为夏型种。

草树

（6）草树属（*Xanthorrhoea*）

又称黄脂木属本属种类不多，灌木状。原产于澳大利亚西部。植株树干状，叶片细长，簇生于顶部。花序烛状。不耐寒，生长适温为20～28℃，冬季温度不低于15℃。喜温暖、湿润和明亮光照。生长期需充分浇水，每4～5周施肥1次，冬季保持稍湿润。春、夏季播种，发芽温度19～24℃。

◀ 草树
（*Xanthorrhoea preissii*）

又名黑孩子、火凤凰。植株灌木状。原产于澳大利亚西部。株高1～2m，冠幅1m。茎树干状，常分枝，形似苏铁，粗壮，黑色。叶针状，细长，革质，蓝绿色，长60～100cm。簇生于茎部顶端，常下垂披散。穗状花序，花小，烛状，白色。花期夏季。为夏型种。

墨西哥草树 ▶

（*Xanthorrhoea mexicana*）

又名墨西哥火凤凰。植株灌木状。原产于墨西哥。株高1.5～2m，冠幅1～1.5m。茎树干状，常分枝，形似苏铁，粗壮，黄褐色至深褐色。叶片针状，细长，革质，绿色，长达1～1.5m，簇生于茎部顶端。穗状花序，花小，烛状，白色。花期夏季。为夏型种。

墨西哥草树

10. 防己科
（Menispermaceae）

本科植物主要分布在热带和亚热带地区。为攀缘或缠绕藤本，稀直立灌木或小乔木。叶螺旋状排列，无托叶，单叶，稀复叶，常具掌状脉，较少羽状脉；叶柄两端肿胀。聚伞花序，或由聚伞花序再作圆锥花序式、总状花序式或伞形花序式排列，极少退化为单花；花通常小而不鲜艳。

山乌龟

千金藤属（*Stephania*）

本属约有30种，我国有15种，我国主要分布在华东和西南地区的海拔500～1000m的阴湿地带。栽培中喜半阴、湿润和温暖的环境。较耐寒，生长适温为20～28℃，冬季温度不低于5℃。生长季节充分浇水，每月施肥1次，冬季落叶后保持盆土稍干燥。春季播种，发芽适温19～24℃，早春或秋后分株繁殖。

◀山乌龟

（*Stephania erecta*）

又名地不容，草质落叶藤本，株高30～80cm，冠幅30～40cm。植株无毛，有硕大的扁球状块根，暗灰褐色，嫩枝梢肉质，紫红色，有白霜。叶扁圆形，纸质，有长柄，背面稍粉白。雌雄异株，聚伞花序，小花绿色。花期春夏季。为夏型种。

11. 辣木科（Moringaceae）

本科均为常绿或落叶乔木，羽状复叶互生，托叶缺或有叶柄，小叶基部有腺体；花白色或红色，两性，花萼杯状。果实是长蒴果，种子有翅。多肉植物很少，主要集中在辣木属（Moringa），树干茎部肥大似象腿。多数原产于纳米比亚、非洲西南部、印度和亚洲热带地区。

辣木属（*Moringa*）

本属约有10种，常绿或落叶乔木。分布于阿拉伯半岛、印度、非洲北部。叶对生或互生，2～3回羽状复叶，圆锥花序腋生，花黄色或红色，两性，花萼杯状。果实是长蒴果，种子有翅。花期夏季。不耐寒，生长适温22～30℃，冬季温度不低于10℃。喜温暖和阳光充足环境。生长期充分浇水，每4～6周施肥1次。种子采收后即播或春季播种，发芽温度19～24℃。

象腿木

◀象腿木

（*Moringa drouhardii*）

又名象腿辣木、象腿树。常绿乔木。原产于非洲北部、印度。株高6～10m，冠幅2～4m。树干粗壮肥大，肉质，茎干基部呈不规则膨大，形似象腿。叶片2～3回羽状复叶，似蕨叶，绿色，长50cm。圆锥花序腋生，花小，白色或淡黄色，花径2cm，有香气。花期夏季。为夏型种。

12.西番莲科（Passifloraceae）

　　双子叶植物。有12个属600余种植物，主要分布在南美洲。本科植物为草质或木质藤本，有卷须，单叶互生，具有叶柄；聚伞花序，有时退化仅存1～2花，花两性，单性，偶有杂性。多肉植物极少，仅有腺蔓属（Adenia）1个属。

腺蔓属（Adenia）

　　本属植物有90种以上，多为落叶的多年生肉质植物，有的属半常绿。主要集中在非洲的沙漠地区、马达加斯加和缅甸。具有膨大的茎基，茎基顶端有藤状细枝，枝上有卷须和刺。叶片互生，全缘或掌状分裂。腋生聚伞花序，花小，有时有香味。喜温暖、干燥和阳光充足的环境。不耐寒，冬季温度不低于15℃。盆栽用腐叶土、泥炭土和河沙的混合基质。春、秋季适度浇水，夏季充分浇水，冬季保持干燥。生长期每4～6周施肥1次。采种后即播，发芽适温19～24℃，夏季花后剪取枝茎扦插繁殖。属多肉植物中的珍贵品种。

幻蝶蔓

球腺蔓

▲幻蝶蔓
（Adenia glauca）

　　又名粉绿阿丹藤、徐福之酒瓮。多年生肉质植物。原产于马达加斯加。株高1～1.5m，冠幅80～100cm。茎干基部膨大，上半部翠绿色，下半部黄绿色，茎基顶端有葡萄藤状细枝，茎枝上有卷须和刺。叶片互生，掌状深裂，中间绿色。花单性，小，星状。花期夏季。为夏型种。

▲球腺蔓
（Adenia ballyi）

　　多年生肉质植物。原产于肯尼亚、坦桑尼亚。株高1～1.5m，冠幅60～100cm。茎干基部球形，表面灰绿色，直径可达1m。茎部分枝、交错、硬质，浅灰绿色，具刺，粗壮。叶片披针形，中绿色，长7～10cm，叶片常脱落。花小，星状，红色，有香味。花期春季。为夏型种。

13. 脂麻科（Pedaliaceae）

一年生或多年生草本，稀为灌木。叶对生或生于上部的叶互生，全缘、有齿缺或分裂。花左右对称，单生、腋生或组成顶生的总状花序，稀簇生。花冠筒状，一边肿胀，呈不明显二唇形。花盘肉质。蒴果不开裂，常覆以硬钩刺或翅。种子多数，具薄肉质胚乳及小型劲直的胚。

艳桐草属（Uncarina）

本属植物为灌木状肉质植物。原产于马达加斯加、南非的干旱地带。植株有球状的块根或茎基膨大。叶片盾状，绿色或深绿色，叶柄长，均密被茸毛。花喇叭状，黄色。花期春季。喜温暖、干燥和阳光充足的环境。不耐寒，生长适温为20～25℃，冬季温度不低于15℃。盆栽用腐叶土、泥炭土和河沙的混合基质。春、秋季适度浇水，夏季充分浇水，冬季保持干燥。生长期每4～6周施肥1次。采种后即播，发芽适温19～24℃，夏季花后剪取枝茎扦插繁殖。

黄花艳桐草

▲黄花艳桐草

（Uncarina roeoesliana）

又名肉茎胡麻、黄花胡麻、安卡丽娜。灌木状肉质植物。原产于马达加斯加。株高1～1.2m，冠幅1～1.2m。植株的茎基膨大，上部多分枝，灰绿色或黄绿色，叶片盾状，叶面密布茸毛，叶柄长。花喇叭状，黄色。花期春季。为夏型种。

14. 胡椒科（Piperaceae）

本科约有10属3000余种，有草本、藤本、灌木或乔木，广泛分布于热带和亚热带。单叶，花极小，多数，无萼片和花瓣，聚生成穗状花序。本科的多肉植物主要集中在椒草属或称豆瓣绿属。

椒草属（Peperomia）

又称草胡椒属，本属有1000种以上，常绿多年生草本，直立或莲座状排列，其中少数为多肉植物。广泛分布于热带和亚热带地区，从高海拔的云雾森林中至沙漠附近。多肉植物的株形矮小、紧凑。叶片小而肥厚。穗状花序，花小，白色或淡绿白色。花期夏末。不耐寒，生长适温为20～26℃，冬季温度不低于14℃。喜温暖和明亮光照。生长期充分浇水，每3～4周施低氮素肥1次，冬季保持稍干燥。初夏剪取茎部扦插繁殖（可以叶插、枝插和水插）。盆栽摆放在窗台、书桌或案头，娇艳倩影营造出家庭特有的温馨气氛。

塔椒草

红背椒草

▲塔椒草
（Peperomia columella）

多年生肉质草本。原产于秘鲁。株高10～15cm，冠幅10～15cm。茎直立，常丛生，圆柱形，淡灰褐色。叶片顶端轮生，椭圆形，一侧圆弧形，一侧平直，绿色，肉质，背面密被淡红色细毛。穗状花序，长20cm，花小，黄绿色。花期夏末。为春秋型种。

▲红背椒草
（Peperomia graveolens）

又名赤背椒草、雪椒草。多年生肉质草本。原产于秘鲁。株高20～30cm，冠幅20～25cm。茎圆柱状，直立，易分枝，红色。叶片对生，椭圆形，全缘，肉质，光滑，表面绿色，背面红色。穗状花序，长15cm，花小，黄绿色。花期夏末。为春秋型种。

◀ 棒叶椒草

（*Peperomia* 'Stick Leaf'）

　　为椒草的栽培品种。多年生肉质草本。株高10～12cm，冠幅10～15cm。茎圆柱状，直立，常分枝，褐绿色。叶片线状，直立生长，棍棒状，全缘，肉质，光滑，表面浅绿色至黄绿色，先端渐尖。穗状花序，花小，黄绿色。花期夏季。为春秋型种。

棒叶椒草

灰背椒草

▲ 灰背椒草

（*Peperomia dolabriformis* 'Huibei'）

　　为斧叶椒草的栽培品种。多年生肉质草本。株高20～25cm，株幅15～20cm。茎直立，老株基部木质化。叶片斧状，肉质，亮绿色，背面密生灰白色茸毛，长4～5cm。穗状花序，花小，白色，花期夏季。为春秋型种。

柳叶椒草

◀ 柳叶椒草

（*Peperomia* 'ferreyrae'）

　　为椒草的栽培品种。多年生肉质草本。株高10～15cm，冠幅15～20cm。茎圆柱状，直立，易分枝，绿色。叶片线状，叶面向内凹陷，肉质，光滑，绿色至深绿色，稍弯曲，形似柳叶。穗状花序，花小，黄绿色。花期夏季。为春秋型种。

15. 马齿苋科（Portulacaceae）

本科有20属近500种，多肉植物分布在回欢草属（*Anacampseros*）、马齿苋树属（*Portulaca*）等5个属中，主要原产于南非和纳米比亚的干旱地区。

（1）回欢草属（*Anacampseros*）

本属约有50种，矮小的匍匐状多年生肉质植物。主要分布在非洲和澳大利亚的干旱地区。叶小具托叶，一种是纸质托叶包在细小叶外面，另一种为丝状毛，着生在较大的肉质基部。总状花序，花白、粉红和红色。花期夏季。喜温暖、干燥和阳光充足环境。不耐寒，耐干旱和半阴，忌水湿和强光。宜肥沃、疏松和排水良好的沙质壤土。冬季温度不低于7℃。生长季节充分浇水，每月施肥1次，冬季休眠期保持稍干燥。种子成熟后即播，发芽温度18℃。春季取茎扦插繁殖。盆栽点缀书桌、案头或窗台，清新光润，十分雅致、耐观。可配置瓶景或框景，使景观更添奇特。

银蚕

▲银蚕
（*Anacampseros albissima*）

又名妖精之舞。多年生肉质草本。原产于南非、纳米比亚。株高4～6cm，冠幅8～10cm。植株有小块根。短茎肥大，肉质，丛生细圆形分枝，绿白色。叶片小，似鳞片，螺旋状密抱小枝。花单生，生于枝顶，绿白色。花期夏季。为夏型种。

◀回欢草
（*Anacampseros arachnoides*）

　　又名吹雪之松。多年生肉质草本。原产于南非。株高3～5cm，冠幅8～10cm。叶片倒卵状圆形，呈螺旋状对生，肉质，长2～3cm，叶尖外弯，叶腋间具蜘蛛网状的白丝毛。花单生，淡粉红色。花期夏季。为夏型种。

回欢草

春梦殿锦▶
（*Anacampseros telephiastrum* 'Variegata'）

　　又名吹雪之松锦，为吹雪之松的斑锦品种。多年生肉质草本。株高4～5cm，冠幅8～10cm。叶片倒卵形，叶面镶嵌有绿、黄、红等色，长2cm。总状花序，有花1～4朵，深粉色，花径3cm。花期夏季。为夏型种。

春梦殿锦

（2）马齿苋属（*Portulaca*）

　　本属有100种植物。多年生肉质植物种类不多，主要分布在热带地区的干旱沙地上。喜温暖、干燥和光充足环境。不耐寒，耐干旱和半阴，忌水湿和强光。宜肥沃、疏松和排水良好的沙质壤土。冬季温度不低于10℃。春季用播种，初夏用扦插繁殖。

金钱木

◀金钱木
（*Portulaca molokiniensis*）

　　又名莫洛基马齿苋。多年生肉质植物。原产于纳米比亚、南非。株高20～30cm，冠幅15～25cm。茎直立，圆柱形，肉质，径1.5～2cm，灰褐色，表皮会龟裂。叶片圆形，互生无叶柄，绿色，紧贴于茎干顶端。为春秋型种。

斑叶大花马齿苋

▲斑叶大花马齿苋

（ *Portulaca oleracea* var. *gigantes* 'Variegata'）

　　一年生肉质草本。原产于南美洲。株高10 ～ 15cm，冠幅15 ～ 20cm。茎平卧或斜升，多分枝，粉红色。叶片匙形至卵形，密生于枝端，较下的叶分开，不规则互生，绿色和粉红色，叶缘为粉红色。花杯状，红色。花期夏季。为夏型种。

（3）燕子掌属（ *Portulacaria*）

　　本属有1 ～ 3种，丛生状，多年生肉质灌木。原产于纳米比亚、南非、斯威士兰和莫桑比克的半干旱和丘陵低地。细枝柔软，分枝，老枝木质化。叶小，圆形，肉质。聚伞花序或短的总状花序，花杯状或碟状。不耐寒，冬季温度不低于10℃。喜温暖和明亮光照。从早春至初秋充分浇水，每6 ～ 8周施低氮素肥1次。春季取茎扦插繁殖。

雅乐之舞

◀雅乐之舞

（ *Portulacaria afra* 'Foliis-variegatis'）

　　又名斑叶马齿苋树，为马齿苋树的斑锦品种。多年生肉质灌木。株高50 ～ 60cm，冠幅30 ～ 40cm。茎粗壮，新茎肉质，红褐色，老茎灰白色，易分枝。叶片倒卵形，对生，肉质，绿色，叶缘具黄斑及红晕。花浅碟形，淡粉红色，花径2mm。花期夏季。为夏型种。

雅乐之华

▲雅乐之华

（*Portulacaria afra* 'Medio-picta'）

　　又名金枝玉叶。多年生肉质灌木。株高20～30m，冠幅20～30cm。老茎紫褐色，嫩枝紫红色，分枝近水平。叶片倒卵形，交互对生，新叶的边缘有粉红色晕，以后随着叶片的长大红晕逐渐后缩。花浅碟形，淡粉红色。花期夏季。为夏型种。

16. 葡萄科（Vitaceae）

本科有12属700余种，多为具卷须的藤本植物。多肉植物主要是白粉藤属（*Cissus*）和葡萄瓮属（*Cyphostemma*）中的少数种类。

（1）白粉藤属（*Cissus*）

本属约有350种，常绿的多年生灌木和藤本，有些种类的茎或根为肉质的。广泛分布在非洲和东南亚热带和亚热带地区。叶互生，单叶或浅裂至深裂，或掌状3～7裂。聚伞花序，花瓣4。不耐寒，冬季温度不低于10℃。喜温暖和明亮光照。生长期充分浇水，春季换盆时增加肥沃土壤，冬季保持干燥。夏季取嫩茎扦插繁殖。盆栽或作吊盆栽培观赏。

翡翠阁

◀**翡翠阁**
（*Cissus cactiformis* Gilg）

又名仙素莲、四棱茎粉藤。攀援性多肉植物。原产于东非的热带大草原。株高2～3m，冠幅50～60cm。茎棒状4棱，有翅，节部缢缩，绿色。叶片掌状3裂，叶缘具缺刻，绿色，常早落。聚伞花序，长5cm。花小，绿色或黄色。花期夏季。为夏型种。

（2）葡萄瓮属（*Cyphostemma*）

　　本属植物约有150种。主要分布在非洲的半沙漠地区和马达加斯加。作为多肉植物观赏的种类不多，常见的就是葡萄瓮等2～3种。喜温暖、干燥和阳光充足的环境。不耐寒，冬季温度不低于10℃，生长适温为15～25℃。盆栽用肥沃园土、腐叶土、粗沙和碎砖屑的混合基质。生长季节可充分浇水，施肥2～3次，宜用低氮素液肥。落叶休眠期保持盆土干燥，通风差时易受粉虱危害。早春播种，发芽适温18～21℃，春季可剪取茎段扦插繁殖。

葡萄瓮

◀葡萄瓮

（*Cyphostemma juttae*）

　　落叶灌木状肉质植物。原产于纳米比亚、安哥拉和马达加斯加。株高1～2m，冠幅80～100cm。茎基膨大，茎皮淡褐色，剥落状，直径可达30～40cm，顶端分枝多。叶大，卵圆形，无柄，簇生茎枝顶端，蓝绿色，肥厚，叶缘具不规则粗锯齿，被白色毡毛，长10～15cm。总状花序，花小，黄绿色。花期夏季。为夏型种。

17.百岁兰科（Welwitchitaceae）

又名千岁兰科，本科仅一属一种。原产于非洲西南部沙漠，是多肉植物中最奇特、最名贵的种类。本科植物体形奇特，茎部粗短，块状，有圆锥根深入地下，植物体除了在幼苗时期还有1对子叶（两三年后脱落）外，终生只有1对大型带状叶，长达2～3m，宽约30cm，可生存百年以上，所以科名叫百岁兰。

百岁兰属（*Welwitchia*）

本属仅1种，落叶或常绿的多年生草本。主要分布在安哥拉和纳米比亚的海岸地区。有一个大的但较浅的主根，具有许多侧根，正好低于地面，叶片多肉革质，舌状，中绿或灰绿色。花序球状，雄株产生花粉团，通过风授粉到雌株上。雌株能长出100个圆锥状至球状的球花。花期夏季。不耐寒，冬季温度不低于19℃。喜温暖、低湿和阳光充足环境。春季至秋季适度浇水，每6～8周施肥1次，冬季保持完全干燥。种子成熟后即播，发芽温度19～24℃。

百岁兰

▲百岁兰
（*Welwitchia mirabilis*）

又名沙漠万年青、千岁兰。落叶或常绿的多年生草本。原产于安哥拉、纳米比亚。株高30～45cm，冠幅3～4m。主根深，形似巨大的萝卜，直径0.6～1.2m，露出地面30cm。茎圆锥形，基部生有一对扁宽的舌状叶，卷曲，革质，多肉，中绿或灰绿色，长2m，顶端常残损，终生宿存。雌花球长3cm，淡红褐色，雄花球长5cm，淡褐绿色。球花着生于基顶。花期夏季。为夏型种。

参考文献

［1］王意成. 仙人掌. 南京：江苏科学技术出版社，1981.

［2］王意成. 多浆花卉. 南京：江苏科学技术出版社，1998.

［3］王意成. 仙人掌及多浆植物养护与欣赏. 南京：江苏科学技术出版社，2001.

［4］王意成. 仙人掌类. 北京：中国林业出版社，2004.

［5］王意成，郭忠仁. 仙人掌与多肉植物新品集萃. 南京：江苏科学技术出版社，2006.

［6］王意成. 最新图解多浆花卉栽培指南. 南京：江苏科学技术出版社，2007.

［7］王意成. 轻松学养多肉花卉. 南京：江苏科学技术出版社，2010.

［8］王意成. 轻松学养仙人掌植物. 南京：江苏科学技术出版社，2010.

［9］王意成. 700种多肉植物原色图鉴. 南京：江苏科学技术出版社/汉竹，2013.

［10］王意成. 多肉肉多. 南京：江苏科学技术出版社/汉竹，2014.

［11］王意成. 新人养多肉零失败. 南京：江苏科学技术出版社/汉竹，2014.

［12］王意成. 掌上萌多肉. 南京：江苏科学技术出版社/汉竹，2015.

［13］王意成. 新手3步养花玩多肉. 南京：江苏科学技术出版社/汉竹，2015.

［14］王意成. 1200种多肉植物图鉴. 南京：江苏科学技术出版社/汉竹，2016.

［15］王意成，张华. 多肉植物彩色全图鉴. 北京：北京水利水电出版社，2017.

［16］王意成. 多肉肉多（手绘升级版）. 南京：江苏科学技术出版社/汉竹，2018.

［17］王意成. 花卉博物馆. 南京：江苏科学技术出版社/汉竹，2018.

［18］王意成. 花草树木图鉴大全，3版. 南京：江苏科学技术出版社/汉竹，2019.

［19］兑宝峰. 多肉植物图鉴. 福州：福建科学技术出版社，2019.

［20］The Royal Horticultural Society.A-Z Encyclopedia of Garden Plants.London：Dorling Kindersley Limited, 1996.

索引